精通Rust

第2版

[印] 拉胡尔·沙玛（Rahul Sharma）　[芬] 韦萨·凯拉维塔（Vesa Kaihlavirta）著

邓世超 译

人民邮电出版社

北京

图书在版编目（ＣＩＰ）数据

精通Rust：第2版 / （印）拉胡尔·沙玛
(Rahul Sharma) 著；（芬）韦萨·凯拉维塔
(Vesa Kaihlavirta) 著；邓世超译. -- 北京 ：人民邮
电出版社，2021.1（2021.11重印）
　　ISBN 978-7-115-55254-9

　　Ⅰ．①精… Ⅱ．①拉… ②韦… ③邓… Ⅲ．①程序语
言一程序设计 Ⅳ．①TP312

　　中国版本图书馆CIP数据核字(2020)第219671号

版权声明

◆ 著　　　[印] 拉胡尔·沙玛（Rahul Sharma）
　　　　　[芬] 韦萨·凯拉维塔（Vesa Kaihlavirta）
　译　　　邓世超
　责任编辑　胡俊英
　责任印制　王　郁　焦志炜
◆ 人民邮电出版社出版发行　北京市丰台区成寿寺路 11 号
　邮编　100164　　电子邮件　315@ptpress.com.cn
　网址　https://www.ptpress.com.cn
　固安县铭成印刷有限公司印刷
◆ 开本：800×1000　1/16
　印张：29.5　　　　　　　　2021 年 1 月第 1 版
　字数：589 千字　　　　　　2021 年 11 月河北第 3 次印刷
　　　著作权合同登记号　图字：01-2019-4448 号

定价：139.00 元
读者服务热线：(010)81055410　印装质量热线：(010)81055316
反盗版热线：(010)81055315
广告经营许可证：京东市监广登字20170147号

内容提要

  Rust 是一门系统编程语言，是支持函数式、命令式以及泛型等编程范式的多范式语言。Rust 在语法上和 C++类似。Rust 快速、可靠、安全，它提供了甚至超过 C/C++的性能和安全保证，同时它也是一种学习曲线比较平滑的热门编程语言。

  本书内容共 17 章，由浅入深地讲解 Rust 相关的知识，涉及基础语法、软件包管理器、测试工具、类型系统、内存管理、异常处理、高级类型、并发模型、宏、外部函数接口、网络编程、HTTP、数据库、WebAssembly、GTK+框架和 GDB 调试等重要知识点。

  本书适合想学习 Rust 编程的读者阅读，希望读者能够对 C、C++或者 Python 有一些了解。书中丰富的代码示例和详细的讲解能够帮助读者快速上手，高效率掌握 Rust 编程。

作者简介

拉胡尔·沙玛（Rahul Sharma）对编程教学一直充满热情，过去两年他一直在从事软件开发相关的工作。他在开发 Servo 时开始接触 Rust，Servo 是由 Mozilla Research 公司开发的浏览器引擎，是他的 GSoC 项目的一部分。目前他供职于 AtherEnergy 公司，正在为智能滑板车构建弹性的云基础架构。他感兴趣的领域包括系统编程、分布式系统、编译器及类型理论等。他也是 Rust 社区的特约撰稿人，并在 Mozilla 的 Servo 项目中指导实习生。

韦萨·凯拉维塔（Vesa Kaihlavirta）从 5 岁起就开始接触编程，并且是从 C64 BASIC 开始入门的。他的职业目标是提高软件应用领域的开发者对编程语言和软件质量的认识。他是一名资深的 Linux 开发人员，并且已经在电信和金融行业工作了 10 年。Vesa 目前住在芬兰中部的 Jyvaskyla。

审稿人简介

高拉夫·阿罗拉（Gaurav Aroraa）拥有计算机科学硕士学位。他是微软认证的 MVP，印度计算机学会终身会员，IndiaMentor 顾问成员，并获得 Scrum 培训师/教练员、ITIL-F 的 XEN、PRINCE-F 和 PRINCE-P 的 APMG 等认证。他是一名开源软件开发者、TechNet Wiki 撰稿人、Ovatic 系统有限公司创始人。在 20 多年的职业生涯中，他指导了数千名学生和行业内专业人士。你可以通过 Twitter 上的@g_arora 与他互动。

感谢我的妻子 Shuby Arora，感谢我的女儿 Aarchi Arora——她是我的天使。感谢她们允许我用本应该和她们一起共度的时光去审阅这本书。感谢整个 Packt 团队，特别是 Ulhas 和 Anugraha Arunagiri，感谢他们在此期间的协调和沟通。感谢 Denim Pinto，是他向我介绍了这本书。

前言

本书是关于 Rust 编程语言的，它能够让你构建各种软件系统——从底层的嵌入式软件到动态的 Web 应用程序。Rust 快速、可靠、安全，它提供了甚至超过 C/C++的性能和安全保证，同时还是一种学习曲线比较平滑的热门编程语言。通过逐步完善，与积极友好的社区文化相结合，该语言的前景会非常美好。

从设计层面来讲，Rust 并不是一门新的编程语言，它不会尝试重复构造"轮子"。相反，它借鉴了一些独特的思路，这些思路隐藏在学术型原型语言中，从未被大规模采用。而它将这些思路巧妙地组合起来，并提供一种实用的编程语言，使你能够在构建安全的软件系统的同时仍然保持高效。

目标读者

本书的目标读者，是编程新手和熟悉其他命令式编程语言，但对 Rust 一无所知的中级程序员。假定读者至少熟悉一种命令式编程语言，例如 C、C++或 Python。了解函数式编程的要求并不是必需的，但对它有一个大致的了解将会大有裨益。不过，我们会确保对从这些语言中引入的任何概念或思想进行解释。

本书概要

第 1 章简要介绍 Rust 及其背后的设计理念，并介绍该语言的基本语法。本章最后通过练习巩固了所学的语言特征。

第 2 章探讨在 Rust 中如何使用专用的软件包管理器管理大型软件项目，这是后续章节的基础。本章还介绍 Rust 与 Visual Studio Code 编辑器的集成。

第 3 章介绍 Rust 内置的测试工具，编写单元测试、集成测试以及如何在 Rust 中编写文档，还介绍 Rust 代码的基准测试工具，最后完成一个包含文档和测试的完整软件包示例。

第 4 章探讨 Rust 的类型系统，然后通过构造复杂的程序库来解释类型系统的各种用法。

第 5 章首先介绍内存管理的动机以及与内存相关的底层编程语言中的各种陷阱，然后解释 Rust 独特的编译期内存管理机制，还介绍 Rust 中的各种智能指针类型。

第 6 章从错误处理的动机开始，并探讨其他语言中错误处理的不同模型，然后在探讨不可恢复的错误处理机制之前，还介绍 Rust 的错误处理策略和类型。本章以实现自定义错误类型的程序库作为结束。

第 7 章更详细地探讨前面章节中已经介绍的一些概念，介绍 Rust 提供的一些类型系统抽象的底层模型的详细信息。

第 8 章探讨 Rust 标准库中的并发模型和 API，并介绍如何构建没有数据竞争的高并发程序。

第 9 章介绍如何在 Rust 中编写强大的高级宏来生成代码，并通过构建两种宏来阐述声明性宏和过程宏的使用。

第 10 章探讨 Rust 的不安全模式以及与其他语言进行互操作的 API。这些示例包括从其他语言调用 Rust，例如 Python、Node.js 和 C，以及如何从其他语言调用 Rust。

第 11 章强调日志记录在软件开发实践中的重要性，说明我们为何需要日志框架，以及探索 Rust 生态系统中提供可用于帮助将日志记录功能集成到应用程序中的程序库。

第 12 章简要介绍网络编程之后，还介绍如何构建可以与 Redis 官方客户端通信的 Redis 服务器。最后，本章介绍如何使用标准库中的网络原语，以及 tokio 和 futures 程序库。

第 13 章首先介绍 HTTP，然后介绍使用 hyper 程序库构建一个简单的 URL 短网址服务器，同时介绍使用 reqwest 程序库构建一个 URL 短网址客户端。最后探讨 actix-web，它是一个高性能的异步 Web 应用程序框架，用于构建书签 API 服务器。

第 14 章首先解释将数据库作为应用程序后端的动机，并探讨 Rust 生态系统中可用的软件包，以便与各种数据库后端（如 SQLite 和 PostgreSQL）进行交互。本章还介绍被称为 diesel 的类型安全的 ORM 库，然后介绍如何将它与第 13 章介绍的书签 API 服务器集成，以便使用 diesel 提供数据库支持。

第 15 章解释 WebAssembly 是什么，以及开发人员该如何使用它。然后继续探索 Rust 生态系统中可用的软件包，并使用 Rust 和 WebAssembly 构建实时 markdown 编辑器 Web 应用。

第 16 章解释在 Rust 中如何使用 GTK+框架构建桌面应用程序，然后构建一个简单的黑客新闻桌面应用程序。

第 17 章探讨使用 GDB 调试 Rust 程序，并演示如何将 GDB 与 Visual Studio Code 编辑器集成。

准备工作

要真正掌握本书的内容，建议你亲自编写书中的示例代码并尝试改进代码，以熟悉 Rust 的错误处理机制，从而让它们指导你编写出正确的 Rust 程序。

本书没有任何特定的硬件要求，任何内存大于 1GB，并且采用的是较新版本的 Linux 操作系统的硬件都可以。本书中的所有示例代码和项目都是在运行 Ubuntu 16.04 的 Linux 操作系统上开发的。Rust 还为其他操作系统提供了一流的支持，其中包括 macOS、BSD 和最新版的 Windows，因此所有示例代码都应该能够在这些操作系统上编译并运行。

排版约定

本书使用了一系列的排版约定。

CodeInText：表示文本、数据库表名、文件夹名、文件名、文件扩展名、路径名、URL、用户输入和 Twitter 引用等。下面是一个示例："项目位于 Chapter08/目录下名为 threads_demo 的文件夹中。"

代码块的格式设置如下所示：

```
fn main() {
    println!("Hello Rust!");
}
```

当希望读者对特定代码块特别留意时，相关的代码行或元素将会用粗体显示：

```
[dependencies]
serde = "1.0.8"
```

```
crossbeam = "0.6.0"
typenum = "1.10.0"
```

任何命令行输入或输出都用如下格式表示：

```
$ rustc main.rs
$ cargo build
```

粗体：表示你在屏幕上看到的新术语，关键字、词等。例如，菜单或对话框中的单词出现在文本中。例如这样一个示例："从'**Administration**'面板中选择'**System info**'"。

警告或重要注意事项

提示或技巧

资源与支持

本书由异步社区出品，社区（https://www.epubit.com/）为您提供相关资源和后续服务。

配套资源

本书提供配套资源，请在异步社区本书页面中单击 ，跳转到下载界面，按提示进行操作即可。注意：为保证购书读者的权益，该操作会给出相关提示，要求输入提取码进行验证。

提交勘误

作者和编辑尽最大努力来确保书中内容的准确性，但难免会存在疏漏。欢迎您将发现的问题反馈给我们，帮助我们提升图书的质量。

当您发现错误时，请登录异步社区，按书名搜索，进入本书页面，单击"提交勘误"，输入勘误信息，单击"提交"按钮即可。本书的作者和编辑会对您提交的勘误进行审核，确认并接受后，您将获赠异步社区的100积分。积分可用于在异步社区兑换优惠券、样书或奖品。

扫码关注本书

扫描下方二维码，您将会在异步社区微信服务号中看到本书信息及相关的服务提示。

与我们联系

我们的联系邮箱是 contact@epubit.com.cn。

如果您对本书有任何疑问或建议，请您发邮件给我们，并请在邮件标题中注明本书书名，以便我们更高效地做出反馈。

如果您有兴趣出版图书、录制教学视频，或者参与图书翻译、技术审校等工作，可以发邮件给我们；有意出版图书的作者也可以到异步社区在线投稿（直接访问 www.epubit.com/selfpublish/submission 即可）。

如果您所在的学校、培训机构或企业，想批量购买本书或异步社区出版的其他图书，也可以发邮件给我们。

如果您在网上发现有针对异步社区出品图书的各种形式的盗版行为，包括对图书全部或部分内容的非授权传播，请您将怀疑有侵权行为的链接发邮件给我们。您的这一举动是对作者权益的保护，也是我们持续为您提供有价值的内容的动力之源。

关于异步社区和异步图书

"异步社区" 是人民邮电出版社旗下 IT 专业图书社区，致力于出版精品 IT 技术图书和相关学习产品，为作译者提供优质出版服务。异步社区创办于 2015 年 8 月，提供大量精品 IT 技术图书和电子书，以及高品质技术文章和视频课程。更多详情请访问异步社区官网 https://www.epubit.com。

"异步图书" 是由异步社区编辑团队策划出版的精品 IT 专业图书的品牌，依托于人民邮电出版社近 30 年的计算机图书出版积累和专业编辑团队，相关图书在封面上印有异步图书的 LOGO。异步图书的出版领域包括软件开发、大数据、AI、测试、前端、网络技术等。

异步社区

微信服务号

目录

第 1 章
Rust 入门

学习一门新语言就像盖房子一样——需要将基础打牢。对于一种可能会改变你思考和推理代码的方式的语言，学习之初就需付出更多努力，并且认识到这一点非常重要。不过最重要的是，你可以使用新发现的概念和工具转变自己的思维。

本章将带你了解 Rust 的设计理念，简要介绍其语法和类型系统。我们假定你已掌握主流语言（例如 C、C++或 Python）的基本知识，以及了解面向对象编程的思想。本章包含代码示例及其说明，将提供足够的代码示例和编译器的输出结果，从而帮助你熟悉该语言。我们还将重点介绍该语言的发展史，以及发展前景。

掌握一门新语言需要坚持不懈的探索和实践。强烈建议所有读者动手编写本书中提供的代码示例，而不是进行简单的复制/粘贴。编写和修改 Rust 代码的关键在于利用从编译器获得的精确且有用的错误提示信息。Rust 社区通常称之为异常-驱动开发（Exception-driven development）。我们将在本书中经常看到这样的错误提示信息，以了解编译器如何解析代码。

在本章中，我们将介绍以下主题。

- Rust 是什么，以及你为何应该关注它。

- 安装 Rust 编译器和工具链。

- 简要介绍 Rust 及其语法。

- 最后通过一个练习，把我们介绍过的知识综合到一起。

1.1　Rust 是什么，以及为何需要关注它

"Rust 是一种采用过去的知识解决将来的问题的技术。"

——Graydon Hoare

Rust 是一种快速、高并发、安全且具有授权性的编程语言，最初由 Graydon Hoare 于 2006 年创造和发布。现在它是一种开源语言，主要由 Mozilla 团队和许多开源社区成员共同维护和开发。它的第一个稳定版本于 2015 年 5 月发布，该项目开发的初衷是希望解决使用 C++编写的 Gecko 中出现的内存安全问题。Gecko 是 Mozilla Firefox 浏览器采用的浏览器引擎。C++不是一种容易驾驭的语言，并且存在并发抽象容易被误用的问题。针对 C++ 的 Gecko，开发人员在 2009 年和 2011 年进行了几次尝试来并行化它的层叠样式表（Cascading Style Sheets，CSS）解析代码，以便充分利用当前流行的并行 CPU 架构，但他们失败了，因为 C++的并发代码难以理解和维护。由于大量开发人员在拥有庞大代码库的 Gecko 上进行协作，因此使用 C++在其中编写并发代码的体验非常糟糕。随着希望消除 C++ "不良"部分的呼声日渐高涨，Rust 诞生了，随之而来的是 Servo——一个从头开始创建浏览器引擎的新研究项目。Servo 项目利用前沿编程语言的特性向语言开发团队提供反馈，这反过来又影响了语言的演变。

2017 年 11 月左右，部分 Servo 项目，特别是 stylo（Rust 中的并行 CSS 解析器）项目，开始发布最新的 Firefox 版本（Quantum 项目），在如此短的时间内完成新版本的发布是一项伟大的成就。Servo 的最终目标是用其组件逐步取代 Gecko 中的组件。

Rust 的灵感来自多种语言的知识，其中值得一提的是 Cyclone（一种安全的 C 语言变体）的基于区域的内存管理技术、C++的 RAII 原则、Haskell 的类型系统、异常处理类型和类型类。

注意

资源获取时初始化（Resource Acquisition Is Initialization，RAII）是一种范式，表明必须在对象初始化期间获取资源，并且必须在调用其析构函数或解除分配时释放资源。

该语言的运行时非常小，不需要垃圾收集，并且对于程序中声明的任何值，默认情况下更倾向于堆栈（stack）分配，而不是堆（heap）分配（开销），我们将在第 5 章中详细解释这些内容。Rust 编译器 rustc 最初是用 Ocaml（一种函数式编程语言）编写的，并且于 2011 年由自身重新编译后成为自托管版本。

注意

自托管是指通过编译自己的源代码构建编译器，该过程被称为编译器自举。编译器自己的源代码可以作为编译器的一个非常好的测试用例。

Rust 在 GitHub 上有开源开发的网址，它的发展势头非常迅猛。通过社区驱动的请求注解过程（Request For Comments，RFC）将新功能添加到语言中，并且任何人都可以在其中提交新的功能特性，然后在 RFC 文档中详细描述它们。之后就 RFC 寻求共识，如果达成共识，则该功能特性进入实施阶段。然后，社区会对已实现的功能进行审核，经过用户在每晚发布的版本中进行的几次测试后，这些功能最终被整合到主分支中。从社区获得反馈对语言的发展至关重要。每隔 6 周，社区就会发布一个新的稳定版本的编译器。除了快速变化的增量更新之外，Rust 还具有版本的概念，这个概念被标记为该语言提供统一的更新。这包括工具、文档、相关的生态系统，以及逐步实现的任何重大改进。到目前为止，Rust 包括两个版本，其中 Rust 2015 专注于稳定性，Rust 2018 专注于提高生产力（这是本书在编写时的版本情况）。

虽然 Rust 是一种通用的多范式语言，但它的目标是 C 和 C++占主导地位的系统编程领域。这意味着你可以使用 Rust 编写操作系统、游戏引擎和许多性能关键型应用程序。同时，它还具有足够的表现力，你可以使用它构建高性能的 Web 应用程序、网络服务，类型安全的数据库对象关系映射（Object Relational Mapping，ORM）库，还可以将程序编译成 WebAssembly 在 Web 浏览器上运行。Rust 还在为嵌入式平台构建安全性优先的实时应用程序方面获得了相当大的关注，例如 Arm 基于 Cortex-M 的微控制器，目前该领域主要由 C 语言主导。Rust 因其广泛的适用性在多个领域都表现良好，这在单一编程语言中是非常罕见的。

此外，Cloudflare、Dropbox、Chuckfish、npm 等公司和机构都已经将它应用到多个高风险项目的产品中。

Rust 作为一门静态和强类型语言而存在。静态属性意味着编译器在编译时具有所有相关变量和类型的信息，并且在编译时会进行大量检查，在运行时只保留少量的类型检查。它的强类型属性意味着不允许发生诸如类型之间自动转换的事情，并且指向整数的变量不能在代码中更改为指向字符串。例如在 JavaScript 等弱类型语言中，你可以轻松地执行类似“two = "2"; two = 2 + two;”这样的操作。JavaScript 在运行时将 2 的类型弱化为字符串，因此会将 22 作为字符串存储到变量 two 中，这与你的意图完全相反并且毫无意义。在 Rust 中，与上述代码意义相同的代码是“let mut two = "2"; two = 2 + two;”，该代码将会在编译时捕获异常，并提示信息：“cannot add '&str' to '{integer}'”。因此，强类型属性使 Rust 可以安全地重构代码，并在编译时捕获大多数错误，而不是在运行时出错。

用 Rust 编写的程序表现力和性能都非常好，因为使用它你可以拥有高级函数式语言的大部分特性，例如高阶函数和惰性迭代器，这些特性使你可以编译像 C/C++程序这样高效的程序。它的很多设计决策中强调的首要理念是编译期内存安全、零成本抽象和支持高并发。让我们来详细说明这些理念。

　　编译期内存安全：Rust 编译期可以在编译时跟踪程序中资源的变量，并在没有垃圾收集器（Garbage Collectors，GC）的情况下完成所有这些操作。

> **注意**
> 资源可以是内存地址，包含某个值的变量、共享内存引用、文件句柄、网络套接字或数据库连接句柄等。

　　这意味你不会遇到在 free、double free 命令之后调用指针，或者运行时挂起指针等"臭名昭著"的问题。Rust 中的引用类型（类型名称前面带有&标记的类型）与生命周期标记隐式关联（'foo），有时由程序员显式声明。在生命周期中，编译器可以跟踪代码中可以安全使用的位置，如果它是非法的，那么会在编译期报告异常。为了实现这一点，Rust 通过这些引用上的生命周期标签来运行借用/引用检查算法，以确保你永远不能访问已释放的内存地址。这样做也可以防止你释放被其他某些变量调用的任何指针。我们将在第 5 章详细介绍这一主题。

　　零成本抽象：编程的目的就是管理复杂性，这是通过良好的抽象来实现的。接下来让我们来看一个 Rust 和 Kotlin 的良好抽象示例。抽象让我们能够编写高级并且易于阅读和推断的代码。我们将比较 Kotlin 的流和 Rust 的迭代器在处理数字列表时的性能，并参照 Rust 提供的零成本抽象原则。这里的抽象是指能够使用以其他方法作为参数的方法，根据条件过滤数字而不使用手动循环。在这里引入 Kotlin 是因为它看上去和 Rust 存在相似性。代码很容易理解，我们的目标是给出更高层面的解释，并对代码中的细节进行详细阐述，因为这个示例的重点是理解零成本特性。

　　首先，我们来看 Kotlin 中的代码：

```
1.  import java.util.stream.Collectors
2.
3.  fun main(args: Array<String>)
4.  {
5.      //创建数字流
6.      val numbers = listOf(1, 2, 3, 4, 5, 6, 7, 8, 9, 10).stream()
7.      val evens = numbers.filter { it -> it % 2 == 0 }
8.      val evenSquares = evens.map { it -> it * it }
9.      val result = evenSquares.collect(Collectors.toList())
10.     println(result)          // prints [4,16,36,64,100]
11.
```

```
12.    println(evens)
13.    println(evenSquares)
14. }
```

我们创建了一个数字流（第 6 行）并调用了一系列方法（filter 和 map）来转换元素，以收集仅包含偶数的序列。这些方法可以采用闭包或函数（第 8 行中的 "it -> it * it"）来转换集合中的元素。在函数式编程语言中，当我们在流/迭代器上调用这些方法时，对于每个这样的调用，该语言会创建一个中间对象来保存与正在执行的操作有关的任何状态或元数据。因此，evens 和 evenSquares 将在 JVM 堆上分配两个不同的中间对象。在堆上分配资源将会产生内存开销，这是我们在 Kotlin 中为抽象必须额外付出的代价。

当我们输出 evens 和 evenSquares 的值时，确实得到了两个不同的对象，如下所示：

```
java.util.stream.ReferencePipeline$Head@51521cc1
java.util.stream.ReferencePipeline$3@1b4fb997
```

@之后的十六进制值是 JVM 对象的哈希值。由于哈希值不同，所以它们是不同的对象。

在 Rust 中，我们会做相同的事情：

```
1. fn main() {
2.     let numbers = vec![1, 2, 3, 4, 5, 6, 7, 8, 9, 10].into_iter();
3.     let evens = numbers.filter(|x| *x % 2 == 0);
4.     let even_squares = evens.clone().map(|x| x * x);
5.     let result = even_squares.clone().collect::<Vec<_>>();
6.     println!("{:?}", result);        // 输出 [4,16,36,64,100]
7.     println!("{:?}\n{:?}", evens, even_squares);
8. }
```

接下来将解释上述代码的细节。在第 2 行中，我们调用 vec![]创建一个数字列表，然后调用 into_iter()方法使其成为一个数字的迭代器/流。使用 into_iter()方法从集合中创建了一个包装器的迭代器类型（这里 Vec<i32>是一个有符号的 32 位整数列表），即 IntoIter([1,2,3,4,5,6, 7,8,9,10])，此迭代器类型引用原始的数字列表。然后我们执行 filter 和 map 转换（第 3 行和第 4 行），就像我们在 Kotlin 中所做的那样。第 7 行输出 evens 和 even_squares 的类型，如下所示（为了简洁，省略了一些细节）：

```
evens:        Filter { iter: IntoIter( <numbers> ) }
even_squares: Map { iter: Filter { iter: IntoIter( <numbers> ) }}
```

中间对象 Filter 和 Map 是基础迭代器结构上的包装器类型（未在堆上分配），它本身是一个包装器，包含对第 2 行的原始数字列表的引用。第 4 行和第 5 行的包装器结构在分别调用 filter 和 map 时创建，它们之间没有任何指针解引用，并且不会像 Kotlin 那样产生堆分配的开销。所有这些可归结为高效的汇编代码，这相当于使用循环（语句）的手动编写版本。

支持高并发：当我们说 Rust 是并发安全的时，其含义是该语言具有应用程序接口（Application Programming Interface，API）和抽象能力，使得编写正确和安全的并发代码变得非常容易。而在 C++中，并发代码出错的可能性非常大。在 C++中同步访问多个线程的数据时，需要在每次进入临界区时调用 mutex.lock()，并在退出它时调用 mutex.unlock()：

```
// C++

mutex.lock();                        // 互斥锁锁定
  // 执行某些关键操作
mutex.unlock();                      // 执行完毕
```

注意

临界区：这是一组需要以原子方式执行的指令/语句。这里的原子意味着没有其他线程可以中断临界区中正在执行的线程，并且在临界区执行代码期间，任何线程都无法感知其中的中间值。

在大量开发人员共同协作的大型代码库中，你可能会忘记在多线程访问共享对象之前调用 mutex.lock()，这可能导致数据访问冲突。在其他情况下，你可能忘记解开互斥锁（Mutex），并使其他想要访问数据的线程一直处于等待状态。

Rust 对此有不同的处理方式。在这里，你将数据包装成 Mutex 类型，以确保来自多个线程的数据进行同步可变访问：

```
// Rust

use std::sync::Mutex;

fn main() {
    let value = Mutex::new(23);
    *value.lock().unwrap() += 1;      // 执行一些修改
}                                     // 这里自动解锁
```

在上述代码中，我们能够在变量 value 调用 lock()方法之后修改数据。Rust 采用了保护共享数据自身，而不是代码的概念。Rust 与 Mutex 和受保护的数据的交互并不是独立的，这和 C++中的情况一样。你无法在 Mutex 类型不调用 lock()方法的情况下访问内部数据。那么 lock()方法的作用是什么？调用 lock()方法之后会返回一个名为 MutexGuard 的东西，它会在变量超出作用域范围之后自动解除锁定，它是 Rust 提供的众多安全并发抽象之一。另一个新颖的想法是标记特征的概念，它在编译期验证，并确保在并发代码中同步和安全地访问数据，第 4 章详细介绍了该特征。类型会被称为 Send 和 Sync 的标记特征进行注释标记，以指示它们是否可以安全地发送到线程或者在线程之间共享。当程序向线程发送值时，编译器会检查该值是否实现了所需的标记特征，如果没有，则禁止使用该值。通过这种方式，Rust 允许你毫无顾虑地编写并发代码，编译器在编译时会捕获多线程代码中的异常。编写并发代码已经很难了，使用 C/C++会让它变得更加困难和神秘。当前 CPU 没有获得更多的时钟频率；相反，我们添加了更多内核。因此，并发编程是正确的发展方向。Rust 使得编写并发代码变得轻而易举，并且降低了编写安全的并发代码的门槛。

Rust 还借鉴了 C++的 RAII 原则用于资源初始化，这种技术的本质是将资源的生命周期和对象的生命周期绑定，而堆分配类型的解除分配是通过执行 drop 特征上的 drop()方法实现的。当变量超出作用域时，程序会自动调用此方法。它还用 Result 和 Option 类型替代了空指针的概念，我们将在第 6 章对此进行详细介绍。这意味着 Rust 不允许代码中出现 null/undefined 的值，除非通过外部函数接口与其他语言交互，以及使用不安全代码时。该语言还强调组合，而不是继承，并且有一套特征系统，它由数据类型实现，类似于 Haskell 的类型类，也被称为加强型的 Java 接口。Rust 中的特征属性是很多其他特性的基础，我们将在后续的章节逐一介绍。

但同样重要的是，Rust 社区非常活跃和友好。该语言包含非常全面的文档，可以在 Rust 官网中找到。Rust 在 Stack Overflow 的开发者调查上连续 3 年（2016 年、2017 年和 2018 年）被评为最受欢迎的编程语言，因此编程社区对它非常青睐。总而言之，如果你希望编写具有较少错误的高性能软件，又希望感受当前流行语言的特性和极佳的社区文化，那么 Rust 应该是一个不错的选择。

1.2 安装 Rust 工具链

Rust 工具链包含两个主要组件：编译器 rustc 和软件包管理器 Cargo，后者有助于管理 Rust 项目。工具链的发布有 3 个渠道。

- **夜间版（Nightly）**：主开发分支每天成功构建的程序。这包括最新的功能，其中许多功能不是很稳定。

- **测试版（Beta）**：该版本每 6 周发布一次，一个新的测试分支从夜间版开始。它仅包含已经稳定的功能。

- **稳定版（Stable）**：该版本每 6 周发布一次。之前的测试分支会演变成新的稳定版本。

建议开发人员使用稳定版的工具链。但是，夜间版可以实现某些前沿特性，某些库和程序需要用到它。你可以通过 rustup 轻松地修改夜间版的工具链。

rustup.rs

rustup 是一款在所兼容的平台上安装 Rust 编译器的工具。为了让不同平台上的开发者能够轻松地下载和使用该语言，Rust 团队开发了 rustup。它是一个用 Rust 编写的命令行工具，提供了一种简单的方法来安装编译器的预构建二进制文件，以及构建用于交叉编译的二进制标准库。它还可以安装其他组件，例如 Rust 源代码、文档、Rust 格式化工具（rustfmt）、Rust 语言服务器（Rust Language Server，用于 IDE 的 RLS），并且它支持所有操作系统，包括 Windows。

根据官方网站的提示，安装工具链的推荐做法是运行以下命令：

```
curl https://sh.rustup.rs -sSf | sh
```

默认情况下，安装程序会安装稳定版的 Rust 编译器、软件包管理器 Cargo，以及语言的标准库文档，以便脱机查看。它们会默认安装到~/.cargo 目录下。rustup 还会更新环境变量 PATH 以指向此目录。

以下是在 Ubuntu 16.04 上运行上述命令的输出结果：

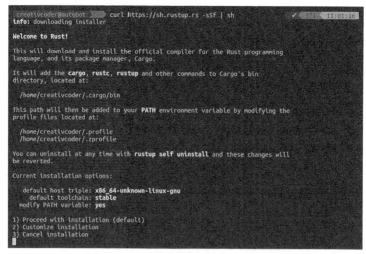

如果你需要对安装进行任何更改，那么可以选择 2）。不过默认配置对我们来说没有任何问题，因此我们将继续选择 1），以下是安装成功后的输出结果：

```
info: syncing channel updates for 'stable-x86_64-unknown-linux-gnu'
info: latest update on 2019-01-16, rust version 1.32.0 (9fda7c223 2019-01-16)
info: downloading component 'rustc'
 72.1 MiB /  72.1 MiB (100 %)   5.8 MiB/s ETA:    0 s
info: downloading component 'rust-std'
 56.1 MiB /  56.1 MiB (100 %)   5.4 MiB/s ETA:    0 s
info: downloading component 'cargo'
info: downloading component 'rust-docs'
  8.8 MiB /   8.8 MiB (100 %)   6.0 MiB/s ETA:    0 s
info: installing component 'rustc'
info: installing component 'rust-std'
info: installing component 'cargo'
info: installing component 'rust-docs'
info: default toolchain set to 'stable'

  stable installed - rustc 1.32.0 (9fda7c223 2019-01-16)


Rust is installed now. Great!

To get started you need Cargo's bin directory ($HOME/.cargo/bin) in your PATH
environment variable. Next time you log in this will be done automatically.

To configure your current shell run source $HOME/.cargo/env
→ ~
```

rustup 还包含其他功能，例如将工具链更新到最新版本，这可以通过运行 rustup update 命令来完成，还可以通过运行 rustup self update 命令来更新自身的版本。它还提供了针对特定目录的工具链配置。默认情况下工具链会设置成全局安装，在这种情况下安装的是稳定版的工具链。你可以通过运行 rustup show 命令查看默认设置。如果你想为某个项目使用最新的夜间版工具链，可以通过运行 rustup override set nightly 命令告知 rustup 针对特定目录切换到夜间版的工具链。如果由于某种原因想使用较旧版本的工具链或者对工具链进行降级（例如 2016-06-03 的夜间版），那么可以通过运行 rustup install nightly-2016-06-03 命令，然后使用 override 子命令来达到目的。

注意
本书中的所有代码示例和项目都基于编译器 rustc 1.32.0（9fda7c223 2019-01-16）。

现在，你应该拥有编译和运行 Rust 程序所需的一切。让我们开始探索 Rust 之旅吧！

1.3　Rust 简介

对于基本的语言功能，Rust 不会偏离你在其他语言中习惯的内容；在较高层面，Rust 程序会被组织成模块的形式，根模块会包含一个 main()函数。对于二进制可执行项目，根模块通常是一个 main.rs 文件，而对于程序库，根模块通常是一个 lib.rs 文件。在模块中，你可以定义函数、导入程序库、定义类型、创建常量、编写测试和宏，甚至创建嵌套模块。我们将进行上述所有操作，但是让我们先从基础开始。接下来将介绍一个简单的 Rust 程序：

```
// greet.rs

1. use std::env;
2.
3. fn main() {
4.     let name = env::args().skip(1).next();
5.     match name {
6.         Some(n) => println!("Hi there ! {}", n),
7.         None => panic!("Didn't receive any name ?")
8.     }
9. }
```

让我们编译并运行该程序。将上述代码存储成名为 greet.rs 的文件，并使用该文件名运行 rustc，然后将你的名字作为参数传递给它。这里传递的名称是 Rust 的非官方吉祥物 Ferris，并在计算机上得到以下输出结果：

很明显，它的输出结果与预期的一致。让我们逐行解释一下该程序。

在第 1 行中，我们从 std 库导入一个名为 env 的模块，std 是 Rust 的标准库。在第 3 行代码中，我们可以看到常见的 main 函数。然后在第 4 行中，我们调用 env 模块中的函数 args()，它会返回传递给程序的参数的迭代器（序列）。因为第一个参数包含程序名，我们希望跳过它，所以我们调用 skip 并传入一个数字，该数字表示我们希望跳过的元素数目（1）。因为 Rust 中的迭代器是惰性的，并且不会进行预先计算，我们必须显式要求它给出下一个元素，所以接下来会调用 next()，它会返回一个名为 Option 的枚举类型。Option 既可以是 Some(value)，也可以是 None 变量，因为用户可能忘记提供参数。

在第 5 行中，我们在变量名上使用 Rust 提供的 match 表达式特性，并检查它是 Some(n) 值还是 None 值。match 和 if else 语句的构造类似，但功能更强大。在第 6 行中，当它是 Some(n) 时，我们调用 println!()，并传入内部字符串变量 n（这在使用 match 表达式时会自动声明），之后向用户展示输出结果。println! 调用并非一个函数，而是一个宏（它们都是以! 结尾）。最后，在第 7 行中，如果它是一个枚举类型的 None 变量，那么将会调用 panic!()

（另外一个宏），这将中止程序运行，并向用户输出一条错误提示信息。

println!宏会接收一个字符串，该字符串包含一个用"{}"表示的元素占位符。这些字符串被称为格式化字符串，而字符串中的"{}"被称为格式化声明符。要输出简单的类型（例如基元类型），可以使用"{}"格式化声明符，而对于其他类型，可以使用"{:?}"格式化声明符。当然，与之有关的细节还有很多。当 println!遇到一个格式化声明符，即"{}"，以及相应的替换值时，它会在该值上调用一个方法，并返回该值的字符串形式。这种方法是特征的一部分。对于"{}"格式化声明符，它会调用一个来自 Display 特征的方法，对于"{:?}"，它会调用一个来自 Debug 特征的方法。后者主要用于调试，而前者用于显示数据类型的可读形式的输出。它有点类似 Java 中的 toString()方法。在开发过程中，通常需要输出数据类型以进行调试。使用"{:?}"格式化声明符时，上述方法在类型上是不可用的，我们需要在类型上添加#[derive(Debug)]属性来获取这些方法。后续的章节将会详细介绍这些属性，不过在接下来的代码示例中就会看到它。我们将在第 9 章中重温 println!宏的应用。

在本章中，手动运行 rustc 并不意味着你在实际开发工作中也必须这么做。在后文中，我们将使用 Rust 的软件包管理器来构建和运行程序。除了在本地运行编译器之外，另一个可用于运行代码示例的工具是名为 Rust Playground 的官方在线编译器，以下是计算机上的截图：

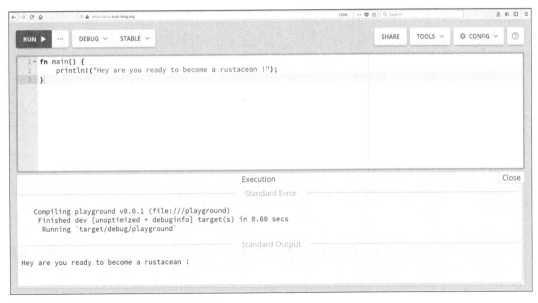

Rust Playground 还支持导入外部库，并可在运行示例程序时使用。

在前面的示例中，我们对基本的 Rust 程序进行了概述，但没有深入了解所有细节和语法。在接下来的章节中，我们将分别解释该语言的特性和语法。下面的解释可为你提供足够的知识储备，以便你可以快速地启动并运行编写的 Rust 程序，而无须详尽地浏览所有用例。简单起见，每个部分还包含对相关内容的引用，以更详细地解释这些概念。此外，Rust文档页面和内置的搜索功能将帮助你了解详细信息。建议你主动搜索后文中介绍的任意概念，这将有助于你获得正在学习的相关概念的更多背景信息。

本章中的所有代码示例都可以在本书的 GitHub 版本库（PacktPublishing/Mastering-RUST-Second-Edition）中找到。对于本章，它们在"Chapter 1, Getting Started with Rust Directory"目录下——本书后文的代码示例将遵循相同的约定。

> **注意**
> 某些代码文件是刻意提供的，它们无法编译，因此你可以在编译器的帮助下自行修复。

接下来，让我们从 Rust 的基元类型开始。

1.3.1　基元类型

Rust 中内置的基元类型有以下几种。

- bool：这些是常见的布尔值，可以是真（true），也可以是假（false）。

- char：字符，例如字母 e。

- 整型（integer）：该类型的特征在于位宽。Rust 支持的最大长度是 128 位。

有符号	无符号
i8	u8
i16	u16
i32	u32
i64	u64
i128	u128

- isize：尺寸可变的有符号整型（尺寸取决于底层指针大小）。相当于 32 位 CPU 上的 i32 和 64 位 CPU 上的 i64。

- usize：尺寸可变的无符号整型（尺寸取决于底层指针大小）。相当于 32 位 CPU 上的 i32 和 64 位 CPU 上的 i64。

- f32：32 位浮点型。实现了用于表示浮点数的 IEEE 754 标准。

- f64：64 位浮点型。

- [T; N]：固定大小的数组，T 表示元素类型，N 表示元素数目，并且是编译期非负常数。

- [T]：动态大小的连续序列的视图，T 表示任意类型。

- str：字符串切片，主要用做引用，即&str。

- (T, U, ..)：有限序列，(T, U, ..)中的 T 和 U 可以是不同类型。

- fn(i32) -> i32：一个接收 i32 类型参数并返回 i32 类型参数的函数。函数也有一种类型。

1.3.2 变量声明和不可变性

变量允许我们存储一个值，以便可以在后续的代码中轻松地引用它。在 Rust 中，我们使用关键字 let 来声明变量。这在本节开头的 greet.rs 示例中已经展示了这一点。在诸如 C 或 Python 等主流的命令式语言中，不能阻止你为初始化后的变量重新分配其他值。Rust 通过在默认情况下让变量不可变而另辟蹊径，也就是说，在初始化变量后，你无法为变量分配其他值。如果稍后需要将变量指向其他变量（同一类型），则需要在其前面加上关键字 mut。Rust 要求你明确地表达自己的意图。

考虑如下代码：

```
// variables.rs

fn main() {
    let target = "world";
    let mut greeting = "Hello";
    println!("{}, {}", greeting, target);
    greeting = "How are you doing";
    target = "mate";
    println!("{}, {}", greeting, target);
}
```

我们声明了两个变量，即 target 和 greeting。target 是一个不可变的绑定变量，而 greeting 前面有一个关键字 mut，这使它成为一个可变的绑定变量。但是，如果我们运行此程序，则会出现以下错误提示信息：

从上述错误提示信息可以看出，Rust 不允许你再次为 target 分配值。为了让该程序通过编译，我们需要在 let 语句中的 target 之前加上关键字 mut，然后再次编译和运行它。以下是程序运行后的输出结果：

```
$ rustc variables.rs
$ ./variables
Hello, world
How are you doing, mate
```

let 语句不仅是为变量分配值，也是 Rust 中的模式匹配语句。在第 7 章中，我们将详细介绍它。接下来我们将讨论函数。

1.3.3　函数

函数将一堆指令抽象为具名实体，稍后可以通过其他代码调用这些指令，并帮助用户管理复杂性。我们已经在 greet.rs 程序中使用了一个函数，即 main 函数。让我们看看如何定义另一个函数：

```
// functions.rs

fn add(a: u64, b: u64) -> u64 {
    a + b
}

fn main() {
    let a: u64 = 17;
    let b = 3;
    let result = add(a, b);
    println!("Result {}", result);
}
```

在上述代码中，我们创建了一个名为 add 的新函数。关键字 fn 用于创建函数，随后跟着的是函数名 add，圆括号中的 a 和 b 是参数，花括号中的是函数体。冒号的右边是参数的类型。函数的返回类型使用->指定，其后跟着的是类型，即 u64。如果函数无返回值，那么可以省略该类型声明。函数也有类型，我们的函数 add 的类型表示为 fn (u64,u64) -> u64。
类型声明也可以存储在变量中传递给其他函数。

如果你仔细查看 add 的函数体，会发现我们不需要像其他语言那样使用关键字 return
来返回 a+b，因为最后一个表达式会自动返回。不过 Rust 中仍有关键字 return，但它用于
提前退出。函数基本上是返回值的表达式，默认情况下是()（Unit）类型的值，这与 C/C++
中的 void 返回类型相似。也可以在其他函数中声明返回值，这用于你很难将某个函数（例
如 foo）中的某个功能作为语句序列进行推断时。在这种情况下，你可以在本地函数 bar 中
提取这些行，然后在父函数 foo 中定义它们。

在 main 函数中，我们用 let 语句声明两个变量 a 和 b。与 b 的情况类似，我们甚至可
以省略指定类型，因为 Rust 可以通过检查代码来推断大多数情况下变量的类型。这种情况
也适用于 result，它是一个类型为 u64 的值。该特性有助于防止类型签名混乱，并提高代码
可读性，特别是当你的类型嵌套在多个具有长名称的其他类型中时。

注意

Rust 的类型推断基于 Hindly-Milner 类型系统。该系统
包含一组规则和算法，可以通过编程语言进行类型推
断。其采用了一种有效的类型推断方法，在线性时间
内执行，使它对大型程序的类型检查具有实际意义。

我们还可以使用能够修改其参数的函数。考虑以下代码：

```rust
// function_mut.rs

fn increase_by(mut val: u32, how_much: u32) {
    val += how_much;
    println!("You made {} points", val);
}

fn main() {
    let score = 2048;
    increase_by(score, 30);
}
```

我们声明了一个变量 score，并且为其赋值为 2048，然后调用函数 increase_by，将 score
作为第 1 个参数，30 作为第 2 个参数传递给它。在 increase_by 中，我们将第 1 个参数指定
为 mut val，这表示该参数应该被视为可变的，这允许变量在函数内部被修改。我们的函数

increase_by 修改了 val 绑定变量并输出了该值。以下是程序运行后的输出结果：

```
$ rustc function_mut.rs
$ ./function_mut
You made 2078 points
```

接下来让我们探索一下闭包。

1.3.4 闭包

Rust 也支持闭包。闭包与函数类似，但具有声明它们的环境或作用域的更多信息。虽然函数具有与之关联的名称，闭包的定义没有，但可以将它们分配给变量。Rust 类型推断的另一个优点是，在大多数情况下，你可以为没有类型的闭包指定参数。这是一个最简单的闭包 "let my_closure = || ();"。我们刚刚定义了一个什么都不做的无参数闭包。然后我们可以通过 my_closure()来调用它，这和函数类似。两个竖条 "||" 用于存放闭包的参数（如果有的话），例如|a,b|。当 Rust 无法找出正确的类型时，有时需要指定参数类型（|a:u32|）。和函数类似，闭包也可以存储在变量中，稍后调用或传递给其他函数。但是，闭包的主体可以是单一表达式，也可以是由花括号标识的多个表达式组成。更复杂的闭包示例如下所示：

```
// closures.rs

fn main() {
    let doubler = |x| x * 2;
    let value = 5;
    let twice = doubler(value);
    println!("{} doubled is {}", value, twice);

    let big_closure = |b, c| {
        let z = b + c;
        z * twice
    };

    let some_number = big_closure(1, 2);
    println!("Result from closure: {}", some_number);
}
```

在上述代码中，我们定义了两个闭包：doubler 和 big_closure。doubler 将给定的值加倍。在这种情况下，它从父作用域或上下文环境传递 value，即 main 函数。同样，在 big_closure 中，我们从其环境中使用变量 twice。这个闭包在花括号内有多行表达式，需要以分号结尾，以便我们将它分配给变量 big_closure。之后，我们调用 big_closure，传入 1、2 作为参数，并输出 some_number。

闭包主要用作高阶函数的参数。高阶函数是一个以另一个函数或闭包作为参数的函数。例如，标准库中的 thread::spawn 函数接收一个闭包作为参数，你可以在其中编写要在另一个线程中运行的代码。闭包提供简便、抽象的另一个场景是，当你有一个对 Vec 等集合进行操作的函数时，希望根据某些条件过滤元素。Rust 的迭代器特征（iterator trait）有一个名为 filter 的方法，可以接收一个闭包作为参数。此闭包由用户定义，并返回 true 或 false，具体取决于用户希望过滤集合中元素的方式。我们将在第 7 章深入了解闭包。

1.3.5　字符串

字符串是在任何编程语言中最常用的数据类型之一。在 Rust 中，它们通常以两种形式出现：&str 类型和 String 类型。Rust 字符串保证是有效的 UTF-8 编码字节序列。它们不像 C 字符串那样以空值（NULL）终止，并且可以在字符串之间包含空的字节。以下程序展示了这两种类型：

```
// strings.rs

fn main() {
    let question = "How are you ?";          // &str 类型
    let person: String = "Bob".to_string();
    let namaste = String::from("नमस्ते");     // unicodes yay!

    println!("{}! {} {}", namaste, question, person);
}
```

在上述代码中，person 和 namaste 的类型为 String，而 question 的类型为&str。创建 String 类型数据的方法有多种。String 类型数据是在堆上分配的，&str 类型数据通常是指向现有字符串的指针，这些字符串可以在堆栈和堆上，也可以是已编译对象代码的数据段中的字符串。&是一个运算符，用于创建指向任何类型的指针。在初始化前面代码中的字符串后，我们使用 println!宏通过格式化字符串将它们一起输出。这些是最基本的字符串知识，我们将在第 7 章对字符串进行详细介绍。

1.3.6　条件和判断

Rust 中的条件判断和其他语言中的类似，它们也遵循类 C 语言风格的 if else 结构：

```
// if_else.rs

fn main() {
    let rust_is_awesome = true;
    if rust_is_awesome {
        println!("Indeed");
    } else {
        println!("Well, you should try Rust !");
    }
}
```

在 Rust 中，if 构造不是语句，而是一个表达式。在一般的编程用语中，语句不返回任何值，但表达式会返回值。这种区别意味着 Rust 中的 if else 条件总是会返回一个值。该值可以是 empty 类型的()，也可能是实际的值。无论花括号中的最后一行是什么，都会成为 if else 表达式的返回值。重点是要注意 if 和 else 分支应该具有相同的返回类型。如前所示，我们不需要在 if 条件表达式的两边添加括号，我们甚至可以将 if else 代码块的值分配给变量：

```
// if_assign.rs

fn main() {
    let result = if 1 == 2 {
        "Wait, what ?"
    } else {
        "Rust makes sense"
    };

    println!("You know what ? {}.", result);
}
```

当将要分配的值从 if else 表达式返回时，我们需要用分号作为结束标志。例如，if 是一个表达式，那么 let 是一个声明，期望我们在结尾处有分号。在赋值的情况下，如果需要从前面的代码中删除 else 代码块，编译器会抛出一个错误提示信息，如下所示：

如果没有 else 代码块，当 if 条件的判断结果为 false 时，那么结果将是()，变量 result 的值将可能是两个，即()和&str。Rust 不允许将多种类型的数据存储在一个变量中。因此，在这种情况下，我们需要 if 和 else 代码块返回相同的类型。此外，在条件分支中添加分号会更改代码的含义。通过在一些代码中的 if 代码块中的字符串之后添加分号，编译器会认为用户希望抛弃该值：

```
// if_else_no_value.rs

fn main() {
    let result = if 1 == 2 {
        "Nothing makes sense";
    } else {
        "Sanity reigns";
    };

    println!("Result of computation: {:?}", result);
}
```

在这种情况下，结果将是一个 empty 类型的()，这就是我们必须更改 println!({:?})表达式的原因；此类型无法以常规方式输出。对于更复杂的多值条件判断，Rust 提供了被称为 match 表达式的强大构造来处理。接下来我们将会对它进行介绍。

1.3.7 match 表达式

Rust 的 match（匹配）表达式非常简单、易用。它基本上类似于 C 语言的 switch 语句简化版，允许用户根据变量的值，以及是否具有高级过滤功能做出判断。以下是一个使用 match 表达式的程序：

```
// match_expression.rs

fn req_status() -> u32 {
    200
}

fn main() {
    let status = req_status();
    match status {
        200 => println!("Success"),
        404 => println!("Not Found"),
        other => {
            println!("Request failed with code: {}", other);
```

```
            //从缓存中获取响应
        }
    }
}
```

在上述代码中有一个 req_status 函数，它返回一个伪超文本传输协议（HyperText Transfer Protocol，HTTP）请求状态代码 200，然后在 main 函数中调用，并将它分配给变量 status。之后使用关键字 match 匹配此值，关键字后面跟着的是要检查的变量（status），后面跟一对花括号。在花括号内，我们编写表达式——它们被称为匹配臂。这些匹配臂表示匹配的变量可以采用的候选值。每个匹配臂是通过可能写入变量的值来构造的，随后跟着的是一个"=>"，然后右边是表达式。在右侧，你可以在花括号中使用单行表达式或多行表达式。当编写的是单行表达式时，需要用逗号进行分隔。此外，每个匹配臂必须返回相同的类型。在这种情况下，每个匹配臂返回一个 Unit 类型()。

另一个很好的特性，或者可以称之为 match 表达式的保证，是我们必须对所有可能匹配的值进行彻底匹配。在本示例中，这将列出所有数字直到 i32 类型允许的最大值。实际上这是不可能的。如果我们想忽略相关的值，Rust 允许我们通过使用 catch all 变量（这里是 other）或者_（下画线）来忽略其余的可能性。当你有多个可能的值，并且需要简洁地进行构造时，match 表达式是围绕这些值做出决策的主要方式。与 if else 表达式一样，match 表达式的返回值也可以在用分号分隔的 let 语句中为变量赋值，其中所有匹配臂的返回值类型相同。

1.3.8   循环

在 Rust 中重复做某些事情可以使用 3 种构造来完成，即 loop、while 和 for。在所有这些构造中，通常都包含关键字 continue 和 break，分别允许你跳过和跳出循环。以下是一个使用循环的示例，相当于 C 语言中的 while（true）：

```
// loops.rs

fn main() {
    let mut x = 1024;
    loop {
        if x < 0 {
            break;
        }
        println!("{} more runs to go", x);
        x -= 1;
    }
}
```

loop 表示无限循环。在上述代码中，我们简单地递减 x 的值，当它达到 if 条件 x<0 时，中断循环。在 Rust 中执行循环的一个额外特性是，能够使用名称标记循环代码块。这可以在你有两个或多个嵌套循环，并想要从它们中的任何一个中断的情况下使用，而不仅针对直接包含 break 语句的循环。以下是使用循环标签中断 loop 的示例：

```
// loop_labels.rs

fn silly_sub(a: i32, b: i32) -> i32 {
    let mut result = 0;
    'increment: loop {
        if result == a {
            let mut dec = b;
            'decrement: loop {
                if dec == 0 {
                    //直接从 'increment 循环中断
                    break 'increment;
                } else {
                    result -= 1;
                    dec -= 1;
                }
            }
        } else {
            result += 1;
        }
    }
    result
}

fn main() {
    let a = 10;
    let b = 4;
    let result = silly_sub(a, b);
    println!("{} minus {} is {}", a, b, result);
}
```

在上述代码中，我们正在执行一种非常低效的减法操作，只是为了演示标签在嵌套循环中的使用方法。在内部'decrement 标签中，当 dec 等于 0 时，可以传递一个标签来中断循环（这里是'increment），并且中断外部的'increment 循环。

现在，让我们看看 while 循环。这个示例非常简单：

```
// while.rs
```

```
fn main() {
    let mut x = 1000;
    while x > 0 {
        println!("{} more runs to go", x);
        x -= 1;
    }
}
```

Rust 中也有关键字 for，它类似于其他语言中使用的 for 循环，但它们的实现完全不同。Rust 的 for 循环基本上是一种更强大的重复构造（迭代器）的语法糖。我们将在第 7 章详细地讨论它。简单地说，Rust 中的 for 循环只适用于可以转换为迭代器的类型。一种这样的类型是 Range 类型。Range 类型可以指代一系列数字，例如(0..10)。它们可以用于 for 循环，如下所示：

```
// for_loops.rs

fn main() {
    //不包括 10
    print!("Normal ranges: ");
    for i in 0..10 {
        print!("{},", i);
    }

    println!();         //另起一行
    print!("Inclusive ranges: ");
    //开始计数直到 10
    for i in 0..=10 {
        print!("{},", i);
    }
}
```

一般的区间语法 0..10，是不包括 10 的，Rust 还具有包含区间的语法，例如 0..=10，它会一直迭代到 10 才停止，如第 2 个 for 循环所示。现在，我们将开始讨论自定义数据类型。

1.3.9　自定义数据类型

自定义类型，顾名思义，是由用户定义的类型。自定义类型可以由几种类型组成。它们可以是基元类型的包装器，也可以是多个自定义类型的组合。它们有 3 种形式：结构体、枚举及联合，或者被称为 struct、enum 及 union。它们允许你更轻松地表示自己的数据。自定义类型的命名规则遵循驼峰命名法（CamelCase）。Rust 的结构体和枚举功能比 C 语言的结构体和枚举功能更强大，而 Rust 的联合非常类似于 C 语言的联合，主要用于与 C 语言代码库交互。我们将在本节中介绍结构体和枚举，将在第 7 章中详细介绍联合。

结构体

在 Rust 中，结构体的声明形式有 3 种。其中最简单的是单元结构体（unit struct），它使用关键字 struct 进行声明，随后是其名称，并用分号作为结尾。以下代码示例定义了一个单元结构体：

```
// unit_struct.rs

struct Dummy;

fn main() {
    let value = Dummy;
}
```

我们在上述代码中定义了一个名为 Dummy 的单元结构体。在 main 函数中，我们可以仅使用其名称初始化此类型。value 现在包含一个 Dummy 实例，并且值为 0。单元结构体在运行时不占用任何空间，因为没有与之关联的数据。用到单元结构体的情况非常少。它们可用于对没有与之关联的数据或状态进行实体建模；也可用于表示错误类型，结构体本身足以表述错误，而不需要对其进行描述；还可用于表示状态机实现过程中的状态。接下来，让我们看看结构体的第 2 种形式。

结构体的第 2 种形式是元组结构体（tuple struct），它具有关联数据。其中的每个字段都没有命名，而是根据它们在定义中的位置进行引用。假定你正在编写用于图形应用程序的颜色转换/计算库，并希望在代码中表示 RGB 颜色值。可以用以下代码表示 Color 类型和相关元素：

```
// tuple_struct.rs

struct Color(u8, u8, u8);

fn main() {
    let white = Color(255, 255, 255);
    //可以通过索引访问它们
    let red = white.0;
    let green = white.1;
    let blue = white.2;

    println!("Red value: {}", red);
```

```
    println!("Green value: {}", green);
    println!("Blue value: {}\n", blue);

    let orange = Color(255, 165, 0);
    //你也可以直接解构字段
    let Color(r, g, b) = orange;
    println!("R: {}, G: {}, B: {} (orange)", r, g, b);

    //也可以在解构时忽略字段
    let Color(r, _, b) = orange;
}
```

在上述代码中，Color(u8, u8, u8)是创建和存储到变量 white 的元组结构体。然后，我们使用 white.0 语法访问 white 中的单个颜色组件。元组结构体中的字段可以通过 variable. <index>这样的语法访问，其中索引会引用结构体中字段的位置，并且是以 0 开头的。访问结构体中字段的另一种方法是使用 let 语句对结构体进行解构。后面，我们创建了一个颜色 orange（橙色）。随后我们编写了一条 let 语句，并让 Color(r, g, b)位于等号左边，orange 位于等号右边。这使得 orange 中的 3 个字段分别存储到了变量 r、g 和 b 中。系统会自动为我们判定 r、g 和 b 的类型。

对于 5 个以下的属性进行数据建模时，元组结构体是理想的选择。除此之外的任何选择都会妨碍代码的可读性和我们的推理。对于具有 3 个以上字段的数据类型，建议使用类 C 语言的结构体，这是第 3 种形式，也是最常用的形式。请参考如下代码：

```
// structs.rs

struct Player {
    name: String,
    iq: u8,
    friends: u8,
    score: u16
}

fn bump_player_score(mut player: Player, score: u16) {
    player.score += score;
    println!("Updated player stats:");
    println!("Name: {}", player.name);
    println!("IQ: {}", player.iq);
    println!("Friends: {}", player.friends);
    println!("Score: {}", player.score);
}
```

```
fn main() {
    let name = "Alice".to_string();
    let player = Player { name,
                          iq: 171,
                          friends: 134,
                          score: 1129 };

    bump_player_score(player, 120);
}
```

在上述代码中，结构体的创建方式与元组结构体的相同，即通过指定关键字 struct，随后定义结构体的名称。但是，结构体以花括号开头，并且声明了字段名称。在花括号内，我们可以将字段写成以逗号分隔的"field:type"对。创建结构体的实例也很简单；我们只需编写 Player，随后跟一对花括号，花括号中包含以逗号分隔的字段。使用与字段具有相同名称的变量初始化字段时，我们可以使用字段初始化简化（field init shortland）特性，即前面代码中的 name 字段。然后，我们可以使用 struct.field_name 语法轻松地访问此前创建的实例中的字段。

在上述代码中，我们还有一个名为 bump_player_score 的函数，它将结构体 Player 作为参数。默认情况下，函数参数是不可变的，所以当我们需要修改播放器中的分数（score）时，需要将函数中的参数修改为 mut player，以允许我们修改它的任何字段。在结构体上使用关键字 mut 意味着它的所有字段都是可修改的。

使用结构体而不是元组结构体的优点在于，我们可以按任意顺序初始化字段，还可以为字段提供有意义的名称。此外，结构体的大小只是其每个字段成员大小的总和，如有必要，还包括任意数据对齐填充所需的空间大小。它没有任何额外的元数据尺寸的开销。接下来，让我们来看看枚举。

枚举

当你需要为不同类型的东西建模时，枚举可能是一种好办法。它是使用关键字 enum 创建的，之后跟着的是枚举名称和一对花括号。在花括号内部，我们可以编写所有可能的类型，即变体。这些变体可以在包含或不包含数据的情况下定义，并且包含的数据可以是任何基元类型、结构体、元组结构体，甚至是枚举类型。

不过，在递归的情况下，例如你有一个枚举 Foo 和一个引用枚举的变体，则该变体需要在指针类型（Box、Rc 等）的后面，以避免类型无限递归定义。因为枚举也可以在堆栈上创建，所以它们需要预先指定大小，而无限的类型定义使它无法在编译时确定大小。现在，我们来看看如何创建一个枚举：

```
// enums.rs

enum Direction {
    N,
    E,
    S,
    W
}

enum PlayerAction {
    Move {
        direction: Direction,
        speed: u8
    },
    Wait,
    Attack(Direction)
}

fn main() {
    let simulated_player_action = PlayerAction::Move {
        direction: Direction::N,
        speed: 2,
    };
    match simulated_player_action {
        PlayerAction::Wait => println!("Player wants to wait"),
        PlayerAction::Move { direction, speed } => {
          println!("Player wants to move in direction {:?} with speed {}",
                direction, speed)
        }
        PlayerAction::Attack(direction) => {
            println!("Player wants to attack direction {:?}", direction)
        }
    };
}
```

上述代码定义了两个变体：Direction 和 PlayerAction。然后我们通过选择任意变体来创建它们的实例，其中变体和枚举名用双冒号分隔，例如 Direction::N 和 PlayerAction::Wait。注意，我们不能使用未初始化的枚举，它必须是变体之一。给定枚举值，要查看枚举实例包含哪些变体，可以使用 match 表达式进行模式匹配。当我们在枚举上匹配时，我们可以将变量放在 PlayerAction::Attack(direction)中的 direction 等字段中，从而直接解构变体中的内容，反过来，这意味着我们可以在匹配臂中使用它们。

正如你在前面的 Direction 变体中看到的，我们有一个#[derive(Debug)]注释。这是一个属性，它允许用户在 println!()中以{:?}格式输出 Direction 实例。这是通过名为 Debug 的特征生成方法来完成的。编译器告诉我们是否缺少 Debug，并提供有关修复它的建议，因此我们需要从那里获得该属性：

```
→ Chapter01 git:(master) ✗ rustc enums.rs
error[E0277]: `Direction` doesn't implement `std::fmt::Debug`
  --> enums.rs:29:17
   |
29 |               direction, speed)
   |               ^^^^^^^^^ `Direction` cannot be formatted using `{:?}`
   |
   = help: the trait `std::fmt::Debug` is not implemented for `Direction`
   = note: add `#[derive(Debug)]` or manually implement `std::fmt::Debug`
   = note: required by `std::fmt::Debug::fmt`

error[E0277]: `Direction` doesn't implement `std::fmt::Debug`
  --> enums.rs:32:63
   |
32 |         println!("Player wants to attack direction {:?}", direction)
   |                                                           ^^^^^^^^^ `Direction` cannot be formatted using `{:?}`
   |
   = help: the trait `std::fmt::Debug` is not implemented for `Direction`
   = note: add `#[derive(Debug)]` or manually implement `std::fmt::Debug`
   = note: required by `std::fmt::Debug::fmt`

error: aborting due to 2 previous errors

For more information about this error, try `rustc --explain E0277`.
```

从函数式程序员的角度看，结构体和枚举也称为代数数据类型（Algebraic Data Type，ADT），因为可以使用代数规则来表示它们能够表达的值的取值区间。例如，枚举被称为求和类型，是因为它可以容纳的值的范围基本上是其变体的取值范围的总和；而结构体被称为乘积类型，是因为它的取值区间是其每个字段取值区间的笛卡儿积。在谈到它们时，我们有时会将它们称为 ADT。

1.3.10　类型上的函数和方法

没有行为的类型功能有限，并且通常情况下我们希望类型具有函数或方法，以便我们可以返回它们的实例而不是手动构造它们，或者使我们能够操作自定义类型中的字段。这可以通过 impl 块来实现，它被视作某个类型提供实现。我们可以为所有自定义类型或包装器类型提供实现。首先，我们来看看如何编写结构体的实现。

结构体上的 impl 块

我们可以使用两种机制向之前定义的结构体 Player 中添加行为：一种是类似构造函数的函数，它接收一个名称并为 Person 中的其余字段设置默认值，另一种是设置 Person 的 friends 字段的 getter 和 setter 方法。

```
// struct_methods.rs

struct Player {
```

```
    name: String,
    iq: u8,
    friends: u8
}

impl Player {
    fn with_name(name: &str) -> Player {
        Player {
            name: name.to_string(),
            iq: 100,
            friends: 100
        }
    }

    fn get_friends(&self) -> u8 {
        self.friends
    }

    fn set_friends(&mut self, count: u8) {
        self.friends = count;
    }
}

fn main() {
    let mut player = Player::with_name("Dave");
    player.set_friends(23);
    println!("{}'s friends count: {}", player.name, player.get_friends());
    //另一种调用实例方法的方式
    let _ = Player::get_friends(&player);
}
```

我们指定关键字 impl，然后指定我们希望实现方法的类型，后跟一对花括号。在花括号中，我们可以编写两种方法。

- **关联方法**：该方法没有 self 类型作为第 1 个参数。with_name 方法被称为关联方法，因为它没有使用 self 作为第 1 个参数。它类似于面向对象编程语言中的静态方法。这些方法在类型自身上即可调用，并且不需要类型的实例来调用。通过在方法名称前加上结构体名称和双冒号来调用关联方法，如下所示：

```
Player::with_name("Dave");
```

- **实例方法**：将 self 作为第 1 个参数的函数。这里的 self 类似于 Python 中的 self，并指向实现该方法的实例（这里是 Player）。因此，get_friends()方法只能在已创建的结构体实例上调用：

```
let player = Player::with_name("Dave");
player.get_friends();
```

如果我们使用关联方法的语法调用 get_friends，即 Player::get_friends()，编译器会给出如下错误提示信息：

```
→ Chapter01 git:(master) ✗ rustc struct_methods.rs
error[E0061]: this function takes 1 parameter but 0 parameters were supplied
  --> struct_methods.rs:32:13
   |
18 |     fn get_friends(&self) -> u8 {
   |     --------------------------- defined here
32 |     let _ = Player::get_friends();
   |             ^^^^^^^^^^^^^^^^^^^^^ expected 1 parameter

error: aborting due to previous error
For more information about this error, try `rustc --explain E0061`.
```

这里的错误提示信息具有误导性，但它表明实例方法基本上就是关联方法，self 是第 1 个参数，而 instance.foo() 是一种语法糖。这意味着我们可以这样调用它：Player::get_friends(&player);。在此调用中，我们给方法传递了一个 Player 的实例，&self 就是&player。

我们可以在类型上实现 3 种实例方法的变体。

- self 作为第一个参数。在这种情况下，调用此方法将不允许你后续使用该类型。
- &self 作为第一个参数。此方法仅提供对类型实例的读取访问权限。
- &mut self 作为第一个参数。此方法提供对类型实例的可变访问。

我们的 set_friends 方法是一个&mut self 方法，它允许我们修改 player 中的字段。我们需要在 self 之前添加运算符&，这表示 self 在方法存续期间被借用，这正是我们想要的。如果没有&符号，调用者会将所有权移动到方法，这意味着在 get_friends 方法返回后将取消分配值，我们将不能再使用 Player 实例。不必担心，我们没有在第 5 章详细解释所有这些之前，移动和借用这些术语并没有什么特别的含义。

接下来，我们将讨论枚举的实现。

impl 块和枚举

我们还可以为枚举提供实现。例如，考虑使用 Rust 构建的支付程序库，它公开了一个名为 pay 的 API：

```
// enum_methods.rs
```

```rust
enum PaymentMode {
    Debit,
    Credit,
    Paypal
}

//一些网络支付处理程序

fn pay_by_credit(amt: u64) {
    println!("Processing credit payment of {}", amt);
}
fn pay_by_debit(amt: u64) {
    println!("Processing debit payment of {}", amt);
}
fn paypal_redirect(amt: u64) {
    println!("Redirecting to paypal for amount: {}", amt);
}

impl PaymentMode {
    fn pay(&self, amount: u64) {
        match self {
            PaymentMode::Debit => pay_by_debit(amount),
            PaymentMode::Credit => pay_by_credit(amount),
            PaymentMode::Paypal => paypal_redirect(amount)
        }
    }
}

fn get_saved_payment_mode() -> PaymentMode {
    PaymentMode::Debit
}

fn main() {
    let payment_mode = get_saved_payment_mode();
    payment_mode.pay(512);
}
```

上述代码中有一个名为 get_saved_payment_mode 的方法,它返回用户保存的付款方式。这些方式可以是信用卡、借记卡或 Paypal。最好将其建模为枚举,其中可以添加不同的付款方式作为其变体。然后程序库为我们提供单一的 pay() 方法,以便用户可以方便地提供支付金额。此方法可以确定枚举中的某个变体,并相应地将方法指派给正确的支付服务供应商,而不会让程序库的用户担心要检查使用哪种付款方式。

枚举也广泛用于状态机，当其与 match 表达式搭配使用时，它们可使状态转换代码非常简洁。它们还可用于自定义错误类型的建模。当枚举变体没有任何与之关联的数据时，它们可以像 C 语言的枚举那样使用，其中的变体默认具有以 0 开头的整数值（isize），但也可以手动标记整数值。这在与外部 C 程序库交互时很有用。

1.3.11 module、import 和 use 语句

编程语言通常会提供一种将大型代码块拆分为多个文件以管理复杂性的方法。Java 遵循每个.java 文件就是公共类的约定，而 C++为我们提供了头文件和 include 语句。Rust 也不例外，它为我们提供了模块机制。模块是 Rust 程序中命名和组织代码的一种方式。为了灵活地组织代码，Rust 提供了多种创建模块的方法。

模块是一个复杂的主题，本章只对它进行简要介绍，我们将重点介绍它的应用。第 2章将会对它进行深入讨论。以下是 Rust 模块的主要内容。

- 每个 Rust 程序都需要一个 root 模块。对于可执行文件，它通常是 main.rs 文件，对于程序库，它通常是 lib.rs 文件。

- 模块可以在其他模块内部声明，也可以组织为文件和目录。

- 为了让编译器能够识别我们的模块，我们需要使用关键字 mod 声明，例如 mod my_module。在我们的 root 模块中，要在模块名称前使用关键字 use，这表示将元素引入作用域。

- 模块中定义的元素默认是私有的，你需要使用关键字 pub 将它暴露给调用方。

上述内容是模块的简要介绍。第 7 章将会讨论模块的高级应用。接下来，让我们看一下标准库中常用的集合类型。

1.3.12 集合

通常情况下，你的程序必须处理多个数据实例，因此，可使用集合类型。根据你的需要以及数据驻留在内存中的位置，Rust 提供了多种内置类型来存储数据集合。首先，我们有数组和元组。然后，我们的标准库中有动态集合类型，将介绍其中最常用的类型，即项目列表（vector）和键/值对（map）。最后，我们还引用了被称为切片的集合类型，它们基本上是对某些其他变量所拥有的连续数据的视图。让我们先从数组开始介绍。

数组

数组具有固定长度，可以存储相同类型的元素。它们用[T,N]表示，其中 T 表示任意类型，N 表示数组元素的数量。数组的大小不能用变量表示，并且必须是 usize 的字面值：

```
// arrays.rs

fn main() {
    let numbers: [u8; 10] = [1, 2, 3, 4, 5, 7, 8, 9, 10, 11];
    let floats = [0.1f64, 0.2, 0.3];

    println!("Number: {}", numbers[5]);
    println!("Float: {}", floats[2]);
}
```

在上述代码中，我们声明了一个整型数组，其中包含 10 个元素，并在左侧指定了元素的类型。在第二个浮点型数组中，我们将类型指定为数组中第一个元素的后缀，即 0.1f64。这是指定类型的另一种方法。接下来，让我们来介绍元组。

元组

元组与数组的不同之处在于，数组的元素必须具有相同的类型，而元组中的元素可以具有不同的类型。元组是异构集合，可用于将不同类型的元素存储在一起，从函数返回多个值时可以使用它。考虑下列应用元组的代码：

```
// tuples.rs

fn main() {
    let num_and_str: (u8, &str) = (40, "Have a good day!");
    println!("{:?}", num_and_str);
    let (num, string) = num_and_str;
    println!("From tuple: Number: {}, String: {}", num, string);
}
```

在上述代码中，num_and_str 是一个包含两个元素的元组，即(u8, &str)。我们还将已经声明的元组中的值提取到单个变量中。输出元组后，我们将已经声明的元组解构为 num 和 string 变量，并自动推断它们的类型。该代码非常简洁。

项目列表

项目列表和数组类似，不过它们的内容和长度不需要事先指定，并且可以按需增长。

它们是在堆上分配的。我们既可以使用构造函数 Vec::new，也可以使用宏 vec![]创建它们：

```
// vec.rs

fn main() {
    let mut numbers_vec: Vec<u8> = Vec::new();
    numbers_vec.push(1);
    numbers_vec.push(2);

    let mut vec_with_macro = vec![1];
    vec_with_macro.push(2);
    let _ = vec_with_macro.pop(); //忽略空格

    let message = if numbers_vec == vec_with_macro {
        "They are equal"
    } else {
        "Nah! They look different to me"
    };

    println!("{} {:?} {:?}", message, numbers_vec, vec_with_macro);
}
```

在上述代码中，我们以不同方式创建了两个项目列表，即 numbers_vec 和 vec_with_macro。我们可以使用 push()方法将元素推送到 vector 中，并可以使用 pop()方法删除元素。如果你希望了解更多相关的方法，可以参考官方帮助文档，还可以使用 for 循环语句迭代访问 vector，因为它们也实现了 Iterator 特征。

键/值对

Rust 还为我们提供了键/值对，它可以用于存储键/值对。它们来自 std::collections 模块，名为 HashMap。它们是使用构造函数 HashMap::new 创建的：

```
// hashmaps.rs

use std::collections::HashMap;

fn main() {
    let mut fruits = HashMap::new();
    fruits.insert("apple", 3);
    fruits.insert("mango", 6);
    fruits.insert("orange", 2);
    fruits.insert("avocado", 7);
```

```
for (k, v) in &fruits {
    println!("I got {} {}", v, k);
}

fruits.remove("orange");
let old_avocado = fruits["avocado"];
fruits.insert("avocado", old_avocado + 5);
println!("\nI now have {} avocados", fruits["avocado"]);
}
```

在上述代码中，我们新建了一个名为 fruits 的 HashMap。然后使用 insert 方法向其中插入了一些水果元素以及相关的计数。接下来，我们使用 for 循环遍历键/值对，其中通过&fruits 引用我们的水果映射结构，因为我们只希望读取其中的键和值。默认情况下，for 循环将使用该值。在上述情况下，for 循环返回一个包含两个字段的元组（(k,v)）。还有单独的方法 keys()和 values()分别用于迭代访问键和值。用于哈希化 HashMap 类型键的哈希算法基于 Robin hood 开放寻址方案，但我们可以根据用例和性能替换成自定义哈希方案。接下来，让我们看看切片。

切片

切片是获取集合类型视图的常用做法。大多数用例是对集合类型中特定区间的元素进行只读访问。切片基本上是指针或引用，指向现有集合类型中某个其他变量所拥有的连续区间。实际上，切片是指向堆栈或堆中某处现有数据的胖指针，这意味着它还包含关于指向元素多少的信息，以及指向数据的指针。

切片用&[T]表示，其中 T 表示任意类型。它们的使用方式与数组非常类似：

```
// slices.rs

fn main() {
    let mut numbers: [u8; 4] = [1, 2, 3, 4];
    {
        let all: &[u8] = &numbers[..];
        println!("All of them: {:?}", all);
    }

    {
        let first_two: &mut [u8] = &mut numbers[0..2];
        first_two[0] = 100;
        first_two[1] = 99;
    }
```

```
    println!("Look ma! I can modify through slices: {:?}", numbers);
}
```

在上述代码中有一个 numbers 数组，这是一个堆栈分配值。然后我们使用&numbers[..]语法对数组中的数字进行切片并存储到变量 all 中，其类型为&[u8]。末尾的[..]表示我们要获取整个集合。这里我们需要用到&，是因为切片是不定长类型（unsized types），不能将切片存储为裸值——即仅在指针后面。与之有关的细节将会在第 7 章详细介绍。我们还可以提供范围（[0..2]）以获得任意区间的切片。切片也可以可变地获得。first_two 是一个可变切片，我们可以通过它修改原始的 numbers 数组。

对细心的读者来说，你会发现在上述代码中，我们在进行切片时额外使用了一对花括号。它们用于隔离从不可变引用中获取切片的可变引用的代码。没有它们，代码将无法进行编译。第 5 章将会对它们进行详细介绍。

注意
&str 类型也属于切片类型（[u8]），与其他字节切片的唯一区别在于，它们保证为 UTF-8。也可以在 Vec 或 String 上执行切片。

接下来，让我们来讨论迭代器。

1.3.13 迭代器

迭代器是一种构造，它提供了一种高效访问集合类型元素的方法，不过它并不是一个新的概念。在许多命令式语言中，它们为从集合类型（例如 list 或 map）构造的对象。例如，Python 的 iter（some_list）或者 C++的 vector.begin()是从现有集合构造迭代器的方法。迭代器的一个优点是它们提供了对集合中元素的更高级别抽象，而不是使用手动循环，因为后者很容易因为某个错误而终止执行。

迭代器的另一个优点它是不会在内存中读取整个集合，并且是惰性的。惰性表示迭代器仅在需要时对集合中的元素进行求值或访问。迭代器还可以与多个转换操作链接，例如根据相关条件过滤元素，并且在你需要之前不进行求值转换。当你需要访问这些元素时，迭代器会提供 next()方法，该方法尝试从集合中读取下一个元素，这一操作会在迭代器进行链式计算求值时发生。

> **注意**
>
> 只有在类型具有集合（语义）时，才有必要实现 Iterator 特征。例如，对于()单位类型实现 Iterator 特征是无意义的。

在 Rust 中，迭代器是实现了 Iterator 特征的任意类型。可以在 for 循环中使用迭代器来遍历其元素。它们是为大多数标准库集合类型实现的，例如 vector、HashMap、BTreeMap 等，并且还可以为自定义类型实现。

我们在 Rust 中处理集合类型时，经常会用到迭代器。事实上，Rust 的 for 循环可以转换成一个普通的 match 表达式，其中包含对迭代器对象 next()方法的调用。此外，我们可以通过调用其中的 iter()或者 into_iter()方法将大多数集合类型转换为迭代器。上述内容已经提供了与迭代器相关的足够多的信息，以便我们进行接下来的练习。我们将会在第 7 章深入介绍迭代器，并实现一个自定义迭代器。

1.4　改进字符计数器

掌握了前面的基础知识后，是时候学以致用了！在这里，我们有一个程序来统计文本文件中的单词实例，并将文件作为参数传递给它。这个程序已经快要完成了，但是有一些编译器捕获的错误和瑕疵，以下是该程序代码：

```rust
// word_counter.rs

use std::env;
use std::fs::File;
use std::io::prelude::BufRead;
use std::io::BufReader;

#[derive(Debug)]
struct WordCounter(HashMap<String, u64>);

impl WordCounter {
    fn new() -> WordCounter {
        WordCounter(HashMap::new());
    }

    fn increment(word: &str) {
        let key = word.to_string();
```

```
        let count = self.0.entry(key).or_insert(0);
        *count += 1;
    }

    fn display(self) {
        for (key, value) in self.0.iter() {
            println!("{}: {}", key, value);
        }
    }
}

fn main() {
    let arguments: Vec<String> = env::args().collect();
    let filename = arguments[1];
    println!("Processing file: {}", filename);
    let file = File::open(filenam).expect("Could not open file");
    let reader = BufReader::new(file);
    let mut word_counter = WordCounter::new();

    for line in reader.lines() {
        let line = line.expect("Could not read line");
        let words = line.split(" ");
        for word in words {
            if word == "" {
                continue
            } else {
                word_counter.increment(word);
            }
        }
    }
    word_counter.display();
}
```

根据上述代码继续完善该程序，并将它另存为一个文件；尝试在编译器的帮助下修复所有错误。每次尝试修复一个错误，并根据编译器重新编译代码来获得反馈。除了本章介绍的主题之外，本练习的目的是让你学会利用编译器的错误提示信息，这是了解编译器及其如何分析代码的更多信息的重要练习。你可能会惊讶地发现编译器在帮助你从代码中剔除错误方面非常有用。

完善上述代码之后，你可以尝试通过以下练习来进一步提高自己的水平。

- 将 filter 参数添加到 WordCounter 的 display()方法，以根据计数过滤输出结果。换句话说，仅当只大于该过滤值时才显示键/值对。

- 因为 HashMap 随机存储值，所以每次运行程序的输出结果也是随机的。尝试对输出结果排序，HashMap 的 values()方法可能会很有用。

- 看一下 display()方法的 self 参数。如果你将 self 前面的&运算符删除再编译运行会发生什么？

1.5　小结

本章介绍了很多主题。我们了解了 Rust 的历史以及该语言诞生的原因；同时简要介绍了其设计原则和基本功能；还可以看到 Rust 如何通过其类型系统为用户提供丰富的抽象。我们学习了如何安装 Rust 工具链，以及如何使用 rustc 来构建和运行简单的示例程序。

第 2 章中，我们将介绍使用专用的软件包管理器构建 Rust 应用程序和程序库的标准方法，并使用代码编辑器设置 Rust 开发环境，这将为本书后续所有的练习和项目打下坚实的基础。

第 2 章
使用 Cargo 管理项目

现在我们已经熟悉了 Rust 以及如何使用它编写简单的程序，那么接下来我们将在 Rust 中编写实用的项目程序。对于可以包含在单个文件中的简单程序，手动编译和构建它们并不是什么大问题。然而，在实际应用中，程序被分解成多个文件来管理复杂性，并且依赖于其他程序库。手动编译所有源文件并将它们链接到一起变成了一个复杂的过程。对于大型项目，手动编译并不是可扩展的解决方案，因为可能存在数百个文件及其依赖项。

幸运的是，有一些工具可以自动构建大型软件项目——软件包管理器。本章将探讨 Rust 如何通过其专用的软件包管理器管理大型项目，以及它们为改善开发体验而提供的功能。

在本章中，我们将介绍以下主题。

- 软件包管理器。
- 模块。
- 作为构建编译单元的软件包管理器 Cargo 和程序库。
- 创建和构造项目。
- 运行测试。
- Cargo 子命令和安装第三方软件包。
- 在 Visual Studio Code 中配置和集成开发环境。

作为最终的练习，我们将创建 imgtool（它是一个简单的命令行工具，可以在命令行上通过程序库旋转图片）并使用 Cargo 构建和运行。

2.1   软件包管理器

"高效开发的关键在于不断制造一些新的有趣错误。"

——Tom Love

实际的软件代码块通常被组织成多个文件，并且具有许多依赖项，同时需要专用的工具来管理。软件包管理器是一种命令行工具，可帮助用户管理具有多个依赖项的大型项目。如果你用过 Node.js，必然会非常熟悉 npm/yarn，或者是 Go 语言，那么应该熟悉 Go 工具。它们完成了项目分析、下载正确版本的依赖项、检查版本冲突、编译和链接源文件等所有烦琐的工作。

诸如 C/C++这样的底层语言的问题在于，默认情况下它们没有附带专用的软件包管理器。C/C++社区长期以来使用 GNU Make 工具，它是一个与程序语言无关的构建系统，并且具有奇特的语法，这使得许多开发人员望而却步。GNU Make 工具的问题在于它不知道 C/C++源代码中包含哪些头文件，因此必须手动添加这些信息。它没有内置支持下载外部依赖项的功能，也不了解正在运行的平台。幸运的是，Rust 不属于这种情况，因为它附带了一个专用的软件包管理器，它在所管理的项目上有更多的上下文信息。接下来，我们将开始 Rust 的软件包管理器 Cargo 的探索之旅，它可以轻松地构建和维护 Rust 项目。但是首先，我们需要深入探讨 Rust 的模块。

2.2   模块

在我们了解 Cargo 的更多信息之前，需要先熟悉 Rust 是如何组织代码的。第 1 章中我们对模块进行了简要介绍。在这里，我们将详细介绍它们。每个 Rust 程序都以 root 模块开头。如果你创建的是一个程序库文件，那么 root 的模块是 lib.rs；如果你创建的是可执行文件，那么 root 的模块通常是 main.rs。当你的代码越来越多时，Rust 允许你将其拆分成模块。为了在组织项目时提供灵活性，有多种方法可以创建模块。

2.2.1   嵌套模块

创建模块最简单的方法是在现有模块中使用 mod 代码块。考虑如下代码：

```
// mod_within.rs

mod food {
    struct Cake;
    struct Smoothie;
    struct Pizza;
}

fn main() {
    let eatable = Cake;
}
```

我们创建了一个名为 food 的内部模块。要在现有模块中创建模块，我们需要使用关键字 mod，后跟模块名称 food，之后是一对花括号。在花括号内部，我们可以声明任何类型的元素，甚至嵌套模块。在我们的 food 模块中，我们声明了 3 种结构：Cake、Smoothie 和 Pizza。在 main 函数中，我们使用路径语法 food::Cake 从 food 模块创建一个 Cake 实例。接下来我们对该程序进行编译：

```
→ Chapter02 git:(master) ✗ rustc mod_within.rs
error[E0425]: cannot find value `Cake` in this scope
  --> mod_within.rs:10:19
   |
10 |     let eatable = Cake;
   |                   ^^^^ not found in this scope
help: possible candidate is found in another module, you can import it into scope
   |
3  | use food::Cake;
   |

error: aborting due to previous error

For more information about this error, try `rustc --explain E0425`.
```

奇怪的是，编译器提示并未发现任何 Cake 类型的定义。让我们根据编译器的提示将"use food::Cake"添加到代码中：

```
// mod_within.rs

mod food {
    struct Cake;
    struct Smoothie;
    struct Pizza;
}
use food::Cake;

fn main() {
    let eatable = Cake;
}
```

我们已经将"use food::Cake"添加到代码中。要使用模块中的任何元素,我们必须添加一个 use 声明。让我们再试一次:

我们得到另一个错误,提示说 Cake 是私有的。这为我们提供了关于模块的另一个重要特性,即私密性。默认情况下,模块内的元素是私有的。要使用模块中的任何元素,我们需要将元素纳入作用域。这需要两个步骤:首先,我们需要通过使用关键字 pub 作为元素的前缀使元素变为公有的;其次,要使用该元素,我们需要添加一个 use 语句,就像之前使用 food::Cake 一样。

关键字 use 之后的内容是模块中的元素路径。使用路径语法指定模块中任何元素的路径,其语法是在元素名称之间使用双冒号(::)。路径语法通常以导入元素的模块名称开头,但它也可用于导入某些类型的单个字段,例如枚举。

让我们将 Cake 设定为公有的:

```
// mod_within.rs

mod food {
    pub struct Cake;
    struct Smoothie;
    struct Pizza;
}

use food::Cake;

fn main() {
    let eatable = Cake;
}
```

我们在 Cake 结构体之前添加了关键字 pub,并通过 use food::Cake 在 root 模块中引用它。通过这些修改,我们的代码就能够成功编译。现在似乎并不清楚为什么需要创建这样的嵌套模块,但是当我们在第 3 章讨论如何编写测试时,将会看到它的具体应用。

2.2.2 将文件用作模块

模块也可以创建成文件，例如，对于文件名为 foo 的目录下的文件——main.rs，我们可以在 foo/bar.rs 文件中创建一个名为 bar 的模块。然后在 main.rs 中，我们需要向编译器告知该模块，即使用 mod foo 声明该模块；使用基于文件的模块时，这是一个额外的步骤。为了演示将文件用作模块，我们创建了一个名为 modules_demo 的目录，它具有以下结构：

```
+ modules_demo
└── foo.rs
└── main.rs
```

foo.rs 中包含一个结构体 Bar，以及它的 impl 代码块：

```
// modules_demo/foo.rs

pub struct Bar;

impl Bar {
    pub fn init() {
        println!("Bar type initialized");
    }
}
```

在 main.rs 中使用这个模块，需在 main.rs 中添加如下代码：

```
// modules_demo/main.rs

mod foo;

use crate::foo::Bar;

fn main() {
    let _bar = Bar::init();
}
```

上述代码使用 mod foo 声明了模块 foo，然后使用 use crate::foo::Bar 从模块调用结构体 Bar。注意 use crate::foo::Bar 中的前缀 crate，这里根据你使用的前缀定义，对应有 3 种方法可以导入模块中的元素。

绝对导入

- crate：绝对导入前缀，指向当前项目的根目录。在上述代码中是 root 模块，即 main.rs 文件。任何在关键字 crate 之后的内容都会解析成来自 root 模块。

相对导入

- self：相对导入前缀，指向与当前模块相关的元素。该前缀用于任何代码想要引用自身包含的模块时，例如"use self::foo::Bar;"。这主要用于在父模块中重新导出子模块中的元素。

- super：相对导入前缀，可以用于从父模块导入元素。诸如 tests 这类子模块将使用它从父模块导入元素。例如，如果模块 bar 希望访问父模块 foo 中的元素 Foo，那么可以使用"super::foo::Foo;"将其导入模块 bar。

创建模块的第 3 种方法是将它们组织成目录。

2.2.3　将目录用作模块

我们还可以创建一个目录来表示模块。这种方法允许我们将模块中的子模块作为文件和目录的层次结构。假设我们有一个目录 my_program，它有一个名为 foo 的模块，并且对应的文件名为 foo.rs。它包含一个名为 Bar 的类型和 foo 的函数。随着时间的推移，Bar 的 API 数量不断增加，我们希望将它们作为子模块进行分离。可以使用基于目录的模块对此用例进行建模。

为了演示将目录用作模块，我们在名为 my_program 的目录中创建了一个程序。它在 main.rs 中有一个入口点，以及一个名为 foo 的目录。该目录现在包含一个名为 bar.rs 的子模块。

以下是 my_program 目录的结构：

```
+ my_program
└──── foo/
       └──── bar.rs
└──── foo.rs
└──── main.rs
```

为了让 Rust 识别 bar，我们需要在目录 foo/旁边创建一个名为 foo.rs 的兄弟文件。foo.rs 文件将包含目录 foo/中创建的任何子模块的模块声明（此处为 bar.rs）。

我们的 bar.rs 中包含以下内容：

```
// my_program/foo/bar.rs

pub struct Bar;

impl Bar {
    pub fn hello() {
        println!("Hello from Bar !");
    }
}
```

我们有一个单元结构体（unit struct）Bar，以及关联方法 hello()，同时希望在 main.rs 中使用该 API。

注意：在较旧的 Rust 2015 中，子模块不要求 foo 文件夹和兄弟文件 foo.rs 一同出现，而是使用 foo 中的 mod.rs 文件向编译器传达该目录是模块。Rust 2018 支持这两种方法。

接下来，我们向 foo.rs 中添加以下代码：

```
// my_program/foo.rs

mod bar;
pub use self::bar::Bar;

pub fn do_foo() {
    println!("Hi from foo!");
}
```

我们添加了模块 bar 的声明，然后从模块 bar 中重新导出 Bar 的元素。这要求将 Bar 定义为公有的（pub）。使用关键字 pub 的部分是从子模块重新导出的元素得以在父模块调用的原因。这里，我们使用关键字 self 来引用当前模块自身。在编写 use 语句时，重新导出是一个简便的步骤，这有助于在导入隐藏在嵌套子模块中的元素时消除混乱。

self 是相对导入的关键字。虽然鼓励使用 crate 进行绝对导入，但是在从父模块中的子模块重新导出元素时，使用 self 的表述更清晰。

最后，main.rs 将能够使用这两个模块：

```
// my_program/main.rs

mod foo;

use foo::Bar;
```

```
        foo::do_foo();
        Bar::hello();
    }
```

我们的 main.rs 声明了 foo，然后导入结构体 Bar，接下来我们就可以从 foo 调用 do_foo 方法，并在 Bar 上调用 hello。

和模块有关的内容不止目前介绍的这些，我们将在第 7 章深入介绍它们的细节。介绍完模块之后，接下来我们将讨论 Cargo 和程序库。

2.3　Cargo 和程序库

当项目变大时，通常的做法是将代码重构为更小、更易于管理的单元，即模块或程序库。你还需要工具来为项目撰写文档，并说明它应该如何构建，以及相关的依赖项是什么。此外，为了支持开发人员可以与社区共享程序代码库的语言生态系统，采用某类在线注册服务是比较流行的做法。

Cargo 是能够帮助你处理上述所有事情的工具，crates.io 是托管程序库的主要位置。用 Rust 编写的程序库被称为 crate，crates.io 托管它们供开发人员使用。通常，crate 有 3 个来源：本地目录、GitHub 之类的在线 Git 代码库，或者像 crates.io 这样的托管 crate 注册服务。Cargo 支持上述所有来源的软件包。

让我们来看看 Cargo 的实际应用。如前文所述，在运行 rustup 时，应该已经安装了 Cargo 和 rustc。如下为我们可以使用的、可以在没有任何参数的情况下运行 cargo 的命令：

```
→ ~ cargo
Rust's package manager

USAGE:
    cargo [OPTIONS] [SUBCOMMAND]

OPTIONS:
    -V, --version           Print version info and exit
        --list              List installed commands
        --explain <CODE>    Run `rustc --explain CODE`
    -v, --verbose           Use verbose output (-vv very verbose/build.rs output)
    -q, --quiet             No output printed to stdout
        --color <WHEN>      Coloring: auto, always, never
        --frozen            Require Cargo.lock and cache are up to date
        --locked            Require Cargo.lock is up to date
    -Z <FLAG>...            Unstable (nightly-only) flags to Cargo, see 'cargo -Z help' for details
    -h, --help              Prints help information

Some common cargo commands are (see all commands with --list):
    build       Compile the current project
    check       Analyze the current project and report errors, but don't build object files
    clean       Remove the target directory
    doc         Build this project's and its dependencies' documentation
    new         Create a new cargo project
    init        Create a new cargo project in an existing directory
    run         Build and execute src/main.rs
    test        Run the tests
    bench       Run the benchmarks
    update      Update dependencies listed in Cargo.lock
    search      Search registry for crates
    publish     Package and upload this project to the registry
    install     Install a Rust binary
    uninstall   Uninstall a Rust binary
```

它显示了一些我们可以使用的常用命令，以及附加标记参数。我们使用子命令 new 创建一个新的 Cargo 项目。

2.3.1　新建一个 Cargo 项目

使用 cargo new <name> 命令将会新建一个项目，并将 name 用作项目目录名。我们可以在 cargo 和任何子命令之间添加 help 标签来获得与之有关的更多上下文信息，可以通过运行 cargo help new 命令查看子命令 new 的帮助文档，如下图所示：

```
→ ~ cargo help new
cargo-new
Create a new cargo package at <path>

USAGE:
    cargo new [OPTIONS] <path>

OPTIONS:
        --registry <REGISTRY>    Registry to use
        --vcs <VCS>              Initialize a new repository for the given version control system (git, hg, pijul, or
                                 fossil) or do not initialize any version control at all (none), overriding a global
                                 configuration. [possible values: git, hg, pijul, fossil, none]
        --bin                    Use a binary (application) template [default]
        --lib                    Use a library template
        --edition <YEAR>         Edition to set for the crate generated [possible values: 2015, 2018]
        --name <NAME>            Set the resulting package name, defaults to the directory name
    -v, --verbose                Use verbose output (-vv very verbose/build.rs output)
    -q, --quiet                  No output printed to stdout
        --color <WHEN>           Coloring: auto, always, never
        --frozen                 Require Cargo.lock and cache are up to date
        --locked                 Require Cargo.lock is up to date
    -Z <FLAG>...                 Unstable (nightly-only) flags to Cargo, see 'cargo -Z help' for details
    -h, --help                   Prints help information

ARGS:
    <path>
```

默认情况下，运行 cargo new 命令会创建一个二进制项目；而创建程序库项目时必须使用 --lib 参数。让我们执行 cargo new imgtool 命令，然后介绍一下它创建的目录结构：

```
→ ~ cargo new imgtool
     Created binary (application) `imgtool` package
→ ~ tree imgtool
imgtool
├── Cargo.toml
└── src
    └── main.rs

1 directory, 2 files
→ ~ cat imgtool/src/main.rs

    File: imgtool/src/main.rs

    fn main() {
        println!("Hello, world!");
    }
```

Cargo 创建了一些基础文件，Cargo.toml 和 src/main.rs，其中的函数 main 主要用于输出 "Hello World！"。对于二进制 crate（可执行文件），Cargo 创建了一个文件 src/main.rs；对于程序库 crate，Cargo 会在 src 目录下创建文件 src/lib.rs。

Cargo 还可以使用默认值为新项目初始化 Git 版本库，例如阻止将 .gitignore 文件签入目标目录，并在 Cargo.lock 文件中检查二进制 crate，同时在程序库 crate 中忽略它。使用的默认版本控制系统（Version Control System，VCS）是 Git，可以通过将 --vcs 标记参数传递给

Cargo(--vcs hg for mercurial)来更改它。目前 Cargo 支持的版本控制系统包括 Git、hg
（mercurial）、pijul（用 Rust 编写的版本控制系统）和 fossil。如果我们希望修改默认行为，
可以传递--vcs none 来只让 Cargo 在创建项目时不配置任何版本控制系统。

让我们看一下之前创建的 imgtool 项目对应的 Cargo.toml 文件。该文件定义了项目的元
数据和依赖项，它也被称为项目的清单文件：

```
[package]
name = "imgtool"
version = "0.1.0"
authors = ["creativcoders@gmail.com"]
edition = "2018"

[dependencies]
```

这就是新项目最基本的 Cargo.toml 清单文件。它使用 TOML（Tom's Obvious Minimal
Language）配置文件格式，TOML 是由 Tom Preston-Werner 创建的配置文件格式。TOML
让人联想到标准的.ini 文件，但被添加了一种数据类型，这使它成为理想的配置文件格式，
并且比 YAML 或 JSON 格式更简单。我们暂时保留此文件的最少配置信息，并在后续添加
相关的内容。

2.3.2　Cargo 与依赖项

对于依赖其他程序库的项目，软件包管理器必须找到项目中所有直接依赖项和任何间
接依赖项，然后编译，并将它们链接到项目。软件包管理器不仅是帮助用户解决依赖性的
工具，还应该确保项目可预测和可重复地构建。在我们介绍构建和运行项目之前，先看看
Cargo 如何管理依赖项，并确保项目可重复地构建。

Cargo 是通过两个文件来管理 Rust 项目的：Cargo.toml 文件（之前介绍过）由开发人
员使用 semver（如 v1.3.*）编写依赖管理及其所需版本，以及一个名为 Cargo.lock 的锁文
件，它由 Cargo 在构建项目时生成，包含所有直接依赖项和任何间接依赖项的绝对版本（如
1.3.15）。此锁文件确保在二进制项目中能够重复构建。Cargo 通过引用此锁文件来最小化
它必须完成的工作，以便对项目进行任何进一步的更改。因此，建议使二进制项目在其版
本库中包含.lock 文件，而程序库项目是无状态的，不需要包含它。

可以使用 cargo update 命令更新依赖关系，这会更新项目的所有依赖项。为了更新单个
依赖，我们可以使用命令 cargo update -p <crate-name>。如果希望更新单个软件包的某个版
本，Cargo 会确保更新 Cargo.lock 文件中与该软件包相关的部分，并保持其他软件包的版本

不变。

Cargo 遵循语义版本控制系统，其中你的程序库将以"major.minor.patch"格式指定。它们的含义如下。

- Major：只有在对项目进行新的重大更改时（包括错误修复）才会添加。

- Minor：仅在以向后兼容的方式添加新功能时才会添加。

- Patch：仅在以向后兼容的方式修复错误，并且未添加任何功能时才会添加。

例如你可能希望在项目中引用序列化库 serde。在编写本书时，serde 的最新版本是 1.0.85，你可能只关心主版本号，因此在 Cargo.toml 中指定 serde="1"作为依赖关系（这将转换为 semver 格式的 1.xx），Cargo 将为你解决并在锁文件中将其修复为 1.0.85。下次使用 cargo update 命令更新 Cargo.lock 时，此版本可能会升级到 1.xx 匹配的最新版本。如果你对此并不在意，并且只想要最新版本的 crate，那么可以使用"*"指代版本，但这并不是推荐的做法，因为它会影响构建的可重复性，例如你可能会引入一个与主版本有冲突的变更。发布项目时使用"*"声明依赖项版本号的做法也是被禁止的。

为此，我们将了解 cargo 的构建命令，它主要用于编译、链接及构建我们的项目。此命令为你的项目执行以下操作。

- 如果你还没有 Cargo.lock 文件，将为你运行 cargo update 命令进行更新，并根据 Cargo.toml 将确切的版本放入锁文件。

- 下载已在 Cargo.lock 中解析的依赖项。

- 构建这些依赖项。

- 构建项目并将其与依赖项链接。

默认情况下，Cargo 会在 target/debug/目录下创建项目的调试版本，可以传递--release 标记参数，在 target/release/目录下为正式上线代码创建优化后的构建。调试版本提供了更短的构建时间，缩短了反馈循环，而正式版本的稍慢，因为编译器对源代码运行了更多的优化步骤。在开发过程中，你需要缩短修复-编译-检查的反馈时间。为此，可以使用 cargo check 命令缩短编译时间。它基本上跳过了编译器的代码生成部分，只通过前端阶段运行代码，即编译器的解析和语义分析。另一个命令是 cargo run，它会执行双重任务。执行 Cargo 构建，然后运行 target/debug/目录下的程序。为了构建/运行正式发布的版本，你可以使用 cargo run --release 命令。在我们的 imgtool/目录下运行 cargo run 命令后，可得到以下输出结果：

```
→ imgtool git:(master) X cargo run
    Compiling imgtool v0.1.0 (/home/creativcoder/imgtool)
     Finished dev [unoptimized + debuginfo] target(s) in 0.37s
      Running `target/debug/imgtool`
Hello, world!
```

2.3.3　使用 Cargo 执行测试

Cargo 还支持运行测试和基准评估。第 3 章将会深入介绍测试和基准评估。在本小节中，我们将简要介绍如何使用 Cargo 运行测试。接下来将为一个程序库编写测试。为此，让我们运行 cargo new myexponent --lib 命令来创建一个程序库：

```
→ Chapter02 git:(master) X cargo new myexponent --lib
     Created library `myexponent` package
→ Chapter02 git:(master) X cd myexponent
→ myexponent git:(master) X tree

├── Cargo.toml
  └── src
      └── lib.rs

1 directory, 2 files
→ myexponent git:(master) X cat src/lib.rs

       File: src/lib.rs

       #[cfg(test)]
       mod tests {
           #[test]
           fn it_works() {
               assert_eq!(2 + 2, 4);
           }
       }
```

一个程序库类似于一个二进制项目，两者不同之处在于，我们得到的不是 src/main.rs 并将其中的 main 函数作为入口点，而是 src/lib.rs，其中有一个简单的测试函数 it_works，并附有#[test]注释。我们可以使用 cargo test 命令立即运行 it_works 函数，并查看它的结果：

```
→ myexponent git:(master) X cargo test
    Compiling myexponent v0.1.0 (/home/creativcoder/book/Mastering-RUST-Second-Edition
     Finished dev [unoptimized + debuginfo] target(s) in 0.45s
      Running target/debug/deps/myexponent-79952b1e9d49f293

running 1 test
test tests::it_works ... ok

test result: ok. 1 passed; 0 failed; 0 ignored; 0 measured; 0 filtered out

    Doc-tests myexponent

running 0 tests

test result: ok. 0 passed; 0 failed; 0 ignored; 0 measured; 0 filtered out
```

现在，让我们尝试一下 Cargo 的测试驱动开发（Test Driven Development，TDD）。我们将通过添加一个指数函数（pow 函数）来扩展此程序库，程序库的用户可以使用该函数计算给定数字的指数。我们将为这个函数编写一个最初不够完善的测试，然后逐步对它进行优化，直到能够正常运作。这是新的 src/lib.rs 文件，其中包含没有任何实现的 pow 函数：

```
// myexponent/src/lib.rs

fn pow(base: i64, exponent: usize) > i64 {
    unimplemented!();
}

#[cfg(test)]
mod tests {
    use super::pow;
    #[test]
    fn minus_two_raised_three_is_minus_eight() {
        assert_eq!(pow(-2, 3), -8);
    }
}
```

现在不必担心细节，我们已经实现了一个 pow 函数，它将 i64 作为基数，将正指数的类型指定为 usize，并返回了一个已经转化为指数的数字。在"mod tests"中，我们有一个名为 minus_two_raised_three_is_minus_eight 的测试函数，它会执行单个断言。宏 assert_eq!将会检查传递给它的两个值的相等性。如果左边的参数等于右边的参数，则断言通过；否则抛出一个错误，编译器会提示测试失败。如果我们执行 cargo test，pow 函数调用的单元测试显然是失败的，因为我们有一个 unimplemented!()宏会被调用：

```
running 1 test
test tests::minus_two_raised_three_is_minus_eight ... FAILED

failures:

---- tests::minus_two_raised_three_is_minus_eight stdout ----
thread 'tests::minus_two_raised_three_is_minus_eight' panicked at 'not yet implemented', src/lib.rs:3:5
note: Run with `RUST_BACKTRACE=1` for a backtrace.

failures:
    tests::minus_two_raised_three_is_minus_eight

test result: FAILED. 0 passed; 1 failed; 0 ignored; 0 measured; 0 filtered out
```

简而言之，unimplemented!()只是一个方便的宏，用来标记未完成的代码或者你希望稍后实现的代码，但是在希望编译器不出现类型错误的情况下无论如何都要编译它。在编译器内部，这会调用宏 panic!并伴随提示信息"not yet implemented"。它可以在你希望实现某个特征的多种方法的情况下使用。例如，你开始实现某个方法，但是还没有打算完成该实现的其他方法。在编译时，如果你只是提供一个空的函数体，那么将会得到未提供其他方法实现的错误提示。对于这些方法，我们可以在其中放置一个 unimplemented!()宏，使其通过类型检查器的校验从而顺利编译，并在运行时避免这些错误。我们将在第 9 章介绍一些具有类似功能的、更简便的宏。

现在，让我们快速地实现 pow 函数的一个有缺陷的版本来解决此问题，然后再试一次：

```
// myexponent/src/lib.rs

pub fn pow(base: i64, exponent: usize) -> i64 {
    let mut res = 1;
    if exponent == 0 {
        return 1;
    }
    for _ in 0..exponent {
        res *= base as i64;
    }
    res
}
```

运行 cargo test 命令之后得到如下输出结果：

这一次，测试通过了。不过这些都是一些基础的知识。我们将在第 3 章中详细介绍与测试有关的更多内容。

2.3.4　使用 Cargo 运行示例

为了让用户能够快速地使用你开发的软件包，最好提供能够引导用户使用它的代码示例。Cargo 标准化了这种方式，这意味着你可以在项目根目录中添加一个包含一个或多个 .rs 文件的 examples/ 目录，其中的 main 函数展示了软件包的用法。

可以使用 cargo run --examples<file_name>命令运行 examples/ 目录下的代码，其中的文件名不带 .rs 扩展名。为了证实这一点，我们为 myexponent 库添加一个 examples/ 目录，其中包含一个名为 basic.rs 的文件：

```
// myexponent/examples/basic.rs

use myexponent::pow;

fn main() {
```

```
    println!("8 raised to 2 is {}", pow(8, 2));
}
```

在 examples/目录下，我们从 myexponent 库导入了 pow 函数。以下是运行 cargo run --example basic 命令后的输出结果：

2.3.5　Cargo 工作区

随着时间的推移，你的项目可能会变得非常庞大，现在，你需要考虑是否将代码的通用部分拆分成单独的程序库，以便管理复杂性。Cargo 的工作区（workspace）可以帮你做到这一点。工作区的概念是，它们允许你在可以共享相同的 Cargo.lock 文件和公共目录，或者输出目录的目录下创建本地程序库。为了证明这一点，我将创建一个包含 Cargo 工作区的新项目。工作区只是一个包含 Cargo.toml 文件的目录。它不包含任何[package]部分，但是其中有一个[workspace]项。让我们新建一个名为 workspace_demo 的新目录，并按照如下步骤添加一个 Cargo.toml 文件：

```
mkdir workspace_demo
cd workspace_demo && touch Cargo.toml
```

然后我们将[workspace]项添加到 Cargo.toml 文件中：

```
# worspace_demo/Cargo.toml

[workspace]
members = ["my_crate", "app"]
```

在[workspace]项下，members 属性表示工作区目录中的程序库列表。在 workspace_demo 目录中，我们将创建两个程序库：一个是程序库 my_crate，一个是调用 my_crate 库的二进制程序 app。

为了保持简洁，my_crate 中只包含一个公有的 API，用于输出一条问候消息：

```
// workspace_demo/my_crate/lib.rs

pub fn greet() {
    println!("Hi from my_crate");
}
```

在我们的 app 程序中有 main 函数，它会调用 my_crate 程序库中的 greet 函数：

```
// workspace_demo/app/main.rs

fn main() {
    my_crate::greet();
}
```

不过，我们需要让 Cargo 识别 my_crate 中的依赖关系。由于 my_crate 是一个本地程序库，我们需要在 app 的 Cargo.toml 文件中将其指定为路径依赖，如下所示：

```
# workspace_demo/app/Cargo.toml

[package]
name = "app"
version = "0.1.0"
authors = ["creativcoder"]
edition = "2018"

[dependencies]
my_crate = { path = "../my_crate" }
```

现在，当我们运行 cargo build 命令时，二进制文件将在 workspace_demo 目录下的 target 目录中生成。此外，我们可以在 workspace_demo 目录中添加多个本地程序库。现在，如果我们想要通过 crates.io 添加第三方的依赖项，那么需要将它们添加到所有会调用它们的程序中。不过，在 Cargo 构建过程中，Cargo 会确保在 Cargo.lock 文件中只有该依赖项的单一版本。这可以确保不会重新构建或者重复出现第三方依赖项。

2.4　Cargo 工具扩展

Cargo 也可以通过集成外部工具进行功能扩展，从而改善开发体验。它被设计成可最大限度地提供可扩展性。开发人员可以创建命令行工具，Cargo 可以通过简单的 cargo binary-name 命令调用它们。在本节中，我们将介绍其中的一些工具。

2.4.1　子命令和 Cargo 安装

Cargo 的自定义命令属于子命令。这些命令通常来自 crates.io、GitHub，或者本地项目目录下的二进制文件，可以通过 cargo install <binary crate name> 命令安装它们，或者在本地 Cargo 项目目录下执行 cargo install 命令。cargo-watch 工具就是类似的例子。

cargo-watch

cargo-watch 可以在代码发生变动后于后台自动构建项目，从而帮助你缩短修复、编译及运行代码的周期。默认情况下，它只会运行 Rust 的类型检查程序（cargo check 命令），并且不会经历代码生成阶段（需要花费时间），所以能够缩短编译时间。也可以使用-x 参数提供自定义命令来代替 cargo check 命令。

我们可以通过运行 cargo install cargo-watch 命令来安装 cargo-watch，然后可以在任何 Cargo 项目下通过 cargo watch 命令来运行它。现在，每当我们对项目进行更改后，cargo-watch 都会在后台运行 cargo check 命令并为我们重新编译项目。在下面的代码中，我们产生了一个拼写错误并在后续对它进行了纠正，cargo-watch 随后为我们重新编译了该项目：

如果你了解 Node.js 生态系统中的 watchman 或 nodemon 软件包，那么这将是非常相似的开发体验。

cargo-edit

cargo-edit 子命令用于自动将依赖项添加到你的 Cargo.toml 文件中。它可以添加所有种类的依赖项，包括开发（dev 模式）依赖项和构建（build 模式）依赖项，还允许你添加任何依赖项的特定版本。它可以通过运行 cargo install cargo-edit 命令进行安装。该子命令为我们提供了 4 条命令：cargo add、cargo rm、cargo edit、cargo upgrade。

cargo-deb

这是另一款由社区开发的实用子命令，可以创建 Debian 软件包（扩展名为.deb），以便在 Debian Linux 上轻松地分发 Rust 可执行文件。我们可以通过运行 cargo install cargo-deb 命令来安装它。在本章的末尾我们会使用此工具将 imgtool 命令行可执行文件打包成.deb 格式的软件包。

cargo-outdated

此命令可以显示 Cargo 项目中过时的软件依赖项。它可以通过执行 cargo install cargo-outdated 命令进行安装。安装完毕之后，你可以在项目目录下执行 cargo outdated 命令查看过期的程序库（如果有的话）。

这些子命令能够与 Cargo 无缝协作的原因是社区开发人员使用命名约定创建这些二进制软件包，例如 cargo-[cmd]。当你使用 cargo install 命令安装这些二进制软件包时，Cargo 将已安装的二进制软件包暴露给环境变量$PATH，然后你就可以通过 cargo <cmd>的形式调用它。这是 Cargo 扩展社区开发人员开发的子命令的一种简单、有效的方法。Cargo 还有许多其他此类扩展。你可以在 GitHub 上找到所有由社区开发人员开发的子命令列表。

cargo install 命令还可以用于安装在 Rust 中的任何二进制软件包或可执行文件/应用程序。默认情况下，它们是安装在/home/<user>/.cargo/bin/目录下的。我们将使用它来安装 imgtool 应用程序——这将在本章的末尾进行构建，使得它在系统范围内可用。

2.4.2　使用 clippy 格式化代码

代码格式化是一种有助于保证程序库的质量，并遵循标准的编码习惯和惯例的实践。Rust 生态系统中事实上的代码格式化工具是 clippy。它为我们的代码检查出了一大堆问题（撰写本书时大约有 291 个格式问题），从而确保生成高质量的 Rust 代码。在本小节中，我们将安装 clippy 并在 libawesome 库中试用它，向其中添加一些“拙劣”的代码，然后查看 clippy 为我们提供的改进建议。在项目中使用 clippy 有多种方法，但我们将使用 cargo clippy 子命令的方法，因为这比较简单。clippy 可以对代码进行分析，因为它是一个编译器插件，并且可以访问许多编译器的内部 API。

要使用 clippy，我们需要执行 rustup component add clippy 命令来安装它。如果你还没有安装它，那么 rustup 将会为你安装。现在，为了演示 clippy 如何在我们的代码中指出错误的格式，将在 myexponent 库中的 pow 函数内的 if 条件中添加一些拙劣的代码，如下所示：

```
// myexponent/src/lib.rs

fn pow(base: i64, exponent: usize) -> i64 {
    ////////////////// clippy 示例的简易代码
    let x = true;
    if x == true {
```

```
    }
    ///////////////////
    let mut res = 1;
    ...
}
```

添加这些代码之后，在 myexponent 目录下执行 cargo clippy 命令，我们得到以下输出结果：

```
→ myexponent git:(master) ✗ cargo clippy
    Checking myexponent v0.1.0 (/home/creativcoder/book/Mastering-RUST-Second-Edition/Chapter02/myexponent)
warning: equality checks against true are unnecessary
 --> src/lib.rs:6:8
  |
6 |     if x == true {
  |        ^^^^^^^^^ help: try simplifying it as shown: `x`
  |
  = note: #[warn(clippy::bool_comparison)] on by default
  = help: for further information visit https://rust-lang.github.io/rust-clippy/master/index.html#bool_comparison

    Finished dev [unoptimized + debuginfo] target(s) in 0.23s
```

clippy 可发现一个常见的代码冗余样式，即检查布尔值是 true 还是 false。或者我们可以像 x==true 那样直接编写前面的 if 条件。clippy 还提供更多的代码检查，其中一些甚至指出了代码中的潜在错误。

2.4.3　Cargo.toml 清单文件简介

为了获取项目的各种信息，Cargo 在很大程度上依赖于项目的清单文件 Cargo.toml。让我们仔细查看一下该文件的结构以及它能够包含的元素。如前所述，Cargo 新建了一个几乎空白的清单文件，只填充了必要的字段，以便可以构建项目。每个清单文件都分为几个部分，用于指定项目的不同属性。我们将介绍通常在中型 Cargo 项目清单文件中会用到的属性。以下是虚构的某个大型应用程序的 Cargo.toml 文件：

```
# cargo_manifest_example/Cargo.toml
#在清单文件中，我们可以使用#编写注释

[package]
name = "cargo-metadata-example"
version = "1.2.3"
description = "An example of Cargo metadata"
documentation = "https://docs.rs/dummy_crate"
license = "MIT"
readme = "README.md"
keywords = ["example", "cargo", "mastering"]
authors = ["Jack Daniels <jack@danie.ls>", "Iddie Ezzard <iddie@ezzy>"]
build = "build.rs"
edition = "2018"
```

```
[package.metadata.settings]
default-data-path = "/var/lib/example"

[features]
default=["mysql"]

[build-dependencies]
syntex = "^0.58"

[dependencies]
serde = "1.0"
serde_json = "1.0"
time = { git = "https://github.com/rust-lang/time", branch = "master" }
mysql = { version = "1.2", optional = true }
sqlite = { version = "2.5", optional = true }
```

让我们从[package]开始，来看看尚未解释的部分。

- description：它包含一个关于项目的、更长的、格式自由的文本字段。

- license：它包含软件许可证标识符。

- readme：它允许你提供一个指向项目版本库某个文件的链接。这通常是项目简介的入口点。

- documentation：如果这是一个程序库，那么其中包含指向程序库说明文档的链接。

- keywords：它是一组单词列表，有助于用户通过搜索引擎或者 crates.io 网站发现你的项目。

- authors：它列出了该项目的主要作者。

- build：它定义了一段 Rust 代码（通常是 build.rs），它在编译其余程序之前编译并运行。这通常用于生成代码或者构建项目程序所依赖的原生库。

- edition：它主要用于指定编译项目时使用的 Rust 版本。在我们的示例中，使用的是 2018 版本。之前的是 2015 版本，如果不存在版本密钥，则默认使用此版本。注意：2018 版本创建的项目是向后兼容的，这意味着它也可以使用 2015 版本的程序库作为依赖项。

接下来是[package.metadata.settings]。通常，Cargo 会对它无法识别的键或属性向用户发出警告，但是包含元数据的部分是个例外。它们会被 Cargo 忽略，因此可以用于配置项目所需的任何键/值对。

[features]、[dependencies]及[build-dependencies]会组合到一起使用。依赖关系可以通过版本号声明，如 semver 指南中所述：

```
serde = "1.0"
```

这意味着 serde 是一个强制依赖，我们希望使用最新的版本，即"1.0.*"。实际的版本将会在 Cargo.lock 文件中确定。

使用补注符号（^）可以扩展 Cargo 允许查找的版本范围：

```
syntex = "^0.58"
```

这里，我们的意图是查找最新的主版本号"0.*.*"，并且版本号至少是"0.58.*"或以上。

Cargo 还允许你直接指定依赖关系到 Git 版本库，前提是版本库是由 Cargo 创建的项目，并遵循 Cargo 期望的目录结构。我们可以像这样从 GitHub 指定依赖关系：

```
time = { git = "https://github.com/rust-lang/time", branch = "master" }
```

这也适用于其他在线 Git 版本库，例如 GitLab。同样，运行 cargo update 命令将在 Cargo.lock 中确定实际的调用版本（在使用 Git 版本库的情况下，此操作是指变更集的修订版）。

清单列表还有两个可选的依赖项，mysql 和 sqlite：

```
mysql = { version = "1.2", optional = true }
sqlite = { version = "2.5", optional = true }
```

这意味着可以在不依赖任何一个依赖项的情况下构建程序。[features]属性部分包含默认功能列表：

```
default = ["mysql"]
```

这意味着用户在构建程序时如果没有手动覆盖功能集，则只会引入 mysql 而不包括 sqlite。该特性的一个应用场景是你的程序库需要进行某种特定的优化改进。不过这在嵌入式平台上的开销会非常高，因此程序库作者只能将它作为功能进行发布，这些功能只能在能够承载它们的系统上使用。另一个应用场景是在构造命令行应用程序时，提供 GUI 前端作为额外的特性。

这是一个关于如何使用 Cargo.toml 清单文件描述 Cargo 项目的简要介绍。有关如何使用 Cargo 配置项目的内容还有很多。

2.5 搭建 Rust 开发环境

Rust 为大多数代码编辑器提供了不错的支持，其中包括 Vim、Emacs、intelliJ IDEA、Sublime、Atom 及 Visual Studio Code。这些编辑器能够很好地兼容 Cargo。Rust 生态系中有很多工具能够增强开发体验，如下。

- rustfmt：它根据 Rust 代码样式指南中提及的约定格式化代码。
- clippy：它会对用户代码中常见的错误和潜在的问题发出警告。clippy 依赖于某些不稳定的编译器插件，所以它适用于夜间版的 Rust。通过 rustup，你可以轻松地切换到 Rust 的夜间版。
- racer：它可以查找 Rust 标准库，并提供代码自动完成和实现工具提示功能。

在上述编辑器中，最成熟的 IDE 开发体验是由 IntelliJ IDEA 和 Visual Studio Code（VS Code）提供的。我们将在本节介绍如何配置 VS Code 开发环境，因为它易于访问并且是轻量级的。对于 VS Code，Rust 社区有一个名为 rls-vscode 的扩展，我们将在此处安装它。此扩展由 RLS 组成，它会用到我们之前内部列出的很多工具。我们将在 Ubuntu 16.04 系统上安装 Visual Studio Code 1.23.1(d0182c341)。

VS Code 的安装操作超出了本书涵盖范围，你可能需要查找相关操作系统的应用程序包。

让我们在 VS Code 中打开在本章开头创建的应用程序 imgtool：

```
cd imgtool
code .                  #在 VS Code 中打开当前目录
```

打开项目后，VS Code 会自动将项目识别为 Rust 项目，并为我们提供下载 VS Code 扩展的建议。如下所示：

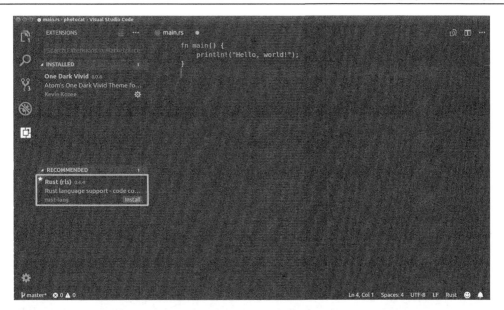

如果你没有得到提示，那么仍然可以在左上角的搜索栏中输入"Rust"进行搜索。然后我们可以单击"Install"，并在扩展页面上单击"Reload"，这将重新启动 VS Code 并应用于我们的项目：

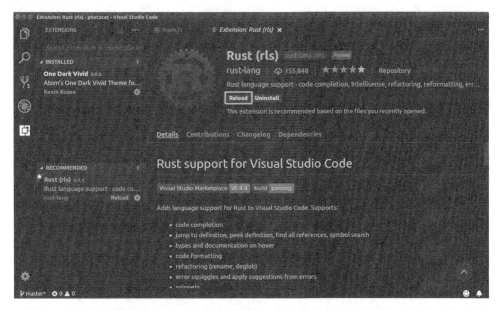

下次打开项目中的 main.rs 文件并开始输入时，将启用扩展程序，并提示你安装 Rust 所缺少的工具链。你可以单击"Install"，然后下载该工具链。

几分钟后，状态将发生变化，如下所示：

现在我们的准备工作就完成了，如下所示：

注意：因为 RLS 仍然处于预览版阶段，所以在首次安装时可能会遇到 RLS 卡住的问题。重新启动 VS Code 并删除它再次安装 RLS，应该能使其正常工作。如果没有奏效，请随时在其 GitHub 页面上提出问题。

打开我们的 imgtool 项目之后，让我们看看尝试导入模块时，RLS 会如何响应：

如你所见，它为 Rust 标准库的 fs 模块中可用的元素提供了自动补全功能。最后，来看看 RLS 如何为我们处理代码格式化问题。我们将把所有代码放在一行来演示这一点：

保存该文件，然后按快捷键"Ctrl + Shift + I"或者"Ctrl + Shift + P"，并选择格式化文档。单击"Save"之后，会立即对代码执行 cargo check 命令：

有关其他代码编辑器的更多信息可查询 Rust 的一个名为 areweideyet 的网站页面，其中列出了所有可用编辑器的状态和类型，并显示了它们对该语言的支持程度。

接下来，让我们继续完善 imgtool 应用程序。

2.6 使用 Cargo 构建 imgtool 程序

现在我们已经对如何通过 Cargo 管理项目有了比较全面的了解。为了深入掌握这些概念，我们将练习使用第三方软件包构建一个命令行应用程序。本练习的重点是带领读者熟悉使用第三方软件包构建项目的常见工作流程，因此将跳过大量和编写代码有关的详细信息。但是，建议你深入了解一下代码中用到的 API 说明文档。

我们将使用一个名为 image 的软件包，它来自 crates.io。该软件包提供了多种用于操作图片的 API。我们的命令行程序很简单，它将采用图片文件的路径作为参数，将图片旋转 90 度，并在每次运行时写回同一文件。

我们将通过 cd 命令进入之前创建的 imgtool 目录。首先，需要告诉 Cargo 我们希望使用 image 软件包。可以使用 cargo add image@0.19.0 命令添加 0.19.0 版本的 image 软件包。以下是我们更新后的 Cargo.toml 文件：

```
[package]
name = "imgtool"
version = "0.1.0"
authors = ["creativcoder"]
edition = "2018"

[dependencies]
image = "0.19.0"
```

然后调用 cargo build 命令。这将在最终编译我们的项目之前，从 crates.io 中提取 image 软件包，并获取其依赖。完成上述操作后，我们就可以在 main.rs 文件中使用它了。对于我们的应用程序，将提供图片路径作为参数。在 main.rs 中，我们想读取这个图片的路径：

```
// imgtool/src/main.rs

use std::env;
use std::path::Path;
fn main() {
    let image_path = env::args().skip(1).next().unwrap();
    let path = Path::new(&image_path);
}
```

首先，我们通过 env 模块调用 argv() 函数来读取传递给 imgtool 的参数。这将返回一个字符串作为图片文件的路径。然后我们采用图片路径并以此创建一个 Path 实例。接下来是添加来自 image 软件包的旋转功能。注意，如果你正在运行 Rust 2015，那么需要额外添加外部的 image 软件包，并在 main.rs 顶部声明，以便用户可以访问 image 软件包的 API。对于 Rust 2018，则不需要这些步骤：

```
// imgtool/src/main.rs

use std::env;
use std::path::Path;

fn main() {
    let image_path = env::args().skip(1).next().unwrap();
    let path = Path::new(&image_path);
    let img = image::open(path).unwrap();
    let rotated = img.rotate90();
    rotated.save(path).unwrap();
}
```

从 image 软件包中，我们可以使用 open 函数打开图片并将其存储到变量 img 中，让它在 img 上调用 rotate90。这将返回一个旋转后的图片缓冲区，我们只需通过调用 save 方法并传递路径，将其保存回原始路径即可。前面代码中的大多数函数调用都会返回一个名为 Result 的包装器值，因此我们可以在 Result 值上调用 unwrap()方法，告知编译器用户不关心函数调用是否失败，假定它已成功执行，我们只想从 Result 类型中获取包装后的值。第 6 章将详细介绍 Result 类型和正确的异常处理方法。此演示示例在项目的 assert 文件夹下，你将会找到 "Ferris the crab" 的图片（assets/ferris.png）。在运行代码之前，我们将看到如下图片：

现在可以将这个图片作为参数并运行我们的应用程序。有两种方法可以运行 imgtool 二进制文件并将图片作为参数传递：

- 通过执行 cargo build 命令，然后手动调用二进制文件./target/debug/imgtool 和

assets/ferris.png。

- 通过直接运行 cargo run -- assets/ferris.png 命令。双半字线是 Cargo 自身参数的结尾标记,其后的内容是传递给可执行程序的(这里是 imgtool)。

在运行 cargo run -- assets/ferris.png 命令之后,我们可以看到 Ferris 图片已经被翻转:

我们的应用程序已经能够正常运作。现在可以在 imgtool 目录下运行 cargo install 命令安装我们的工具,然后在终端上的任何位置使用它。此外,如果你使用的是 Ubuntu 操作系统,那么你可以使用 cargo deb 子命令创建一个 deb 软件包,以便将其分发给其他用户。运行 cargo deb 命令会生成.deb 文件,如下所示:

```
→ imgtool git:(master) ✗ cargo deb
warning: description field is missing in Cargo.toml
warning: license field is missing in Cargo.toml
  Compiling nodrop v0.1.12
  Compiling cfg-if v0.1.4
  Compiling num-traits v0.2.5
  Compiling scopeguard v0.3.3
  Compiling memoffset v0.2.1
  Compiling lazy_static v1.0.1
  Compiling rayon-core v1.4.0
  Compiling num-integer v0.1.39
  Compiling unicode-xid v0.1.0
  Compiling libc v0.2.42
  Compiling rayon v1.0.1
  Compiling jpeg-decoder v0.1.15
  Compiling num-derive v0.2.2
  Compiling image v0.19.0
  Compiling imgtool v0.1.0 (/home/creativcoder/book/Mastering-RUST-Second-Edition/Chapter02/imgtool)
   Finished release [optimized] target(s) in 1m 04s
/home/creativcoder/book/Mastering-RUST-Second-Edition/Chapter02/imgtool/target/debian/imgtool_0.1.0_amd64.deb
```

接下来将探讨与前面代码相关的更多内容。

- 通过 Rust 标准库文档来了解 Rust 中的 unwrap 函数和可用的类型。

- 在标准库文档中查找 Path 类型,以查看是否可以修改程序但不覆盖文件,而是创建一个新文件,并用_rotated 作为新文件的后缀。

- 使用 image 软件包文档页面中的搜索栏,并尝试从不同的角度查找其他旋转图片的方法，然后修改代码并使用它们。

2.7　小结

在本章中，我们了解了标准的 Rust 构建工具 Cargo，简要地介绍了一些使用 Cargo 初始化应用程序、构建和运行测试的流程。我们还介绍了 Cargo 之外的一些工具，例如 RLS 和 clippy，使得开发人员的体验更流畅和高效。通过安装 RLS 扩展，我们了解了如何将这些工具与 Visual Studio Code 编辑器集成。最后，我们创建了一个小型的命令行接口（Command Line Interface，CLI）工具，通过 Cargo 的第三方软件包来处理图片。

在第 3 章中，我们将讨论对代码的测试、文档化及基准评估。

第 3 章
测试、文档化和基准评估

在本章中，我们将继续使用 Cargo，并学习如何编写测试、文档化代码，以及如何使用基准测试来评估代码性能。然后我们将使用这些技巧构建一个模拟逻辑门的简单程序，从而为你提供编写单元测试、集成测试，以及文档化测试端到端的体验。

在本章中，我们将介绍以下主题。

- 测试的目的。
- 组织测试和测试原语。
- 单元测试和集成测试。
- 文档化测试。
- 基准测试。
- 通过 Travis CI 持续集成。

3.1 测试的目的

"一切皆有可能。"

——Ian Hickson

软件系统就像具有齿轮和其他部件的机器。如果任何一个齿轮发生故障，那么整个机器很有可能无法正常运转。在软件中，各个齿轮就是你所使用的功能、模块或程序库。软件系统的各个组件的功能测试是保证代码高质量、有效且实用的方法。它并不能验证代码中是否存在 bug，但有助于建立开发人员将代码部署到生产环境中的信心，并在项目长期维护时保持代码的健壮性。

此外，如果没有单元测试，就很难在软件中进行大规模重构。在软件中明智而均衡地使用单元测试的好处是长远的。在代码实现阶段，编写良好的单元测试是软件组件的非正式规范。在维护阶段，现有的单元测试可以用来防止代码库的回归，从而鼓励系统立即修复问题。在 Rust 这样的编译语言中，由于编译器提供了有用的错误诊断信息，单元测试的回归所涉及的重构（如果有的话）会受到更多"指导"，因此效果更好。

单元测试的另一个好处在于，它鼓励程序员编写主要依赖于输入参数的模块化代码，即无状态函数。这使得程序员能够避免编写依赖于全局可变状态的代码。依赖于全局可变状态的测试很难构造，但是，单纯考虑为一段代码编写测试的行为有助于程序员在实现过程中找出一些低级的错误。对任何试图了解代码库的不同部分之间如何相互作用的新手来说，它们也是非常好的文档。

需要注意的是，测试对任何软件项目都是不可或缺的。现在，让我们看看如何在 Rust 中编写测试，首先从如何组织测试的结构开始。

3.2　组织测试

在开发软件时，我们通常会编写两种测试：单元测试和集成测试。它们用于不同的目的，并与被测试代码进行不同的交互。单元测试总是轻量级、单个组件的测试，开发人员可以经常运行它们，从而提供更快速的反馈循环；而集成测试比较庞大，并根据环境和规格模拟真实的应用场景。Rust 内置的测试框架为我们提供了编写和组织这些测试的合理默认参数。

- **单元测试**：单元测试通常编写在包含被测试代码的同一模块中。当这些测试的数量增加时，它们被组织成嵌套模块形式的一个实体。通常在当前模块中创建一个子模块，对该测试进行命名（例如根据约定将之命名为 tests），并添加相应的注释属性（#[cfg(test)]），然后将所有与测试有关的函数放入其中。该属性只是告知编译器在测试模块中引用代码，但这只在执行 cargo test 命令时生效。稍后将详细介绍属性的相关信息。

- **集成测试**：集成测试在程序库根目录下的 tests/ 目录中单独编写。它们被构造成本身就像是被测试程序库的使用者。tests/ 目录中的任何 .rs 文件都可以添加一个 use 声明来引入需要测试的任何公共 API。

要编写上述任何一种测试，我们需要先熟悉一些和测试有关的原语。

测试原语

Rust 内置的测试框架基于一系列主要属性和宏组成的基元。在我们编写任何实际的测试之前，熟悉如何有效地使用它们将非常重要。

属性

Rust 代码中的属性是指元素的注释。元素项是软件包（crate）中的顶层语言结构，例如函数、模块、结构体、枚举和声明的常量，以及在软件包根目录下定义的其他内容。属性通常是编译器内置的，不过也可以由用户通过编译器插件创建。它们指示编译器为其下显示的元素注入额外的代码或含义，如果对应的是模块，那么会对该模块应用上述规则。我们将会在第 7 章详细介绍这些内容。为了简化本小节讨论的主题，我们将会讨论两种属性。

- #[<name>]：这适用于每个元素，通常显示在它们定义的上方。例如，Rust 中的测试函数使用#[test]属性进行注释。它表示该函数将被视为测试工具的一部分。

- #![<name>]：这适用于每个软件包。注意，与#[<name>]相比，其中额外包含一个"！"。它通常位于用户软件包根目录的最顶端部分。

>
> **注意**
> 如果要创建程序库项目，那么项目根目录中的文件一般是 lib.rs 文件，而创建二进制项目时，项目根目录中的文件将是 main.rs 文件。

还有其他形式的属性，例如在模块中编写测试时使用的#[cfg(test)]。此属性添加在测试模块之上，以提示编译器有条件地编译模块，但仅在测试模式下有效。

属性不仅限于作用在测试代码上，它们在 Rust 代码中用途广泛。后文将会介绍与之有关的更多内容。

断言宏

在测试中，当给定一个测试用例时，我们尝试在给定的输入区间内断言程序组件的预期行为。语言通常提供被称为断言函数的函数来执行这些断言。Rust 为我们提供了通过宏实现的断言函数，帮助我们实现相同的功能。接下来将介绍一些常用的断言函数。

- assert!：这是最简单的断言宏，它是通过布尔值进行断言的。如果值为 false，则测试失败，同时会提示产生错误的代码行。此外还可以额外添加格式化字符串，后跟相应数量的变量，用于提供自定义异常消息：

```
assert!(true);
assert!(a == b, "{} was not equal to {}", a, b);
```

- assert_eq!：这会接收两个值，如果它们不相等，则会执行失败。它也可以采用自定义异常信息的格式化字符串：

```
let a = 23;
let b = 87;
assert_eq!(a, b, "{} and {} are not equal", a, b);
```

- assert_ne!：这与 assert_eq!类似，因为它需要接收两个值，但只有在两个值互不相等的情况下才进行断言。

- debug_assert!：这类似于 assert!。debug 断言宏也可以用在除测试代码之外的代码中。在其他代码中，这主要用于代码运行时，对应该保存的任何契约或不变性进行断言的情况。这些断言仅在调试版本中有效，并且有助于在调试模式下运行代码时捕获断言异常。当代码以优化模式编译时，这些宏调用将被忽略，并被优化为无操作。它还有类似的变体，例如 debug_assert_eq!和 debug_assert_ne!，它们的工作方式类似 assert!宏。

为了比较这些断言宏中的值，Rust 需要依赖特征。例如，"assert!(a == b)" 中的 "=="，实际上会转变成一个方法调用，即 a.eq(&b)，eq 方法来自特征 PartialEq。Rust 中的大多数内置类型都实现了 PartialEq 和 Eq 特征，因此可以对它们进行比较。在第 4 章中将讨论这些特征的细节，以及 PartialEq 和 Eq 之间的区别。

但是，对于用户自定义类型，我们需要实现这些特征。幸运的是，Rust 为我们提供了一个名为 derive 的简便宏，它可以根据名称实现一个或多个特征。可以通过将#[derive(Eq, PartialEq)]注释放在任何用户自定义类型上来使用它，但要注意括号内的特征名称。derive 是一个过程宏，它只是简单地为实现它的类型的 impl 块生成代码，并实现特征方法或任何关联函数。第 9 章我们将详细讨论这些宏。

接下来，让我们开始编写一些测试。

3.3 单元测试

通常，一个单元测试就是一个函数，它实例化应用程序的一小部分，并独立于代码库的其他部分验证其行为。在 Rust 中，单元测试通常是在模块中编写的。理想情况下，它们应该仅用于涵盖模块的功能及其接口。

3.3.1 第一个单元测试

以下是我们的第一个单元测试：

```
// first_unit_test.rs

#[test]
fn basic_test() {
    assert!(true);
}
```

一个单元测试会被构造成一个函数，并使用[test]属性进行标记。前面的 basic_test 函数中并没有什么复杂的内容。其中有一个基本的断言 assert!，将 true 值作为参数。为了更好地有序组织代码，你还可以创建一个名为 tests（根据约定）的子模块，并将所有相关的测试代码放入其中。

3.3.2 运行测试

我们运行此测试的方法是在测试模式下编译代码。编译器会忽略带有测试标记的函数的编译，除非它被告知在测试模式下运行。这可以通过在编译测试代码时将--test 标记参数传递给 rustc 实现。之后，只需执行编译后的二进制文件即可运行测试。对于之前的测试，我们将在测试模式下运行以下命令来编译它：

rustc --test first_unit_test.rs

通过--test 标记参数，rustc 将 main 函数和一些测试工具代码放在一起，并将所有已定义的测试函数作为线程并行调用。默认情况下，所有测试都是并行运行的，除非将下列环境变量设置成 "RUST_TEST_THREADS=1"。这意味着如果我们希望在单线程模式下运行之前的测试，那么可以通过 "RUST_TEST_THREADS=1" 来实现。

现在 Cargo 已经支持运行测试，所有这些通常都是通过调用 cargo test 命令在内部完成

的。此命令为我们编译并运行测试已标记的函数。在接下来的示例中，我们将主要使用
Cargo 来执行测试。

3.3.3 隔离测试代码

当我们的测试变得日益复杂时，可能需要创建其他辅助方法，这些方法只能在测试代
码的上下文中使用。在这种情况下，将相关的测试代码与实际代码隔离是很有益的。我们
可以通过将所有与测试有关的代码封装在模块中，并在其上放置#[cfg(test)]注释标记来达到
此目的。

#[cfg(...)]属性中的 cfg 通常用于条件编译，但不限于测试代码。它可以为不同体系结
构或配置标记引用或排除某些代码。这里的配置标记是 test。你可能还记得第 2 章的测试中
已经采用了这种格式。这样做的好处是，只有当你运行 cargo test 命令时，测试代码才会被
编译，并包含到已编译的二进制文件中，否则其将会被忽略。

假如你希望以编程方式生成测试数据，但是不必在正式上线的版本中包含这些代码。
让我们通过运行 cargo new unit_test --lib 命令来演示这一点。在 lib.rs 中，我们定义了一些
测试和函数：

```
// unit_test/src/lib.rs

//我们想要测试的函数
fn sum(a: i8, b: i8) -> i8 {
    a + b
}

#[cfg(test)]
mod tests {
    fn sum_inputs_outputs() -> Vec<((i8, i8), i8)> {
        vec![((1, 1), 2), ((0, 0), 0), ((2, -2), 0)]
    }

    #[test]
    fn test_sums() {
        for (input, output) in sum_inputs_outputs() {
            assert_eq!(crate::sum(input.0, input.1), output);
        }
    }
}
```

我们可以通过 cargo test 命令来运行这些测试。让我们详细解读一下上述代码。在 sum_

inputs_outputs 函数中会生成已知的输入和输出对。#[test]属性使得 test_sums 函数不会出现在正式发布的编译版本中。但是，sum_inputs_outputs 并没有使用#[test]进行标记，如果它是在 tests 模块之外声明的，那么它会被包含到正式发布的编译版本中。通过将#[cfg(test)]标记和一个 mod tests 子模块搭配使用，并将所有测试代码及其相关函数封装到此模块中，可以确保代码和生成的二进制文件都是纯粹的测试代码。

我们的 sum 函数在前面没有 pub 关键字修饰的情况下是私有的，这意味着模块中的单元测试还允许用户测试私有的函数和方法。这样做会非常方便。

3.3.4 故障测试

还有一些测试用例，用户希望 API 方法基于某些输入而执行失败，并且希望测试框架断言此失败。Rust 为此提供了一个名为#[should_panic]的属性。下面是一个使用此属性的测试：

```
// panic_test.rs

#[test]
#[should_panic]
fn this_panics() {
    assert_eq!(1, 2);
}
```

#[should_panic]属性可以和#[test]属性搭配使用，以表示运行 this_panics 函数应该导致不可恢复的故障，在 Rust 中这类异常被称为 panic。

3.3.5 忽略测试

编写测试时另一个有用的属性是#[ignore]。如果你的测试代码量非常庞大，那么可以使用#[ignore]属性标记告知测试工具在执行 cargo test 命令时忽略此类测试功能。然后你可以向测试工具或 cargo test 命令传递--ignored 参数来单独运行这些测试。下面的代码包含一个笨拙的循环操作，当运行 cargo test 命令时，默认情况下会被忽略：

```
// silly_loop.rs

pub fn silly_loop() {
    for _ in 1..1_000_000_000 {};
}

#[cfg(test)]
```

```
mod tests {
    #[test]
    #[ignore]
    pub fn test_silly_loop() {
        ::silly_loop();
    }
}
```

注意 test_silly_loop 函数上方的#[ignore]属性，下面是忽略测试后的输出结果：

> **注意**
>
> 也可以通过向 Cargo 提供测试函数名称来运行单个测
> 试，例如 cargo test some_test_func。

3.4 集成测试

虽然单元测试可以测试用户的软件包和模块内部的私有接口，但是集成测试有点类似于黑盒测试，旨在从消费者的角度测试软件包公共接口端到端的使用。在编写代码方面，编写集成测试和单元测试没有太大的区别，唯一的区别是目录结构和其中的项目需要公开，开发人员已经根据软件包的设计原则公开了这些项目。

3.4.1 第一个集成测试

如前所述，Rust 希望所有集成测试都在 tests/目录下进行。在我们对程序库进行测试时，tests/目录中的文件会被编译成相对独立的二进制程序包。在接下来的示例中，我们将通过运行 cargo new integration_test --lib 命令创建一个新的程序库。和前面的单元测试一样，其中还包含相同的 sum 函数，不过我们现在添加了一个 tests/目录，其中包含一个集成测试函数，定义如下所示：

```
// integration_test/tests/sum.rs

use integration_test::sum;

#[test]
fn sum_test() {
    assert_eq!(sum(6, 8), 14);
}
```

首先，将 sum 函数纳入作用域。其次，我们使用一个 sum_test 函数，它在返回值时会调用 sum 函数和断言函数。当我们尝试运行 cargo test 命令时，会出现以下错误：

```
→ integration_test git:(master) ✗ cargo test
  Compiling integration_test v0.1.0 (/home/creativcoder/book/Mastering-
error[E0603]: function `sum` is private
  --> tests/sum.rs:3:23
   |
3  | use integration_test::sum;
   |                        ^^^

error: aborting due to previous error

For more information about this error, try `rustc --explain E0603`.
error: Could not compile `integration_test`.
```

这个错误似乎很合理。我们希望程序库的用户调用 sum 函数，但是在程序库中却默认将其定义为私有的。因此，在 sum 函数之前添加 pub 修饰符，再次运行 cargo test 命令后，编译顺利通过：

```
    Running target/debug/deps/sum-7332a92ecb202aed

running 1 test
test sum_test ... ok

test result: ok. 1 passed; 0 failed; 0 ignored; 0 measured; 0 filtered out
```

这里是我们的 integration_test 示例程序库的目录树视图：

```
.
├── Cargo.lock
├── Cargo.toml
├── src
│   └── lib.rs
└── tests
    └── sum.rs
```

作为一个集成测试的例子，这是非常简单的。它的关键在于，当我们编写集成测试时，可以像程序库的任何其他用户那样使用被测试的软件包。

3.4.2　共享通用代码

和集成测试的情况类似，在实际运行测试之前，我们可能需要设置一些与安装和拆卸有关的代码，通常希望它们由 tests/目录下的所有文件共享。对于共享代码，我们可以将它们创建为共享通用代码的文件目录模块，或者使用模块 foo.rs，在我们的集成测试文件中使用 mod 关键字来声明和引用它。因此，在我们之前添加的 tests/目录中，将会添加一个 common.rs 模块，其中有两个名为 setup 和 teardown 的函数：

```
// integration_test/tests/common.rs

pub fn setup() {
    println!("Setting up fixtures");
}

pub fn teardown() {
    println!("Tearing down");
}
```

在这两个函数中，我们可以使用任何类型与基础固件相关的代码，例如一个依赖文本文件的集成测试。在 setup 函数中，我们可以创建该文本文件，同时在 teardown 函数中，我们可以通过删除该文件来清理资源。

为了在 tests/sum.rs 的集成测试代码中使用这些函数，我们将添加如下 mod 声明：

```
// integration_test/tests/sum.rs

use integration_test::sum;

mod common;

use common::{setup, teardown};

#[test]
fn sum_test() {
    assert_eq!(sum(6, 8), 14);
}

#[test]
fn test_with_fixture() {
    setup();
    assert_eq!(sum(7, 14), 21);
```

```
        teardown();
    }
```

我们添加了另外一个函数 test_with_fixture，其中包括对函数 setup 和 teardown 的调用。可以使用 cargo test test_with_fixture 命令运行此测试。从测试结果中可以发现，我们没有在任何地方发现 setup 或 teardown 函数对 println!宏的调用。这是因为默认情况下，测试工具会在测试函数中隐藏或捕获 println!语句，以使测试结果更整洁，并仅显示测试工具的输出。如果我们想在测试中查看 println!语句的输出，那么可以使用 cargo test test_with_fixture ----nocapture 命令运行测试，它的输出结果如下所示：

现在我们可以看到 println!语句的输出结果。我们需要在 cargo test test_with_fixture ----nocapture 命令中用到"--"，是因为实际上我们将"--nocapture"标记参数传递给测试运行器。"--"是 Cargo 自身参数结束的标记，并且之后的任何参数都是传递给 Cargo 调用的二进制文件的，该文件由我们的测试工具编译。

这是和集成测试有关的内容。在本章的最后，我们将创建一个项目，你会看到单元测试和集成测试同时运作。接下来，我们将学习如何文档化 Rust 代码，这是一个在软件开发中容易被忽视但非常重要的部分。

3.5 文档

文档是任何旨在被程序员社区广泛采用的、开源软件的一个非常重要的东西。若你的代码是可读的，则能够告诉用户它的工作原理，但是文档应该告诉用户软件设计决策的原因和方式，以及公共 API 的示例用法。文档化良好的代码和介绍全面的 README.md 页面可以大大提高项目的可发现性。

Rust 社区非常重视文档，并提供各种级别的工具，以便编写代码文档。它对用户也非常友好，生成的文档简洁、美观。对于编写文档，它支持 markdown。markdown 是一种非常流行的标记语言，是现在编写文档的标准。Rust 有一个名为 rustdoc 的专用工具，可以解析 markdown 的文档注释，将它们转换成超文本标记语言（HyperText Markup Language，HTML）格式，并生成精美且可搜索的文档页面。

3.5.1 编写文档

为了编写文档，Rust 提供了表示文档注释开头的特殊符号。文档采用类似的方式编写，但与普通代码文档注释相比，它们的处理方式不同，并且由 rustdoc 解析。文档注释分为两个层级，并使用单独的符号来标记文档注释的开头。

- **元素级**：这些注释适用于模块中的元素，例如结构体、枚举声明、函数及特征常量等。它们应该出现在元素的上方。对于单行注释，它们以"///"开头，而对于多行注释，则以"/*"开头，以"*/"结尾。

- **模块级**：这些是出现在根层级的注释，例如 main.rs、lib.rs，以及其他任意模块，可使用"//!"表示单行注释的开始，使用"/*!"表示多行注释的开始，并将"*/"作为结尾标记。它们适用于概述软件包和某些示例。

在文档注释中，你可以使用通常的 markdown 语法编写文档。它还支持在倒引号中编写有效的 Rust 代码（"'let a= 23 ; '"），这将成为文档测试的一部分。

用于编写注释的上述表示方法实际上是#[doc="your doc comment"]属性的语法糖，它们被称为文档属性（doc attribute）。当 rustdoc 解析包含"///"或"/*"符号的代码行时，将会把它们转换成文档属性。此外，你也可以使用这些文档属性编写文档。

3.5.2 生成和查看文档

要生成文档，我们可以在项目目录中使用 cargo doc 命令。它使用一堆 HTML 文件和预定义的样式表在 target/doc/目录中生成文档。默认情况下，它也会为软件包的依赖项生成文档。我们可以通过运行 cargo doc --no-deps 命令告诉 Cargo 忽略生成依赖项的文档。

要查看文档，可以通过导航到 target/doc 目录下生成 HTTP 服务器来实现。Python 的简单 HTTP 服务器在这里可以派上用场。但是，还有一个更好的办法来做到这一点，如将--open 参数传递给 cargo doc 命令将会在用户默认的浏览器中打开文档页面。

提示

可以将 cargo doc 与 cargo watch 搭配使用，以获得无缝编写文档的体验，并在生成的页面上获得对项目中任何文档更改的实时反馈。

3.5.3 托管文档

生成文档后，你需要将其托管在某个地方供公众查看和使用。这里存在 3 种可能性。

- **docs.rs**：托管在 crates.io 上的程序会自动生成说明文档，并托管到 docs.rs 上。

- **GitHub 页面**：如果你的程序是托管在 GitHub 上的，那么可以将相关的说明文档作为分支托管到 GitHub 页面上。

- **外部网站**：你可以管理自己的 Web 服务器用于托管文档。Rust 的标准库文档就是一个很好的例子。

此外，如果你的项目文档多于两页，并需要详细介绍，那么生成类似书籍的文档更好。这是通过使用 mdbook 项目完成的，与之有关的详情，可以访问其主页。

3.5.4 文档属性

之前我们提到编写的文档注释会转换成文档属性的形式。除此之外，还有其他文档属性可以用于调整已生成的文档页面，这些属性可以应用在程序库级或元素级，可以写成 #[doc(key = value)]这样的形式。一些非常有用的文档属性如下所示。

软件包级属性。

- #![doc(html_logo_url = "image url")]：用于在文档页面的左上角添加徽标（logo）。

- #![doc(html_root_url = "https://docs.rs/slotmap/0.2.1")]：用于设置文档页面的统一资源定位器（Uniform Resource Locator，URL）。

- #![doc(html_playground_url = "https://play.rust-lang.org/")]: 用于在文档中的代码示例附近放置一个"Run"按钮，以便能够通过在线 Rust 工作台运行它。

元素级属性。

- #[doc(hidden)]：假定你已经为公共函数 foo 编写了文档作为自己的注释，但是不希望该函数的使用者查看这些文档，那么可以使用此属性告知 rustdoc 忽略为 foo 生成文档。

- #[doc(include)]：用于引用来自其他文件的文档。如果文档很长，这有助于你将文档和代码分开。

3.5.5 文档化测试

将代码示例嵌入软件包公共 API 的任何文档通常是一种很好的做法。在维护这些示例时需要注意，你的代码可能会发生变化，但是可能会忘记更新这些示例。文档化测试（doctests）也可以提醒你更新代码示例。Rust 允许你在文档注释中使用"'"来嵌入代码。Cargo 可以运行嵌入文档中的代码，并将其视为单元测试套件的一部分。这意味着每次运行单元测试时都会运行文档示例，从而强制你更新它们。

文档化测试也是通过 Cargo 执行的。我们创建了一个项目 doctest_demo 来演示文档化测试的过程。在 lib.rs 中，我们有以下代码：

```
// doctest_demo/src/lib.rs

//! This crate provides functionality for adding things
//!
//! # Examples
//! ```
//! use doctest_demo::sum;
//!
//! let work_a = 4;
//! let work_b = 34;
//! let total_work = sum(work_a, work_b);
//! ```

/// Sum two arguments
///
/// # Examples
///
/// ```
/// assert_eq!(doctest_demo::sum(1, 1), 2);
/// ```
pub fn sum(a: i8, b: i8) -> i8 {
    a + b
}
```

如你所见，模块级和函数级之间的文档测试差异并不大。它们的使用方式几乎相同。只是模块级的文档化测试显示了软件包的总体使用方法，涵盖了多个 API，而函数级的文档化测试只涵盖了它们拥有的特定功能。

运行 cargo run 命令时，文档化测试将与所有其他测试一起运行。下面是我们在 doctest_demo 程序库中运行 cargo test 命令后的输出结果：

```
→ doctest_demo git:(master) x cargo test
  Compiling doctest_demo v0.1.0
   Finished dev [unoptimized + debuginfo] target(s) in 0.59s
    Running target/debug/deps/doctest_demo-5fd75d54d0921516

running 0 tests

test result: ok. 0 passed; 0 failed; 0 ignored; 0 measured; 0 filtered out

   Doc-tests doctest_demo

running 2 tests
test src/lib.rs -  (line 6) ... ok
test src/lib.rs - sum (line 18) ... ok

test result: ok. 2 passed; 0 failed; 0 ignored; 0 measured; 0 filtered out
```

3.6 基准

当业务需求发生变化，并且你的程序需要更高效地运行时，首先要做的是找出程序中速度较慢的部分。如何知道程序的瓶颈在哪里？可以通过在各种预期区间或输入量上测试程序的各个部分来判断。这被称为代码的基准测试。基准测试通常会在开发的最后阶段（但不绝对）进行，以便对代码中存在性能缺陷的部分进行识别和优化。

为程序进行基准测试的方法有多种。最简单的方法是使用 UNIX 操作系统的时间工具来记录更改后的程序的执行时间，但这样并不能提供精确的微观层面的洞察。Rust 为我们提供了一个微观基准框架。对于微观基准测试，这个框架可以单独对代码中的各个部分进行基准测试，而不受外部因素的影响。然而，这也意味着我们不应该仅依赖于微观基准，因为现实世界的结果可能会有所偏差。因此，微观基准之后通常会进行代码分析和宏观基准测试。尽管如此，微观基准测试通常是提高代码性能的起点，因为各个部分对程序的整体运行时间有很大影响。

在本节中，我们将讨论 Rust 内置的微观基准性能测试工具。Rust 降低了在开发初始阶段编写基准测试代码的门槛，而不是将它作为最后的手段。运行基准测试的方式和运行普通测试的方式类似，但是使用的是 cargo bench 命令。

3.6.1 内置的微观基准工具

Rust 内置的基准测试框架通过运行多次迭代来评估代码的性能，并报告相关操作的平均时间。这得益于以下两件事。

- 函数上方的#[bench]注释，这表示该函数是一个基准测试。

- 内部编译器软件包 libtest 包含一个 Bencher 类型，基准函数通过它在多次迭代中运行相同的基准代码，此类型是针对编译器内部的，只适用于测试模式。

现在，我们将编写并运行一个简单的基准测试。让我们通过 cargo new --lib bench_example 命令创建一个新的项目。不需要对 Cargo.toml 文件做任何修改。src/lib.rs 中的内容如下所示：

```
// bench_example/src/lib.rs

#![feature(test)]
extern crate test;

use test::Bencher;

pub fn do_nothing_slowly() {
    print!(".");
    for _ in 1..10_000_000 {};
}

pub fn do_nothing_fast() {
}

#[bench]
fn bench_nothing_slowly(b: &mut Bencher) {
    b.iter(|| do_nothing_slowly());
}

#[bench]
fn bench_nothing_fast(b: &mut Bencher) {
    b.iter(|| do_nothing_fast());
}
```

注意，我们必须在 test 前面使用 extern crate 来声明内部软件包测试，以及#[feature(test)]属性注释。extern 声明对于编译器内部的软件包而言是必须的。在编译器未来的版本中，可能不需要这样，并且你可以像使用普通的软件包一样使用它们。

如果我们通过 cargo bench 命令运行基准测试代码，将会得到以下输出结果：

不幸的是，基准测试是一个不稳定的特性，所以我们必须使用夜间版的编译器。但幸运的是，通过 rustup，在 Rust 编译器的不同发布通道之间切换很容易。首先，我们将通过运行 rustup update nightly 命令确保已经安装了夜间版的编译器。其次，在 bench_example 目录中，我们将通过运行 rustup override set nightly 命令来覆盖此目录的默认工具链。现在，运行 cargo bench 命令后将得到以下输出结果：

```
➜ bench_example git:(master) ✗ rustup override set nightly
info: using existing install for 'nightly-x86_64-unknown-linux-gnu'
info: override toolchain for '/home/creativcoder/book/Mastering-RUST-Second-Edition/Chapter
ly-x86_64-unknown-linux-gnu'

nightly-x86_64-unknown-linux-gnu unchanged - rustc 1.33.0-nightly (ceb251214 2019-01-16)

➜ bench_example git:(master) ✗ cargo bench
    Finished release [optimized] target(s) in 0.01s
      Running target/release/deps/bench_example-60d11240637eefb7

running 2 tests
test bench_nothing_fast   ... bench:           0 ns/iter (+/- 0)
test bench_nothing_slowly ... bench:          69 ns/iter (+/- 4)

test result: ok. 0 passed; 0 failed; 0 ignored; 2 measured; 0 filtered out
```

这是以纳秒（ns）为单位的执行每次迭代花费的时间，括号内的数字表示每次运行之间的差异。性能较差的实现的运行速度非常慢，并且运行时间不固定（用+/−符号所示）。

在标有#[bench]注释的函数内部，iter 的参数是一个没有参数的闭包函数。如果闭包有参数，那么它们将位于"||"之内。这实际上意味着 iter 传递的函数可以使基准测试重复运行。我们在函数中输出一个"."，这样 Rust 就不至于对空循环进行优化。如果其中不存在 println!()宏调用，编译器将会优化代码不执行该循环，那么会得到错误的结果。有多种办法来解决此问题，如可以通过使用 tests 模块中的 black_box 函数来完成。不过，即使使用该函数也不能保证优化器不会优化你的代码。现在，我们还有第三方的解决方案——在稳定版 Rust 上执行基准测试。

3.6.2　稳定版 Rust 上的基准测试

Rust 内置的基准测试框架不稳定，幸运的是，社区开发的基准测试软件包能够兼容稳定版的 Rust。这里我们将介绍的一款当前非常流行的软件包是 criterion-rs。该软件包在简单、易用的同时提供有关基准代码的详细信息。它还能够维护上次运行的状态，报告程序每次运行时的性能差异（如果有的话）。criterion-rs 会生成比内置基准测试框架更多的统计报告，并使用 gnuplot 生成实用的图形和报表，使用户更容易理解。

为了演示该软件包的使用，我们将通过 cargo new criterion_demo --lib 命令创建一个新的软件包。然后在 Cargo.toml 中将 criterion 软件包作为 dev-dependencies 下的依赖项来引入它：

```
[dev-dependencies]
criterion = "0.1"
```

```
[[bench]]
name = "fibonacci"
harness = false
```

我们还添加了一个名为"[[bench]]"的新属性，它向 Cargo 表明我们有一个名为 fibonacci 的新基准测试，并且它不使用内置的基准测试工具（harness=false）。因为我们正在使用 criterion 软件包的测试工具。

在我们的 scr/lib.rs 文件中，包含计算第 n 个 fibonacci 数函数的一个快速版本和一个慢速版本（初始值 n0=1，n1=1）：

```
// criterion_demo/src/lib.rs

pub fn slow_fibonacci(nth: usize) -> u64 {
    if nth <= 1 {
        return nth as u64;
    } else {
        return slow_fibonacci(nth - 1) + slow_fibonacci(nth - 2);
    }
}

pub fn fast_fibonacci(nth: usize) -> u64 {
    let mut a = 0;
    let mut b = 1;
    let mut c = 0;
    for _ in 1..nth {
        c = a + b;
        a = b;
        b = c;
    }
    c
}
```

函数 fast_fibonacci 是通过自下而上的方式迭代获得第 n 个 fibonacci 数的，而 slow_fibonacci 是慢速递归版本的函数。现在，criterion-rs 要求我们将基准测试代码放到 benches/目录下，该目录一般位于我们创建的项目根目录。在 benches/目录下，我们也创建了一个名为 fibonacci.rs 的文件，该文件与 Cargo.toml 文件中"[[bench]]"项下的名称匹配，它具有以下内容：

```
// criterion_demo/benches/fibonacci.rs
```

```
#[macro_use]
extern crate criterion;
extern crate criterion_demo;

use criterion_demo::{fast_fibonacci, slow_fibonacci};
use criterion::Criterion;

fn fibonacci_benchmark(c: &mut Criterion) {
    c.bench_function("fibonacci 8", |b| b.iter(|| slow_fibonacci(8)));
}

criterion_group!(fib_bench, fibonacci_benchmark);
criterion_main!(fib_bench);
```

这里完成了很多操作！在上述代码中，我们首先声明需要用到的软件包，并导入希望对 fibonacci 函数进行基准测试的函数（fast_fibonacci 和 slow_fibonacci）。此外，"extern crate criterion"上面有一个#[macro_use]属性，这意味着要使用来自此软件包的任何宏时，我们需要使用此属性来选择它，因为默认情况下它们是非公开的。它类似于 use 语句，用于公开模块中的元素。

现在 criterion 已经具有可以保存相关基准测试代码基准组的标记。此外，我们创建了一个名为 fibonacci_benchmark 的函数，之后会将其传递给宏 criterion_group!。这会将 fib_bench 的基准名称分配给基准组。fibonacci_benchmark 函数会接收一个指向 criterion 对象的可变引用，它保存了基准代码的运行状态，公开了一个名为 bench_function 的函数，通过它传递基准代码以在具有给定名称的闭包中运行（在 fibonacci 8 之上）。然后，我们需要创建主要的基准测试工具，在传入基准测试组 fib_bench 之前，它会生成带有 main 函数的代码，以便通过宏 criterion_main!运行所有代码。现在闭包中将 cargo bench 命令和第一个 slow_fibonacci 函数一起运行。我们得到以下输出结果：

我们可以看到，递归版本的 fibonacci 函数运行时间平均约为 106.95ns。现在，在相同的基准测试闭包中，如果我们使用 fast_fibonacci 函数替换 slow_fibonacci 函数，并再次运行 cargo bench 命令，将会得到以下输出结果：

　　fast_fibonacci 函数运行时间平均约为 7.8460ns。差异非常明显，但更重要的是详细的基准测试报告，它显示了一条友好的信息："Performance has improved"（性能得到了改善）。criterion 能够显示性能差异报告的原因是它会维护基准测试先前的状态，并使用其历史记录来报告程序的性能变化。

3.7　编写和测试软件包——逻辑门模拟器

　　掌握上述所有知识后，让我们学以致用，编写一个逻辑门模拟器程序。通过运行 cargo new logic_gates --lib 命令创建一个新项目。然后从实现诸如与（and）、异或（xor）等基本的逻辑门函数入手，为它们编写单元测试。接下来，将使用原始的逻辑门函数实现一个半加法器来编写集成测试。在此过程中，还将为程序编写文档。

　　首先，我们将从一些单元测试开始。以下是完整的初始代码：

```
//!这是一个逻辑门模拟器程序，用于演示编写单元测试和集成测试
unit tests and integration tests

// logic_gates/src/lib.rs

pub fn and(a: u8, b: u8) -> u8 {
    unimplemented!()
}

pub fn xor(a: u8, b: u8) -> u8 {
    unimplemented!()
}

#[cfg(test)]
mod tests {
    use crate::{xor, and};
    #[test]
```

```
    fn test_and() {
        assert_eq!(1, and(1, 1));
        assert_eq!(0, and(0, 1));
        assert_eq!(0, and(1, 0));
        assert_eq!(0, and(0, 0));
    }

    #[test]
    fn test_xor() {
        assert_eq!(1, xor(1, 0));
        assert_eq!(0, xor(0, 0));
        assert_eq!(0, xor(1, 1));
        assert_eq!(1, xor(0, 1));
    }
}
```

我们首先实现了两个逻辑门函数 and 和 xor。还有一些运行失败的测试用例，因为它们还没有具体实现。注意，为了表示位 0 和 1，我们使用 u8 类型，因为 Rust 中没有原生类型用于表示位。现在，让我们完善它们的实现以及一些文档：

```
/// 实现一个逻辑门 and，将两个位作为输入，并返回一个位作为输出
bit as output
pub fn and(a: u8, b: u8) -> u8 {
    match (a, b) {
        (1, 1) => 1,
        _ => 0
    }
}

/// 实现一个逻辑门 xor，将两个位作为输入，并返回一个位作为输出
a bit as output
pub fn xor(a: u8, b: u8) -> u8 {
    match (a, b) {
        (1, 0) | (0, 1) => 1,
        _ => 0
    }
}
```

在上述代码中，我们只是用 match 表达式表示了 and 和 xor 逻辑门的真值表。可以看到简洁的表达式如何表示我们的逻辑。现在，可以通过 cargo test 命令运行测试：

全部顺利执行！现在准备通过这些逻辑门实现半加法器来编写集成测试。半加法器非常适合用作集成测试的示例，因为它们一起使用可以测试程序库的单个组件。在 tests/目录下，将创建一个名为 half_adder.rs 的文件，其中包含如下代码：

```
// logic_gates/tests/half_adder.rs

use logic_gates::{and, xor};

pub type Sum = u8;
pub type Carry = u8;

pub fn half_adder_input_output() -> Vec<((u8, u8), (Sum, Carry))> {
    vec![
        ((0, 0), (0, 0)),
        ((0, 1), (1, 0)),
        ((1, 0), (1, 0)),
        ((1, 1), (0, 1)),
    ]
}

/// 该函数使用原始的逻辑门实现了一个半加法器
fn half_adder(a: u8, b: u8) -> (Sum, Carry) {
    (xor(a, b), and(a, b))
}

#[test]
fn one_bit_adder() {
    for (inn, out) in half_adder_input_output() {
        let (a, b) = inn;
        println!("Testing: {}, {} -> {}", a, b, out);
        assert_eq!(half_adder(a, b), out);
    }
}
```

在上述代码中，我们导入了原始的逻辑门函数 and 和 xor。接下来，我们有"pub type Sum = u8"这样的代码，它被称为类型别名（type alias）。这在你需要每次输入烦琐的类型名称或者具有复杂特征的类型时非常有用。它为原始的类型赋予了另一个名称，其纯粹是为了提高可读性和消除歧义；这对 Rust 解析这些类型的方式没有任何影响。然后我们会在

half_adder_input_output 函数中使用 Sum 和 Carry，通过它们实现半加法器的真值表。该函数是一个使用方便的辅助函数，可以用于测试后面的 half_adder 函数。half_adder_input_output 函数接收两个位作为输入，并对 Sum 和 Carry 的值进行计算，并将它们作为(Sum,Carry)元组进行返回。然后我们有集成测试函数 one_bit_adder，会对其中的输入/输出对进行迭代，并对 half_adder 的输出进行断言。通过运行 cargo test 命令，得到以下输出结果：

```
→ logic_gates git:(master) x cargo test
    Finished dev [unoptimized + debuginfo] target(s) in 0.00s
    Running target/debug/deps/logic_gates-ea0cb9231ae0bb72

running 2 tests
test tests::test_and ... ok
test tests::test_xor ... ok

test result: ok. 2 passed; 0 failed; 0 ignored; 0 measured; 0 filtered out

    Running target/debug/deps/half_adder-9d928a564423f6e0

running 1 test
test one_bit_adder ... ok

test result: ok. 1 passed; 0 failed; 0 ignored; 0 measured; 0 filtered out

  Doc-tests logic_gates

running 0 tests

test result: ok. 0 passed; 0 failed; 0 ignored; 0 measured; 0 filtered out
```

接下来让我们通过运行 cargo doc --open 命令为程序库生成文档。--open 标记参数表示在浏览器中为我们打开文档页面。为了对文档进行自定义设置，我们可在程序库文档页面中添加一个图标。为此，我们需要在 lib.rs 文件的顶部添加如下属性：

```
#![doc(html_logo_url =
"https://d30y9cdsu7xlg0.cloudfront.net/png/411962-200.png")]
```

生成后，文档页面如下所示：

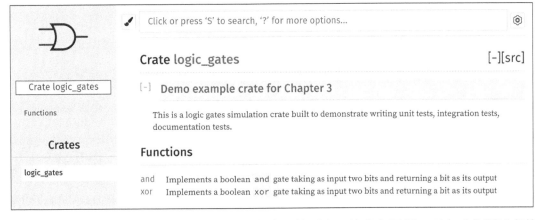

我们在"测试之旅"已经走了很长一段路。接下来，让我们了解一下自动化测试套件

方面的内容。

3.8 CI 集成测试与 Travis CI

在大型软件系统中经常出现的情况是，对于每次代码的更改，我们都希望单元测试和集成测试能够自动化执行。此外，在协作项目中，手动测试的方式是不切实际的。幸运的是，持续集成是一种旨在自动化软件开发的实践。Travis CI 是一种公共的持续集成服务，允许你基于事件钩子在云端自动化运行项目测试。出现新的提交推送是事件钩子的示例之一。

Travis 一般用于自动化构建和测试，并报告失败的构建操作，也可以用于创建软件版本，甚至在临时或生产环境部署软件。本节将会重点介绍 Travis 的某些特性，从而为我们的项目执行自动化测试。GitHub 已经与 Travis 集成，可以在我们的项目发送新的提交时运行测试。要实现这一目标，我们需要具备以下条件。

- 在 GitHub 上拥有一个项目。

- 拥有 Travis 中的一个账户，用于登录 GitHub。

- 你的项目支持在 Travis 中构建。

- 拥有一个位于你的版本库根目录下的.travis.yml 文件，用于告知 Travis 执行哪些内容。

第一步是访问 travis-ci 网站，并使用自己的 GitHub 凭据登录。登录后，可以在 Travis 中添加我们的 GitHub 版本库。Travis 对 Rust 项目提供了很好的原生支持，并能够确保及时更新 Rust 编译器的版本。它为 Rust 项目提供了基本的.travis.yml 文件，如下所示：

```
language: rust
rust:
  - stable
  - beta
  - nightly
matrix:
  allow_failures:
  - rust: nightly
```

Rust 项目也建议对测试版和夜间版通道进行测试，不过你也可以通过删除相应的行来仅针对单一版本进行测试。上述推荐的配置是在 3 种版本上运行测试，并且允许快速切换到夜间版编译器上执行失败的用例。

根据此版本库中的.travis.yml 文件, GitHub 将会在每次推送代码并自动运行测试时通知 Travis CI。我们还可以将构建状态标记附加到版本库的 README.md 文件中, 该文件在测试通过时显示绿色标记, 在测试失败时显示红色标记。

我们将 Travis 与 logic_gates 整合到一起。为此, 需要添加一个.travis.yml 文件到程序库的根目录下。以下是.travis.yml 文件中的内容:

```
language: rust
rust:
  - stable
  - beta
  - nightly
matrix:
  allow_failures:
    - rust: nightly
  fast_finish: true
cache: cargo

script:
  - cargo build --verbose
  - cargo test --verbose
```

在将其推送到 GitHub 上之后, 我们需要在项目的相关配置页面上启用 Travis, 如下所示:

上图来自我的 Travis CI 账户。现在, 我们将通过添加一个简单的 README.md 文件来触发 Travis 构建运行器, 从而提交我们的 logic_gates 版本库。此外, 我们还需要在 README.md 文件中添加一个构建标记, 该文件将向用户显示版本库的状态。为此, 我们将单击右侧的构建

通过标记:

这将打开一个带有标记链接的弹出菜单:

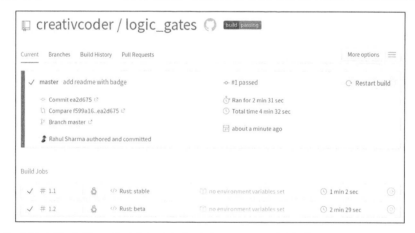

我们将复制此链接,并将其添加到 README.md 文件的顶部,如下所示:

```
[![Build
Status](https://travis-ci.org/$USERNAME/$REPO_NAME.svg?branch=master)]
(https://travis-ci.org/creativcoder/logic_gates)
```

你需要将$USERNAME 和$REPO_NAME 替换成自己的信息。

更改并提交 README.md 文件之后,我们将会看到 Travis 构建启动并成功执行:

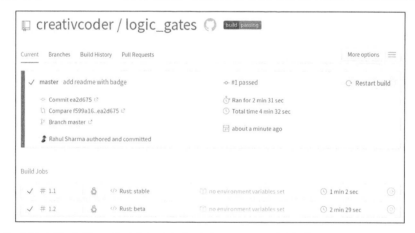

如果你感觉意犹未尽,那么还可以尝试在 GitHub 版本库 gh-pages 分支页面上托管 logic_gates 程序库的文档,可以通过 cargo-travis 项目完成此操作。

对于兼容主流平台更通用的 CI 配置,可以使用 trust 项目的模板。

最后，如果要在 crates.io 上发布你的程序包，那么可以按照 Cargo 参考文档中的说明进行操作。

3.9 小结

在本章中，我们学习了使用 rustc 和 Cargo 工具编写单元测试、集成测试、文档化测试及基准测试。然后实现了逻辑门模拟器程序，并了解了整个程序包开发的工作流程。最后，我们学习了如何将 Travis CI 集成到 GitHub 项目中。

在第 4 章中，我们将探讨 Rust 的类型系统，以及如何在编译时通过它们来表述正确的程序语义。

第 4 章
类型、泛型和特征

Rust 的类型系统是该语言的显著特性之一。在本章中，我们将详细介绍该语言值得注意的某些特性，例如特征、泛型，以及如何使用它们来编写富有表现力的代码。我们还将探讨一下有助于编写常用 Rust 程序库的标准库特性。本章将会有很多有趣的内容等着你！

在本章中，我们将介绍以下主题。

- 类型系统及其重要性。

- 泛型编程。

- 使用特征扩展类型。

- 标准库特征简介。

- 通过特征和泛型编写富有表现力的代码。

4.1　类型系统及其重要性

"对发送的内容保守一点，对收到的内容宽容一点。"

——John Postel

我们为什么需要在语言中使用类型？这是一个很好的问题，可以作为理解编程语言类型系统的契机。作为程序员，我们知道为计算机编写的程序在最底层是以 0 和 1 组成的二进制数据格式表示的。实际上，最早的计算机必须使用机器代码手动编程。最终，程序员意识到这样做非常容易出错，并且乏味、耗时。对大部分人来说，在二进制层面操作和推断这些实体是不切实际的。到了 20 世纪 50 年代，编程社区提出了机器代码助记符的概念，这些助记符变成了今天我们熟知的汇编语言。

然后，编程语言应运而生，它们被编译成汇编代码，并允许编程人员编写人类可理解的代码，以方便计算机将其编译成机器代码。然而，大家平时所说的语言表达某些语义比较模糊，因此需要制定一套规则和条件，来表述用类似人类语言编写的计算机程序中可能或不可能存在的内容，即程序语义。这使得我们提出了类型和类型系统的理念。

类型是一组具名的可能值。例如，u8 是一种可能包含 0～255 的正数值类型。类型提供了一种方法来弥合我们创建的这些实体的底层表示与心理模型之间的差距。除此之外，类型还为我们提供了表示实体的意图、行为和约束的方法。它们定义了用户通过类型能够（不能够）做什么。例如，它没有定义将字符串类型的值和数值类型的值相加的结果是什么。从类型来看，语言设计者构建了类型系统，这些系统是一组规则，用于管理不同类型在编程语言中的交互。它们可以用作推断程序的工具，并有助于确保程序能够正常运行并符合规范。类型系统根据其表达力进行限定，这仅表示你可以使用类型表达逻辑的程度，以及程序中的不变量。例如 Haskell 是一种高级语言，它具有非常丰富的表现力的类型系统，而 C 语言是一种低级语言，它只为我们提供了很少的基于类型的抽象。Rust 试图在这两个极端之间找到一种平衡。

Rust 的类型系统大量地借鉴了 Ocaml 和 Haskell 等函数式语言的特点，例如它的抽象数据类型的结构体、特征（类似于 Haskell 的类型类）及错误处理类型（Option 和 Result）。类型系统是作为强类型系统而存在的，这意味着它在编译时会执行更多的类型检查，而不是在运行时抛出类型。此外，类型系统是静态的，这意味着绑定到整数值的变量不可能又指向字符串变量。这些特性可以构造在运行时极少破坏不变量的健壮程序，不过其代价是要求程序员在编写程序时需要更多的规划和思考。Rust 尝试在设计程序时给予程序员更多的发挥空间，这可能会让一些希望快速构造原型的程序员望而却步。但是，从维护软件系统的长远角度来看，这是一件好事。

让我们先来看看 Rust 的类型系统如何实现代码复用。

4.2 泛型

从高级语言诞生之初，追求更好的抽象是语言设计者一直在努力的目标，因此，产生了许多关于代码复用的想法。其中第一个就是函数，函数允许你在某个具名实体中对一系列指令进行分组，这些指令可以在以后调用多次，并且可以根据需要在每次调用时接收任意参数。它们降低了代码的复杂度，并增强了可读性。不过，函数的能力也就仅限于此了。如果你有一个函数，例如 avg，它用于计算给定整数列表的平均值，之后你有一个需求，需要计算浮点数列表的平均值，那么通常的解决方案是创建一个可以对浮点数列表计算平均值的新函数。如果你想计算双精度数值列表平均值该怎么办？我们可能需要再次编写另一个函数。而一遍又一遍地编写相同的函数只是因为它们的参数不同，这对程序员来说就是在浪费宝贵的时间。为了减少这种重复，语言设计者想提供一种表述代码的方法，以便 avg 函数能够接收多种类型的数值，从而成为一个通用函数，由此通用编程和泛型就诞生了。具有可以接收多种类型的参数的函数是泛型编程的特征之一，当然还有其他地方会用到泛型。我们将在本节讨论所有这些内容。

泛型编程是一种仅适用于静态类型编程语言的技术。它首次出现在 ML 语言中，是一种静态类型的函数式语言。像 Python 这样的动态语言采用的是简单类型（duck typing），其中的 API 是根据它们可以做什么，而不是它们是什么来处理参数的，因此不依赖于泛型。泛型是语言设计特性的一部分，可以实现代码复用，并遵循不重复自己的原则（Don't Repeat Yourself，DRY）。采用这种技术，你可以使用类型占位符来编写算法、函数、方法及类型，并在这些类型上指定一个类型变量（使用单个字母，通常是 T、K 或 V），告知编译器在任何代码中实例化它们时要填充的实际类型。这些类型被称为泛型或元素。单个字母（例如类型 T）被称为泛型参数。当你使用或实例化任何泛型元素时，它们会被替换成诸如 u32 这样的具体类型。

注意

替换，即每次将泛型元素与具体类型一起使用时，都会在编译时用类型变量 T 生成该代码的特定副本，并将其替换为具体类型。这种在编译时生成包含具体类型的专用函数的过程被称为单态化，这是执行与多态函数相反的过程。

让我们看一下 Rust 标准库中已经存在的某些泛型。来自标准库的 Vec<T>类型是泛型，其定义如下所示：

```
pub struct Vec<T> {
    buf: RawVec<T>,
    len: usize,
}
```

我们可以看到 Vec 的类型签名在其名称后面包含一个类型参数 T，并由一对尖头括号（<>）标识。它的成员字段 buf 也是泛型，因此 Vec 自身也必须是泛型。如果我们的泛型"Vec<T>"中不包含"T"，那么即使我们的 buf 字段中包含 T，也会收到以下错误信息：

error[E0412]: cannot find type `T` in this scope

T 需要成为 Vec 类型定义的一部分。因此，当我们表示 Vec 时，通常都会使用 Vec<T> 来表示，或者在知道具体类型时，使用 Vec<u64> 来表示。接下来，让我们看看如何创建自定义泛型。

4.2.1 创建泛型

Rust 允许我们将多种元素声明为泛型，例如结构体、枚举、函数、特征、方法及代码实现块。它们的一个共同特征是泛型的参数是由一对尖头括号分隔，并包含于其中。

你可以在其中放置以逗号分隔的任意数量泛型参数。让我们来看看如何创建泛型，首先从泛型函数开始。

泛型函数

为了创建泛型函数，我们需要将泛型参数放在函数名之后和圆括号之前，如下所示：

```
// generic_function.rs

fn give_me<T>(value: T) {
    let _ = value;
}

fn main() {
    let a = "generics";
    let b = 1024;
    give_me(a);
    give_me(b);
}
```

在上述代码中，give_me 是一个泛型函数，其名称后面带有<T>，value 参数的类型为 T。在 main 函数中，我们可以使用任何参数调用此函数。在编译期，已编译的目标文件将包含此函数的两个专用副本。

可以使用 nm 命令在生成的二进制对象文件中确认这一点，如下所示：

```
→ Chapter04 git:(master) x nm generic_function | grep "give"
0000000000005f20 t _ZN16generic_function7give_me17h29bb3e742e0dfeacE
0000000000005f40 t _ZN16generic_function7give_me17h5322ff805bab030bE
```

nm 是 GNU binutils 软件包中的实用程序，用于查看已编译对象文件的符号。通过对二进制文件执行 nm 命令，我们可以使用 pipe 和 grep 查找 give_me 函数的前缀。如你所见，我们有两个函数副本，并附加了随机 ID 用于区分它们。其中一个会接收&str，而另一个会接收 i32 类型的参数，因为有两个包含不同参数的调用。

泛型函数是一种提供多态代码错觉的简易方法。所谓错觉是因为在编译之后，它们其实是包含具体类型参数的重复代码。因此其中存在一个缺点就是代码重复导致编译对象文件大小增加。这与使用具体类型的数量成正比。在后面的部分中，当讨论特征时，将会看到多态的真正形式，即特征对象。尽管如此，通过泛型实现多态仍然是首选的方案，因为它没有运行时开销，和特征对象类似。只有当泛型不能满足需要时，以及需要在集合中存储一系列类型的情况下，才会选择特征对象。当我们谈到特征对象时，将探讨泛型结构体和泛型枚举。首先我们将介绍如何声明它们，后续的部分将介绍如何创建和使用这些类型。

泛型

泛型结构体——我们可以声明泛型的元组结构体和普通结构体，如下所示：

```rust
// generic_struct.rs

struct GenericStruct<T>(T);

struct Container<T> {
    item: T
}

fn main() {
    // stuff
}
```

如上述代码所示，泛型结构体在结构体名称后面包含泛型参数。因此，无论我们在代码中的任何地方表示上述结构体，都需要将 "<T>" 作为类型的一部分一起输入。

泛型枚举——同样，我们也可以创建泛型枚举：

```rust
// generic_enum.rs

enum Transmission<T> {
    Signal(T),
    NoSignal
```

```
}

fn main() {
    // stuff
}
```

我们的枚举 Transmission 包含一个名为 Signal 的变体（包含一个泛型值），还有一个名为 NoSignal 的变体（是一个无值变体）。

4.2.2　泛型实现

我们可以为泛型编写 impl 代码块，但由于额外的泛型参数，它在这里会变得冗长。让我们在结构体 Container<T>上实现一个 new()方法：

```
// generic_struct_impl.rs

struct Container<T> {
    item: T
}

impl Container<T> {
    fn new(item: T) -> Self {
        Container { item }
    }
}

fn main() {
    // stuff
}
```

让我们对它进行编译，得到以下错误提示信息：

错误提示信息提示我们无法找到泛型 T。当为任何泛型编写 impl 代码块时，都需要在使用它之前声明泛型参数。T 就像一个变量——一个类型变量，我们需要先声明它。因此，需要在 impl 之后添加<T>来稍微改动一下代码，如下所示：

```
impl<T> Container<T> {
    fn new(item: T) -> Self {
        Container { item }
    }
}
```

经过此修改，上述代码通过了编译。之前的 impl 代码块实际上意味着我们正在为所有类型 T 实现这些方法，它们会出现在 Container<T>中。这个 impl 代码块是一个泛型实现。因此，生成的每个具体 Container 都将有这些方法。现在，我们也可以通过将 T 替换为任何具体类型来为 Container<T>编写更具体的 impl 代码块。以下就是它的实例：

```
impl Container<u32> {
    fn sum(item: u32) -> Self {
        Container { item }
    }
}
```

在上述代码中，我们实现了一个名为 sum 的方法，它只会出现在 Container<u32>类型中。在这里，由于 u32 是作为具体类型存在的，因此我们不需要 impl 之后的<T>，这是 impl 代码块的另外一个特性，它允许你通过独立实现方法来专门化泛型。

4.2.3   泛型应用

现在，我们实例化或使用泛型的方式也与非泛型略有不同。每当我们进行实例化时，编译器需要在其类型签名中知道 T 的具体类型以便替换，这为其提供了将泛型代码单态化的类型信息。大多数情况下，具体类型是基于类型的实例化推断的，或者对泛型函数调用某些方法来接收具体类型。在极个别情况下，我们需要通过使用 turbofish (::<>)运算符输入具体类型来替代泛型以便辅助编译器识别。我们马上会看到该运算符的具体用法。

让我们看一下实例化 Vec<T>的情况，这是一种泛型。在没有任何类型特征的情况下，下列代码将无法编译：

```
// creating_generic_vec.rs

fn main() {
    let a = Vec::new();
}
```

编译上述代码，将会给出如下错误提示信息：

```
→ Chapter04 git:(master) x rustc vec.rs
error[E0282]: type annotations needed
 --> vec.rs:2:13
  |
2 |     let a = Vec::new();
  |         ^^^^^^^^^ cannot infer type for `T`
  |
  |         consider giving `a` a type
error: aborting due to previous error
```

这是因为在我们手动指定它或调用其中某个方法之前，编译器不知道 a 的类型，不便为其传入一个具体的值。如下面的代码片段所示：

```
// using_generic_vec.rs

fn main() {
    // 提供一种类型
    let v1: Vec<u8> = Vec::new();

    // 或者调用某个方法
    let mut v2 = Vec::new();
    v2.push(2);      // 现在 v2 的类型是 Vec<i32>

    // 或者使用 turbofish 符号
    let v3 = Vec::<u8>::new();          // 不是那么容易理解
}
```

在第 2 个代码片段中，我们将 v1 的类型指定为 u8 的 Vec，它能够通过编译。与 v2 一样，另一种方法是调用接收任何具体类型的方法。在调用 push 方法之后，编译器可以推断出 v2 的类型是 Vec<i32>。创建 Vec 的另一种方法是使用 turbofish 运算符，就像前面代码中的 v3 绑定一样。

泛型函数中的 turbofish 运算符出现在函数名之后和圆括号之前。另一个示例是 std::str 模块的泛型解析函数 parse。parse 可以解析字符串中的值，并且支持多种类型，例如 i32、f64 及 usize 等，因此它是一种泛型。在使用 parse 时，你确实需要使用 turbofish 运算符，如下列代码所示：

```
// using_generic_func.rs

use std::str;

fn main() {
    let num_from_str = str::parse::<u8>("34").unwrap();
```

```
    println!("Parsed number {}", num_from_str);
}
```

需要注意的是，只有实现了 FromStr 接口或特征的类型才能传递给 parse 函数。u8 有
一个 FromStr 的实现，所以我们能够在前面的代码中解析它。parse 函数用 FromStr 特征来
限制传递给它的类型。在我们介绍了特征之后，将能够把泛型和特征很好地结合起来使用。

随着对泛型概念的深入理解，让我们聚焦于 Rust 中最常见的特性之一——特征！

4.3 用特征抽象行为

从多态和代码复用的角度来看，在代码中将类型的共享行为和公共属性与其自身隔离
通常是一个好主意，并且能拥有专属于自己的方法。在这样做时，我们允许不同类型通过
通用属性互相关联，使我们能够为 API 编程，使其参数更通用或更具包容性。这意味着我
们可以接收具有这些通用属性的类型，而不仅限于某种特定类型。

类似 Java 和 C#的面向对象编程语言中，接口表达了相同的理念，我们可以在其中定
义多种类型能够实现的共享行为。例如，我们可以使用单个 sort 函数接收实现 Comparable
或者 Comparator 接口的元素列表，而不是使用多个 sort 函数接收整数值列表，以及用其他
函数接收字符串值列表。这使得我们可以将任何可比较（Comparable）的内容传递给 sort
函数。

Rust 也有一个类似且功能强大的结构，被称为特征。Rust 中的特征以多种形式存在，
我们将介绍一些最常见的形式并了解一些与它们简单交互的方式。此外，当特征与泛型搭
配使用时，可以限制传递到 API 的参数范围。我们将会对特征进行比较深入的了解。

4.3.1 特征

特征是一个元素，它定义了一组类型可以选择性实现的"契约"或共享行为。特征本
身并没有什么用，并且需要根据类型予以实现。特征有能力在不同类型之间建立关联，它
们是许多语言特性的基础，例如闭包、运算符、智能指针、循环及编译期数据竞争校验等。
Rust 中相当多的高级语言特性要归功于调用某些类型实现的特征方法。为此，让我们看看
如何在 Rust 中定义和使用特征。

假定我们正在构建一个可以播放音频和视频的简单多媒体播放器应用程序。要实现这
个应用程序，我们将通过运行 cargo new super_player 命令创建一个新的项目。为了表达特
征的理念，并简化它，在我们的 main.rs 文件中，会将音频和视频媒体表示为元组结构体，

并将媒体名称作为字符串，如下所示：

```
// super_player/src/main.rs

struct Audio(String);
struct Video(String);

fn main() {
    // stuff
}
```

结构体 Audio 和 Video 至少需要有播放（play）和暂停（pause）功能，这是两者共享的功能，是我们使用特征的的好机会。在这里，将在单独模块 media.rs 中定义一个名为 Playable 的特征，其中包含两个方法，如下所示：

```
// super_player/src/media.rs

trait Playable {
    fn play(&self);
    fn pause() {
        println!("Paused");
    }
}
```

我们使用关键字 trait 创建一个特征，之后是其名称和一对花括号。在花括号内，我们可以提供零个或多个方法，任何可实现特征的类型都应该对其提供具体实现。我们还可以在特征中定义常量，所有实现者都可以共享它。实现者可以是任何结构体、枚举、基元类型、函数及闭包，甚至特征。

你应该已经注意到 play 的特点，它会接收一个引用符号（&）和 self，但是没有函数体，并以分号作为结尾。self 只是 Self 的类型别名，它指的是实现特征的类型。我们将在第 7 章详细介绍这些内容。这意味着特征中的方法和 Java 中的抽象方法类似。由类型实现此特征，并根据其用例定义函数。不过在特征中声明的方法也可以具有默认实现，就像上述代码中的 pause 函数一样。pause 不会将 self 作为参数，因此它类似静态方法，不需要实现者的实例来调用它。

我们可以在特征中提供两种方法。

- **关联方法**：这些方法可以直接在实现特征的类型上使用，并不需要类型的实例来调用。在主流的编程语言中，这也被称为静态方法，例如标准库的特征 FromStr 的 from_str 方法。它是通过 String 实现的，因此允许你通过 String::from_str("foo")从

&str 创建一个 String。

- **实例方法**：这些方法需要将 self 作为其第一个参数。这仅适用于实现特征的类型实例，self 将指向实现特征的类型实例。它可以有 3 种类型：self 方法，被调用时会用到实例；&self 方法，只对实例的成员（如果有的话）有读取权限；&mut self 方法，它具有对成员的可变访问权限。可以修改它们甚至用另一个实例替换它们。例如标准库中的 AsRef 特征的 as_ref 方法是一个带有&self 的实例方法，并且旨在由可以转换为引用或指针的类型实现。在第 5 章中，我们将介绍这些方法中的引用，以及类型签名的&和&mut 部分。

现在，我们将在 Audio 和 Video 类型上实现前面的 Playable 特征，如下所示：

```
// super_player/src/main.rs

struct Audio(String);
struct Video(String);

impl Playable for Audio {
    fn play(&self) {
        println!("Now playing: {}", self.0);
    }
}

impl Playable for Video {
    fn play(&self) {
        println!("Now playing: {}", self.0);
    }
}

fn main() {
    println!("Super player!");
}
```

我们使用关键字 impl 后跟特征名称来声明特征实现，随后是关键字 for 和希望实现的特征类型，其后的花括号用于编写特征实现。在花括号中，我们需要提供方法的实现，并根据需要覆盖特征中存在的任何默认实现。让我们对代码进行编译，得到以下错误提示信息：

上述错误提示信息突出了特征的一个重要特性：在默认情况下，特征是私有的。要能够被其他模块或其他软件包调用，它们需要被声明为公有的。这需要两个步骤。首先，我们需要将特征暴露给外部世界。为此，我们需要在 Playable 特征声明前面添加关键字 pub：

```
// super_player/src/media.rs

pub trait Playable {
    fn play(&self);
    fn pause() {
        println!("Paused");
    }
}
```

在公开了特征之后，我们需要使用关键字 mod 将特征导入需要调用特征的模块的作用域中。这将允许我们调用它的方法，如下所示：

```
// super_player/src/main.rs

mod media;

struct Audio(String);
struct Video(String);

impl Playable for Audio {
    fn play(&self) {
        println!("Now playing: {}", self.0);
    }
}

impl Playable for Video {
    fn play(&self) {
        println!("Now playing: {}", self.0);
    }
}

fn main() {
    println!("Super player!");
```

```
    let audio = Audio("ambient_music.mp3".to_string());
    let video = Video("big_buck_bunny.mkv".to_string());
    audio.play();
    video.play();
}
```

这样我们就可以播放媒体的音频和视频：

这与任何实际的媒体播放器实现相差甚远，但我们的目的是探讨特征的用例。

特征也可以在声明中表明它们依赖于其他特征——这是一种被称为特征继承的特性。我们可以像下列代码那样声明继承性特征：

```
// trait_inheritance.rs

trait Vehicle {
    fn get_price(&self) -> u64;
}

trait Car: Vehicle {
    fn model(&self) -> String;
}

struct TeslaRoadster {
    model: String,
    release_date: u16
}

impl TeslaRoadster {
    fn new(model: &str, release_date: u16) -> Self {
        Self { model: model.to_string(), release_date }
    }
}

impl Car for TeslaRoadster {
    fn model(&self) -> String {
        "Tesla Roadster I".to_string()
    }
}
```

```
fn main() {
    let my_roadster = TeslaRoadster::new("Tesla Roadster II", 2020);
    println!("{} is priced at ${}", my_roadster.model,
my_roadster.get_price());
}
```

在上述代码中，我们声明了两个特征：Vehicle（更一般）和 Car（更具体），Car 依赖于 Vehicle。因为 TeslaRoadster 是一辆车，我们为它实现了 Car 特征。另外，请注意 TeslaRoadster 的 new 方法主体，它采用 Self 作为返回类型，取代了我们从 new 方法返回的 TeslaRoadster 实例。Self 只是特征的 impl 块中实现类型的简便类型别名，它还可以用于创建其他类型，例如元组结构体和枚举，以及 match 表达式。让我们尝试对这段代码进行编译：

```
 Chapter04 git:(master) x rustc trait_inheritance.rs
error[E0277]: the trait bound `TeslaRoadster: Vehicle` is not satisfied
  --> trait_inheritance.rs:16:6
16 | impl Car for TeslaRoadster {
   |      ^^^ the trait `Vehicle` is not implemented for `TeslaRoadster`

error: aborting due to previous error

For more information about this error, try `rustc --explain E0277`.
 Chapter04 git:(master) x
```

看到那个错误了吗？在其定义中，Car 特征指定了约束，任何实现特征的类型必须实现 Vehicle 特征，即 Car: Vehicle。TeslaRoadster 未实现 Vehicle 特征，Rust 捕获了这个问题并报告给我们。因此，我们必须实现 Vehicle，如下所示：

```
// trait_inheritance.rs

impl Vehicle for TeslaRoadster {
    fn get_price(&self) -> u64 {
        200_000
    }
}
```

满足上述实现后，我们的程序就能顺利通过编译，并得到以下输出：

```
Tesla Roadster II is priced at $200000
```

提示

get_price 方法中 200_000 的下画线是一种方便的语法，用于创建可读的数字文本。

和面向对象语言相比，特征及其实现类似接口和实现这些接口的类。但是需要注意的是，特征与接口存在很大差异。

- 尽管特征在 Rust 中具有一种继承形式，却没有具体实现。这意味着可以声明一个名为 Panda 的特征，然后通过实现 Panda 的类型实现另一个名为 KungFu 的特征。但是，类型本身并没有任何继承。因此采用的是类型组合而不是对象继承，它依赖于特征继承来为代码中的任何实际的实体建模。
- 你可以在任何地方编写特征实现的代码块，而且无须访问实际类型。
- 你还可以基于内置的基元类型到泛型之间的任何类型实现自定义特征。
- 在函数中不能隐式地将返回类型作为特征，就像在 Java 中可以将接口作为返回类型，你必须返回一个被称为特征对象的东西，并且这种声明是显式的。当我们讨论特征对象时，将会了解如何做到这一点。

4.3.2　特征的多种形式

在前面的示例中，我们了解了最简单的特征形式，但这只是特征的冰山一角。当你开始接触大型代码库中的特征时，将会遇到它的多种形式。因为程序的复杂度和要解决的问题相比较，简单的特征形式可能并不适合我们使用。Rust 为我们提供了其他形式的特征，可以很好地帮助我们为问题建模。我们将介绍一个标准库的特征，并尝试对它们进行分类，以便了解何时需要使用它们。

标记特征

在 std::marker 模块中定义的特征被称为标记特征（marker trait）。这种特征不包含任何方法，声明时只是提供特征名称和空的函数体。

标准库中的示例包括 Copy、Send、Sync。它们被称为标记特征，因为它们用于简单地将类型标记为属于特定的组群，以获得一定程度的编译期保障。标准库中的两个这样的示例是 Send 和 Sync 特征，它们在适当的时候由语言为大多数类型自动实现，并确定哪些值可以安全地发送和跨线程共享。我们将在第 8 章对它们进行详细介绍。

简单特征

这可能是特征定义的最简单形式。我们已将它作为特征的简单定义进行了阐述：

```
trait Foo {
    fn foo();
}
```

标准库中的一个示例是 Default 特征，它主要是针对可以使用默认值初始化的类型实现的。

泛型特征

特征也可以是泛型。这在用户希望为多种类型实现特征的情况下非常有用：

```
pub trait From<T> {
    fn from(T) -> Self;
}
```

这样的两个例子是 From<T> 和 Into<T> 特征，它们允许从某种类型转换为类型 T，反之亦然。当这些特征用作函数参数中的特征区间时，它们的作用尤为突出。稍后我们将会介绍特征区间及其用法。不过当使用 3 个或者 4 个泛型声明它们时，通常特征会变得非常冗长。对于这种情况，我们可以使用关联类型特征。

关联类型特征

```
trait Foo {
    type Out;
    fn get_value(self) -> Self::Out;
}
```

这是泛型特征的更好选择，因为它们能够在特征中声明相关类型，例如前面代码中特征 Foo 声明的 Out 类型。它们具有较少的类型签名，其优点在于，在实际的编程中，它们允许用户一次性声明关联类型，并在任何特征方法或函数中使用 Self::Out 作为返回类型或参数类型。这消除了类型的冗余声明，与泛型特征的情况类似。关联类型特征的最佳用例之一是 Iterator 特征，它用于迭代自定义类型的值。在第 8 章中，我们将会深入介绍迭代器。

继承特征

我们已经在代码示例 trait_inheritance.rs 中看到了这些特征。与 Rust 中的类型不同，特征可以具有继承关系，例如：

```
trait Bar {
    fn bar();
}

trait Foo: Bar {
    fn foo();
}
```

在上述代码片段中，我们声明了一个特征 Foo，它依赖于父级特征 Bar。在 Foo 的定义中，要求用户在为类型实现 Foo 特征时必须为 Bar 特征提供实现。标准库中的这样一个示例是 Copy 特征，它要求类型必须实现 Clone 特征。

4.4　使用包含泛型的特征——特征区间

现在我们对泛型和特征都有了一个比较全面的了解，接下来可以探讨在编译期将它们组合起来表示更多关于接口的方法。请看如下代码：

```
// trait_bound_intro.rs

struct Game;
struct Enemy;
struct Hero;

impl Game {
    fn load<T>(&self, entity: T) {
        entity.init();
    }
}

fn main() {
    let game = Game;
    game.load(Enemy);
    game.load(Hero);
}
```

在上述代码中，在 Game 类型上我们有一个泛型函数 load，它可以接收任何游戏实体，并通过任意 T 调用 init() 将其加载到我们的游戏世界中。但是，这个示例无法通过编译，且会有以下错误提示信息：

因此，任何类型为 T 的泛型函数都不能知道或默认假定 init() 方法存在于 T 之上。如果确实如此，那么它根本不是泛型，并且它们只能接收具有 init() 方法的类型。因此，有一种方法可以让编译器知道这一点，并约束 load 通过特征能够接收的类型集，这就需要用到特征区间。我们可以定义一个名为 Loadable 的特征，并在我们的 Enemy 和 Hero 类型上实现它。接下来，我们必须在泛型声明旁边放置几个符号来指定特征，我们称之为特征区间。更改后的代码如下所示：

```
// trait_bounds_intro_fixed.rs

struct Game;
struct Enemy;
struct Hero;

trait Loadable {
    fn init(&self);
}

impl Loadable for Enemy {
    fn init(&self) {
        println!("Enemy loaded");
    }
}

impl Loadable for Hero {
    fn init(&self) {
        println!("Hero loaded");
    }
}

impl Game {
    fn load<T: Loadable>(&self, entity: T) {
        entity.init();
    }
}

fn main() {
    let game = Game;
    game.load(Enemy);
    game.load(Hero);
}
```

在上述代码中，我们分别为 Enemy 和 Hero 实现了 Loadable，还修改了 load 方法，如下所示：

```
fn load<T: Loadable>(&self, entity: T) { .. }
```

注意,":Loadable"部分表明了我们指定特征范围的方式。特征区间允许我们限制泛型 API 可以接收的参数范围。指定泛型元素上的绑定的特征类似于我们为变量指定类型的方式,但是此处的变量是泛型 T,类型是某些特征。例如 T:SomeTrait。定义泛型函数时几乎总是会用到特征区间。如果定义的泛型函数中的 T 不包含任何特征区间,我们就不能通过任何方法调用,因 Rust 不知道给定方法实现的方式。它需要知道 T 是否具有某个 foo 方法,以便将代码单体化。来看看另一个例子:

```
// trait_bounds_basics.rs

fn add_thing<T>(fst: T, snd: T) {
    let _ = fst + snd;
}

fn main() {
    add_thing(2, 2);
}
```

我们有一个方法 add_thing,它可以添加任何类型 T。如果我们编译上述代码段,它不会通过编译且会有以下错误提示信息:

```
→ Chapter04 git:(master) ✗ rustc trait_bound_basics.rs
error[E0369]: binary operation `+` cannot be applied to type `T`
--> trait_bound_basics.rs:4:5
  |
4 |     fst + snd;
  |     ^^^^^^^^^
  |
  = note: `T` might need a bound for `std::ops::Add`

error: aborting due to previous error

For more information about this error, try `rustc --explain E0369`.
```

它向用户建议在 T 上添加特征区间 Add。因为相加操作有 Add 特征,它是支持泛型的,并且不同类型具有不同的实现,甚至可能返回不同的类型。这意味着 Rust 需要用户的帮助才能提供注释。这需要我们修改函数定义,如下所示:

```
// trait_bound_basics_fixed.rs

use std::ops::Add;

fn add_thing<T: Add>(fst: T, snd: T) {
    let _ = fst + snd;
}
```

```
fn main() {
    add_thing(2, 2);
}
```

代码修改之后，我们将":Add"添加到了 T 的后面，之后代码通过了编译。现在有两种方法可以指定特征，特征区间取决于类型特征在定义具有特征区间的泛型元素时的复杂程度。

区间内泛型

```
fn show_me<T: Display>(val: T) {
    // 可以使用 {}格式化字符串，因为有 Display 特征区间
    println!("{}", val);
}
```

这是在泛型元素上指定特征区间的最常用语法。上述代码中的 show_me 函数是指定特征区间的一种方法，它会接收任何实现了 Display 特征的类型。这是在泛型函数的类型签名的长度较短时声明特征区间的常见语法。在指定类型的特征区间时，此语法也有效。现在，让我们看一下指定特征区间的第 2 种方法。

where 语句

当任何泛型元素的类型签名变得太长而无法在一行上显示时，可使用此语法。例如，标准库的 std::str 模块中有一个 parse 方法，它具有以下签名：

```
pub fn parse<F>(&self) -> Result<F, <F as FromStr>::Err>
where F: FromStr { ... }
```

注意"where F: FromStr"部分告诉我们 F 类型必须实现 FromStr 特征。where 语句将特征区间和函数签名解耦，并使其可读。

在了解如何编写特征区间之后，更重要的是知道在哪里可以指定这些区间。特征区间适用于用到泛型的任何地方。

4.4.1 类型上的特征区间

我们也可以在类型上指定特征区间：

```
// trait_bounds_types.rs
```

```
use std::fmt::Display;

struct Foo<T: Display> {
    bar: T
}

// or

struct Bar<F> where F: Display {
    inner: F
}

fn main() {}
```

不过，我们并不鼓励在类型上使用特征区间，因为它对类型自身施加了限制。通常，我们希望类型尽可能是泛型，从而允许我们使用任何类型创建实例，并使用函数或方法中的特征区间对其行为进行限制。

4.4.2   泛型函数和 impl 代码块上的特征区间

这是用到特征区间最常见的地方。我们可以在函数和泛型实现上指定特征区间，如下所示：

```
// trait_bounds_functions.rs

use std::fmt::Debug;

trait Eatable {
    fn eat(&self);
}

#[derive(Debug)]
struct Food<T>(T);

#[derive(Debug)]
struct Apple;

impl<T> Eatable for Food<T> where T: Debug {
    fn eat(&self) {
        println!("Eating {:?}", self);
    }
}
```

```
fn eat<T>(val: T) where T: Eatable {
    val.eat();
}

fn main() {
    let apple = Food(Apple);
    eat(apple);
}
```

我们有一个泛型 Food 和一种特定食物类型 Apple，将 Apple 放入 Food 实例并绑定到变量 apple。接下来调用泛型方法 eat，并将 apple 传递给它。注意 eat 的特点，类型 T 必须实现 Eatable 特征。为了让 apple 是"可食用"的，我们实现了 Food 的 Eatable 特征，同时指定我们的类型必须是 Debug，以便其可以在方法内部输出到控制台。这是一个简单的示例，但证明了这一思路。

4.4.3　使用 "+" 将特征组合为区间

我们还可以使用符号"+"为泛型指定多个特征区间。让我们来看一下标准库中 HashMap 类型的 impl 代码块：

```
impl<K: Hash + Eq, V> HashMap<K, V, RandomState>
```

这里，我们可以看到表示 HashMap 键类型的 K 必须实现 Hash 特征和 Eq 特征。

我们还可以将若干特征组合起来构建新的特征，如下：

```
// traits_composition.rs

trait Eat {
    fn eat(&self) {
        println!("eat");
    }
}
trait Code {
    fn code(&self) {
        println!("code");
    }
}
trait Sleep {
    fn sleep(&self) {
        println!("sleep");
```

```
        }
    }

    trait Programmer : Eat + Code + Sleep {
        fn animate(&self) {
            self.eat();
            self.code();
            self.sleep();
            println!("repeat!");
        }
    }

    struct Bob;
    impl Programmer for Bob {}
    impl Eat for Bob {}
    impl Code for Bob {}
    impl Sleep for Bob {}

    fn main() {
        Bob.animate();
    }
```

在上述代码中，我们创建了一个新的特征 Programmer，它由 3 个特征组合而成：Eat、Code、Sleep。通过这种方式，我们对类型设置了约束，因此如果类型 T 实现了 Programmer，那么它必须实现上述所有特征。运行代码后的输出结果如下：

```
eat
code
sleep
repeat!
```

4.4.4   特征区间与 impl 特征语法

声明特征区间的另一种语法是 impl 特征语法，它是编译器的最新特性。通过这种语法，可以编写具有如下特征区间的泛型函数：

```
// impl_trait_syntax.rs

use std::fmt::Display;

fn show_me(val: impl Display) {
    println!("{}", val);
}
```

```
fn main() {
    show_me("Trait bounds are awesome");
}
```

我们直接使用了 impl Display，而不是指定 T：Display。这是 impl 特征语法。这为我们返回复杂或不方便表示的类型（例如函数的闭包）提供了便利。如果没有这种语法，则必须使用 Box 智能指针类型将其放在指针后面返回，这涉及堆分配。闭包的底层结构由实现了一系列特征的结构体组成。Fn(T) -> U 特征就是其中之一。因此，通过 impl 特征语法，我们可以编写如下形式的函数：

```
// impl_trait_closure.rs

fn lazy_adder(a:u32, b: u32) -> impl Fn() -> u32 {
    move || a + b
}

fn main() {
    let add_later = lazy_adder(1024, 2048);
    println!("{:?}", add_later());
}
```

在上述代码中，我们创建了一个函数 lazy_adder，它接收两个数字，并返回将这两个数字相加的闭包。然后我们调用 lazy_adder，传入两个数字。这会在 lazy_adder 中创建一个闭包，但不会对其进行求值。在 main 函数中，我们在 println!宏中调用 adder_later。我们甚至可以在这两个地方使用如下语法：

```
// impl_trait_both.rs

use std::fmt::Display;

fn surround_with_braces(val: impl Display) -> impl Display {
    format!("{{{}}}", val)
}

fn main() {
    println!("{}", surround_with_braces("Hello"));
}
```

surround_with_braces 会接收任何 Display 特征的参数，并返回用花括号包裹的字符串。这里我们返回的类型是 impl Display。

注意

额外的花括号是为了转义花括号自身，因为{}在用于
字符串值的格式化时具有特殊含义。

通常建议将特征区间的 impl 特征语法用做函数的返回类型。在参数位置使用它意味着
我们不能使用 turbofish 运算符。如果某些相关代码使用 turbofish 运算符来调用软件包中的
某个方法，那么可能导致 API 不兼容。只有当我们没有可用的具体类型时才应该使用它，
就像闭包那样。

4.5 标准库特征简介

Rust 的标准库有很多内置特征。Rust 中的大多数语法糖都依赖于特征。这些特征提供
了一个很好的基线，以便软件开发者可以为其程序库提供常用的接口。在本节中，我们将
介绍标准库特征的一些抽象和特性，以便增强软件开发者和用户的使用体验。我们将从开
发者的角度进行介绍，并创建一个为复数类型提供支持的程序库。如果你要创建自己的程
序库，那么此示例很好地向你介绍了必须实现的常见特征。

我们将通过执行 cargo new complex --lib 命令创建一个新项目。首先，我们需要将复数
表示为一种类型，并使用一个结构体表示它。复数结构体有两个字段：复数的实部和虚部。
下列代码是它的定义：

```
// complex/src/lib.rs

struct Complex<T> {
    // 实部
    re: T,
    // 虚部
    im: T
}
```

我们通过 T 使复数结构体成为泛型，因为 re 和 im 可以是浮点数或整数。要使用此类
型，我们需要先构造实例化它的方法。通常的做法是实现关联方法 new，并传递 re 和 im
的值。如果我们还想使用默认值初始化复数的值（例如 re=0，im=0）该怎么办呢？因此我
们可使用一个名为 Default 的特征。对于用户自定义类型，实现 Default 特征非常简单。我
们可以在复数结构体上放置一个#[derive(Default)]属性来自动为它实现 Default 特征。

注意
只有成员或字段自身都实现了 Default 特征的结构体、枚举及联合，结构体才能实现 Default 特征。

现在，我们使用 new 方法和 Default 特征注释后的代码，如下所示：

```
// complex/src/lib.rs

#[derive(Default)]
struct Complex<T> {
    //实部
    re: T,
    //虚部
    im: T
}

impl<T> Complex<T> {
    fn new(re: T, im: T) -> Self {
        Complex { re, im }
    }
}

#[cfg(test)]
mod tests {
    use Complex;
    #[test]
    fn complex_basics() {
        let first = Complex::new(3,5);
        let second: Complex<i32> = Complex::default();
        assert_eq!(first.re, 3);
        assert_eq!(first.im, 5);
        assert!(second.re == second.im);
    }
}
```

我们还在底部的测试模块中添加了一个简单的初始化测试用例。将#[derive(Defualt)]属性实现为一个过程宏，可以自动实现它修饰的类型的特征。此自动派生要求任何自定义类型的字段（例如结构体或枚举）本身必须实现 Default 特征。使用它们继承特征仅适用于结构体、枚举及联合。我们将在第 9 章详细介绍如何编写自定义派生过程宏。

此外，new 函数实际上并不是一个特殊的构造函数（如果你只了解带有构造函数的语言），而是社区采用的一个常用名称（作为创建新类型实例的方法名）。

在我们介绍更复杂的特征实现之前，需要自动派生一些内置的特征，这有助于我们实现更高级的功能。让我们来看看其中的一些。

- Debug：我们之前已经看到过该特征。顾名思义，这个特征有助于在控制台上输出类型以便进行调试。在组合类型的情况下，类型将以类似 JSON 的格式输出，其中带有花括号和其他括号，如果类型是字符串，将会用引号标识。这适用于 Rust 中的大多数内置类型。

- PartialEq 和 Eq：这些特征允许两个元素相互比较以验证是否相等。对于我们的复数类型，只有 PartialEq 是有意义的，因为当我们的复数类型包含 f32 或 f64 的值时，我们无法比较它们，这是由于 f32 和 f64 的值没有实现 Eq 特征。PartialEq 定义了局部排序，而 Eq 需要全局排序，浮点数的全局排序并未定义，因此两者的 NaN 和 NaN 并不相等。NaN 是浮点类型中的一种类型，表示操作结果未定义，例如 0.0 / 0.0。

- Copy 和 Clone：这些特征定义了类型的复制方式。在第 5 章中，我们会独立论述它们。简而言之，当在任何自定义类型上自动派生时，这些特征允许用户从实例创建新的副本，可以在实现 Copy 时隐式创建，也可以在实现 Clone 时通过调用 clone() 显式创建。

请注意，Copy 依赖于在类型上实现的 Clone 特征。

有了上述解释，我们将为这些内置特征添加自动派生，如下所示：

```
#[derive(Default, Debug, PartialEq, Copy, Clone)]
struct Complex<T> {
    // 实部
    re: T,
    //虚部
    im: T
}
```

接下来，让我们再次对 Complex<T> 类型进行增强，以便获得更好的效果。我们将实现一些额外的特征（无特定顺序），如下所示。

- 来自 std::ops 模块的 Add 特征允许我们使用 "+" 运算符将两个复数相加。

- 来自 std::convert 模块的 Into 和 From 特征使用户能够根据其他类型创建复数类型。

- Display 特征使用户能够输出人类可读版本的复数类型。

让我们从实现 Add 特征开始，我们可以通过如下形式声明：

```
pub trait Add<RHS = Self> {
    type Output;
    fn add(self, rhs: RHS) -> Self::Output;
}
```

让我们对它进行逐行解释。

- pub trait Add<RHS = Self>表示 Add 是一个具有泛型 RHS 的特征，并且 RHS 的默认值是 Self。Self 是实现此特征的类型别名，在我们的示例中是 Complex。这是一种引用特征中实现者的简便方式。

- Output 是实现者需要声明的关联类型。

- fn add(self, rhs: RHS) -> Self::Output 是 Add 特征提供的核心功能，是我们在两种实现类型之间使用"+"运算符时调用的方法。它是一个实例方法，通过值获取 self 并接收 rhs 作为参数，即特征定义中的 RHS。在我们的例子中，默认情况下，"+"运算符的左侧和右侧都是相同的类型，但是当我们编写 impl 代码块时，RHS 可以更改为任何其他类型。例如，我们可以拥有添加了 Meter 和 Centimeter 类型的实现。在这种情况下，我们将在 impl 代码块中写入 RHS=Centimeter。最后，它指明 add 方法必须使用 Self::Output 语法返回我们在第二行声明的 Output 类型。

接下来，让我们尝试实现它，以下是包括测试的代码：

```
// complex/src/lib.rs

use std::ops::Add;

#[derive(Default, Debug, PartialEq, Copy, Clone)]
struct Complex<T> {
    //实部
    re: T,
    //虚部
    im: T
}

impl<T> Complex<T> {
    fn new(re: T, im: T) -> Self {
        Complex { re, im }
    }
}
```

```
impl<T: Add<T, Output=T>> Add for Complex<T> {
    type Output = Complex<T>;
    fn add(self, rhs: Complex<T>) -> Self::Output {
        Complex { re: self.re + rhs.re, im: self.im + rhs.im }
    }
}

#[cfg(test)]
mod tests {
    use Complex;
    #[test]
    fn complex_basics() {
        let first = Complex::new(3,5);
        let second: Complex<i32> = Complex::default();
    }

    fn complex_addition() {
        let a = Complex::new(1,-2);
        let b = Complex::default();
        let res = a + b;
        assert_eq!(res, a);
    }
}
```

让我们深入研究一下 Complex<T>的 impl 代码块：

```
impl<T: Add<T, Output=T> Add for Complex<T>
```

Add 的 impl 代码块似乎更复杂，我们将对它们逐一进行说明。

- impl<T: Add<T, Output=T>表示我们正在为泛型 T 实现 Add，其中 T 实现 Add<T, Output=T>。
  <T, Output=T>部分表示 Add 特征的实现必须具有相同的输入和输出类型。
- Add for Complex<T>部分表示为 Complex<T>类型实现 Add 特征。
- T:Add 表示必须实现 Add 特征。如果没有实现，那么我们不能使用 "+" 运算符。

接下来是 From 特征。如果我们可以从内置基元类型（例如双元素元组）构造 Complex 类型，其中第 1 个元素是实部，第 2 个元素是虚部，将会很方便。我们可以通过实现 From 特征来达到此目的。此特征定义了一个 from 方法，为我们提供了在类型之间进行转换的一般方法。

以下是该特征的定义：

```
pub trait From<T> {
    fn from(self) -> T;
}
```

这比前一个简单一些。它是一个泛型特征，其中 T 用于指定要转换的类型。当我们实现它时，只需要用我们希望实现它的类型替换 T 并实现 from 方法，然后我们就可以在相关类型上调用该方法。这是一个将 Complex 值转换为双元素元组类型的实现，Rust 本身就能识别它：

```
// complex/src/lib.rs

// 为了保持简洁，省略了以前的代码

use std::convert::From;

impl<T> From<(T, T)> for Complex<T> {
    fn from(value: (T, T)) -> Complex<T> {
        Complex { re: value.0, im: value.1 }
    }
}

// 其他 impl 代码块被省略了

#[cfg(test)]
mod tests {
    // 其他测试
     use Complex;
    #[test]
    fn complex_from() {
        let a = (2345, 456);
        let complex = Complex::from(a);
        assert_eq!(complex.re, 2345);
        assert_eq!(complex.im, 456);
    }
}
```

让我们来看看 impl 代码块。它类似 Add 特征，不过我们不必通过任何特殊输出类型对泛型做出限制，因为 From 没有那些：

```
impl<T> From<(T, T)> for Complex<T> {
    fn from(value: (T, T)) -> Complex<T> {
        Complex { re: value.0, im: value.1 }
```

```
        }
    }
```

第一个<T>是泛型 T 的声明,第二个和第三个<T>是泛型类型 T 的用途。我们会根据(T,T)类型创建它。

最后,为了让用户能够以数学符号的形式查看复数类型,我们应该实现 Display 特征。以下是特征的类型签名:

```
pub trait Display {
    fn fmt(&self, &mut Formatter) -> Result<(), Error>;
}
```

下列代码显示了 Complex<T>类型的 Display 特征实现:

```
// complex/src/lib.rs

// 为了表述简洁, 前面的代码已经省略

use std::fmt::{Formatter, Display, Result};

impl<T: Display> Display for Complex<T> {
    fn fmt(&self, f: &mut Formatter) -> Result {
        write!(f, "{} + {}i", self.re, self.im)
    }
}


#[cfg(test)]
mod tests {
    // other tests
    use Complex;
    #其他测试
    fn complex_display() {
        let my_imaginary = Complex::new(2345,456);
        println!("{}", my_imaginary);
    }
}
```

Display 特征有一个 fmt 方法,它接收我们使用 write!宏写入的 Formatter 类型。和之前一样,因为我们的 Complex<T>类型对 re 和 im 字段使用泛型,所以需要声明它也必须满足 Display 特征。

运行 cargo test -- --nocapture 命令,我们得到以下输出结果:

```
    Finished dev [unoptimized + debuginfo] target(s) in 0.77s
     Running target/debug/deps/complex-cd1ab394f2b278f3

running 4 tests
test tests::complex_addition ... ok
2345 + 456i
test tests::complex_display ... ok
test tests::complex_from ... ok
test tests::complex_basics ... ok

test result: ok. 4 passed; 0 failed; 0 ignored; 0 measured; 0 filtered out
```

我们可以看到复数类型是以"2345+456i"的可读格式输出的，并且所有测试的结果都是绿色。接下来，我们将介绍多态的概念，以及如何使用 Rust 特征对其进行建模。

4.6 使用特征对象实现真正的多态性

Rust 中可以通过特征类型实现的特殊形式实现真正的多态性。这些被称为特征对象。在我们介绍在 Rust 中使用特征对象实现多态性之前，需要先了解分发（dispatch）这一概念。

4.6.1 分发

分发是一个从面向对象编程范式中借鉴的概念，主要用于描述被称为多态的上下文中的一种特性。在面向对象程序设计（Object-Oriented Programming，OOP）中，当 API 是泛型或者接收实现为接口的参数时，必须弄清楚参数在传递给 API 的类型实例上调用什么方法实现。多态的上下文中的方法解析过程被称为分发，调用该方法被称为分发化（dispatching）。在支持多态的主流语言中，分发可以通过以下任意一种方式进行。

- **静态分发**：当在编译期决定要调用的方法时，它被称为静态分发或早期绑定。方法的签名用于决定调用的方法，所有这些都在编译期决定。在 Rust 中，泛型展示了这种形式的分发，因为即使泛型函数可以接收许多参数，也会在编译期使用具体类型生成函数的专用副本。

- **动态分发**：在面向对象的语言中，有时直到运行时才能确定调用的方法。这是因为具体类型被隐藏，并且只有接口方法可用于调用该类型。

在 Java 中，当函数只有参数时就是这种情况，即接口。

这种情况只能通过动态分发来处理。在动态分发过程中，可通过对 vtable 接口的实现列表进行查找，并调用该方法来动态确定相关方法。vtable 是一个函数指针列表，指向每个类型的实现方法。由于方法调用过程中存在额外的间接指针引用，所以这需要更多的资源开销。

接下来让我们探讨特征对象。

4.6.2 特征对象

到目前为止，我们经常看到的都是在静态分发上下文中特征的应用，即在泛型 API 中设置特征区间。不过，我们还有另一种创建多态 API 的方法，可以将参数指定为实现某个特征的东西，而不是泛型或具体类型。这种方法被声明为实现某个特征 API，即特征对象。特征对象类似 C++ 中的虚方法。特征对象实现为胖指针，并且是不定长类型，这意味着它们只能在引用符号（&）后面使用。我们将在第 7 章详细介绍不定长类型。特征对象胖指针具有指向与对象关联的实际数据的第一指针，而第二指针指向虚拟表（vtable），它是在固定偏移处为每个对象的方法保留一个函数指针的结构体。

特征对象是 Rust 执行动态分发的方式，我们没有实际的具体类型信息。通过跳转到vtable 并调用适当的方法完成方法解析。特征对象的另一个用例是，它们允许用户对可以具有多种类型的集合进行操作，但是在运行时需要额外的间接指针引用开销。为了说明这一点，请考虑如下程序：

```rust
// trait_objects.rs

use std::fmt::Debug;

#[derive(Debug)]
struct Square(f32);
#[derive(Debug)]
struct Rectangle(f32, f32);

trait Area: Debug {
    fn get_area(&self) -> f32;
}

impl Area for Square {
    fn get_area(&self) -> f32 {
        self.0 * self.0
    }
}

impl Area for Rectangle {
    fn get_area(&self) -> f32 {
        self.0 * self.1
```

```
    }
}

fn main() {
    let shapes: Vec<&dyn Area> = vec![&Square(3f32), &Rectangle(4f32,
2f32)];
    for s in shapes {
        println!("{:?}", s);
    }
}
```

如你所见，shapes 的元素类型是**&dyn Area**，这是一种表示为特征的类型。特征对象是由 dyn Area 表示的，意味着它是指向 Area 特征某些实现的指针。特征对象形式的类型允许用户在集合类型（例如 Vec）中存储不同类型。在前面的示例中，Square 和 Rectangle 会隐式转换成特征对象，因为我们给它们推送了一个引用。我们还可以通过手动转换某个特征对象来构造一个类型，但这是一种比较少见的情况，只有在编译器自身无法将类型作为特征对象转换时使用。请注意，我们只能创建在编译时知道类型尺寸的特征对象。dyn Trait 是一个不定长类型，只能作为引用创建。我们还可以通过将特征对象置于其他指针类型之后来创建特征对象，例如 Box、Rc、Arc 等。

注意

在较早的 Rust 2015 中，特征对象仅表示为特征的名称，对于特征对象 dyn Foo，它表示为 Foo。该语法会令人困惑，在最新的 Rust 2018 中已被弃用。

在下面的代码中，我们将演示把 dyn Trait 作为函数中的参数使用的情形：

```
// dyn_trait.rs

use std::fmt::Display;

fn show_me(item: &dyn Display) {
    println!("{}", item);
}

fn main() {
    show_me(&"Hello trait object");
}
```

特征和泛型通过单态化（早期绑定）或运行时多态（后期绑定）提供了两种代码复用的方式。何时使用它们取决于具体情况和相关应用程序的需求。通常，错误类型会被分配到动态分发的序列，因为它们应该是很少被执行的代码路径。单态化对小型的应用场景来说非常方便，但是缺点是导致了代码的膨胀和重复，这会影响缓存效率，并增加二进制文件的大小。但是，在这两个选项中，静态分发应该是首选，除非系统对二进制文件大小存在严格的限制。

4.7　小结

类型是任何静态语言中最棒的特性之一。它们允许用户在编译时表达丰富的内容。本章可能不是本书中最高阶的，但是内容可能是最重要的。我们现在学习了复用代码的多种方法。还了解了很多功能强大的特征，以及 Rust 标准库是如何对它们进行深度应用的。

在第 5 章中，我们将探讨程序如何使用内存，以及 Rust 如何进行编译期内存管理。

第 5 章
内存管理和安全性

对任何使用底层编程语言的人来说，内存管理都是最基础的概念。底层语言没有类似内置 GC 的自动内存回收解决方案，程序员需要负责管理程序使用的内存。了解内存在程序中的使用和工作原理，有助于程序员构建高效且安全的软件系统。底层软件中的许多错误都是由内存使用不当造成的。有时，这是因为程序员的失误。它通常会给编程语言带来负面影响，例如 C 和 C++，使用它们构造的软件产生了大量"臭名昭著"的内存漏洞报告。Rust 为内存管理提供了更好的编译期解决方案，除非你刻意为之，否则很难编写出存在内存漏洞的软件。使用 Rust 进行了大量开发工作的程序员最终会意识到它不鼓励糟糕的编程实践，且会指导程序员编写安全且高效地使用内存的软件。

在本章中，我们将详细介绍 Rust 如何处理程序中资源对内存的使用，还会简要介绍进程、内存分配、内存管理，以及内存安全的含义。然后，我们将探讨 Rust 提供的内存安全模型，并了解其能够在编译期跟踪内存使用情况的特性。你将看到如何使用特征来管理驻留内存中的类型，以及何时释放它们。我们还将深入研究各种智能指针类型，这些类型提供抽象以管理程序中的资源。

在本章中，我们将介绍以下主题。

- 程序和内存。

- 内存分配和安全性。

- 内存管理。

- 堆栈和堆。

- 安全三要素——所有权、借用及生命周期。

- 智能指针类型。

5.1 程序和内存

"如果你愿意限制方法的灵活性，那么总是会有意外的收获。"

——John Carmack

为了理解内存及其管理机制，我们必须大致了解程序如何被操作系统调用，以及允许其使用内存满足相关需求的原理。

每个程序都需要调用内存才能运行，无论是你最喜欢的命令行工具，还是复杂的流处理服务，它们都有各种各样的内存需求。在主流操作系统实现中，执行某个程序是以进程的形式实现的。进程就是程序运行实例。当我们在 Linux 中的 shell 执行./my_program，或者在 Windows 中双击 my_program.exe 时，操作系统会将 my_program 作为进程加载到内存中，并开始执行，和其他进程一起共享 CPU 和内存。它为进程分配了自己的虚拟地址空间，该空间与其他进程的虚拟地址空间不同，并且具有自己的内存视图。

在进程的生命周期中，它会使用很多系统资源。首先，进程需要内存来存储自己的指令，其次运行时需要一定的资源空间，然后它需要一种方法来跟踪函数的调用，以及任何局部变量和最后一次调用函数之后返回的地址。其中一些内存需求可以在编译期提前决定，例如在变量中存储基本类型，而其他内存需求只能在运行时满足，例如创建类似 Vec<String>的动态数据类型。由于不同层次的内存需求不同和基于安全方面的考虑，进程的内存视图会被划分成被称为内存布局的区域。

在这里，我们有一个进程内存布局的基本展示：

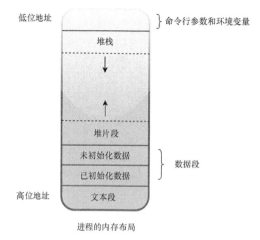

进程的内存布局

根据它们存储的数据类型和提供的功能该布局可分为不同的区域。我们关注的主要内容如下。

- **文本段**：此部分包含已编译的二进制文件中执行的实际代码。文本段是只读的，禁止任何用户代码对其进行修改。因为这样做可能导致程序崩溃。

- **数据段**：它会进一步细分，即初始化数据段和未初始化数据段，后者通常被称为以符号开始的块（Block Started by Symbol，BSS），并保存程序中声明的所有全局和静态值。未初始化的值在加载到内存时会被初始化为零。

- **堆栈段**：该部分用于保存任何局部变量和函数的返回地址。预先知道大小的所有资源，以及程序创建的任何临时/中间变量都隐式存储在堆栈中。

- **堆片段**：该部分用于存储任何动态分配的数据，这些数据的大小是未知的，并且可以根据程序的需要在运行时进行更改。当我们希望值的寿命比声明它的函数更长时，这是比较理想的方式。

5.2 程序如何使用内存

现在，我们知道一个进程有一块专门用于执行的内存。但是如何访问此内存来执行相关任务呢？出于安全性和故障隔离方面的考虑，不允许进程直接访问物理内存，而是使用虚拟内存，操作系统使用被称为页面的内存数据结构映射到实际的物理内存，这些数据结构在页面表中维护。进程必须从操作系统请求内存供其使用，它获得的是一个内部映射到随机存取存储器（Random Access Memory，RAM）物理地址的虚拟地址。出于性能方面的考虑，内存都以块为单位被请求和处理。当进程访问虚拟内存时，内存管理单元执行从虚拟内存到物理内存的实际转换。

进程从操作系统获取内存的一系列步骤称为内存分配。进程通过使用来自操作系统的系统调用请求内存块，操作系统会标记该进程正在使用的内存块。当使用该内存的进程执行完毕时，它必须将内存标记为空闲的，以便其他进程可以使用该内存。这被称为内存的取消分配。主流的操作系统实现通过系统调用（例如 Linux 中的 brk 和 sbrk）提供抽象，这些函数直接与操作系统内核对话并分配进程请求的内存。但是这些内核级函数是非常低级的，因此它们会被系统库进一步抽象，例如 glibc 库，它是 Linux 中的 C 标准库，其中包括 POSIX API 的实现，通过 C 语言实现与操作系统底层的交互。

注意

可移植操作系统接口（Portable Operating System Interface，POSIX）是由 Richard Stallman 提出的。这是一组标准，规定了需要标准化什么功能、类 UNIX 操作系统应该提供什么功能、它们应该向 C 语言之类的语言公开什么底层 API，它们应该包括什么命令行实用程序以及许多其他方面的内容。

　　glibc 库还提供了内存分配器 API，公开了用于分配内存的函数，例如用于分配内存的 malloc、calloc 和 realloc 函数，以及取消内存分配的 free 函数。即使我们有一些相当高级的 API 用于分配/解除分配内存，但是在我们使用低层级语言时仍需要自己管理内存。

5.3　内存管理及其分类

　　计算机中的 RAM 是有限资源，并且由所有正在运行的程序共享。当进程完成其指令后，它必须释放所有使用的内存，以便操作系统可以回收内存，并将内存交给其他进程使用。当讨论内存管理时，我们关注的一个重点是已使用内存的回收及其工作原理。取消分配已使用内存所需的管理级别在不同语言中是不同的。直到 20 世纪 90 年代中期，大多数编程语言都依赖于手动内存管理，这需要程序员分别调用内存分配器 API（例如 malloc 和 free）代码来分配和释放内存。大约在 1959 年，Lisp 的创建者 John McCarthy 发明了 GC，这是一种自动内存管理机制，Lisp 是第一种采用它的语言。作为运行程序的一部分，GC 以守护线程的形式出现，并分析程序中不再引用内存的任何变量，然后在某个时间点在运行程序的同时自动释放它们。

　　但是，低级语言不附带 GC，因为这会引入不确定性和运行时开销，GC 线程在后台运行，在某些情况下会暂停程序的运行。

　　这种暂停有时会出现几毫秒的延迟。这可能违反了系统软件在时间和空间上的硬性约束。低级语言要求程序员可以手动控制内存管理。但是，像 C++和 Rust 这样的语言通过类型系统抽象（如智能指针）使程序员能够减轻一些负担，与之有关的详情将会在本章后续内容中介绍。

　　基于语言之间的差异，我们可以将它们采用的内存管理策略大致分为 3 类。

- **手动型**：C 语言采用了这种内存管理机制，且完全由程序员负责，在程序代码使用完内存之后调用 free 函数来释放内存。C++在某种程度上使用智能指针自动执行此操作，其中 free 函数调用放在类的析构函数定义中。Rust 也有智能指针，我们将在本章后续内容中进行介绍。

- **自动型**：采用这种内存管理形式的语言包括一个额外的运行时线程，即 GC，它作为守护线程与程序一起运行。诸如 Python、Java、C#及 Ruby 等大部分基于虚拟机的动态语言都依赖自动化内存管理。自动化内存管理是使用这些语言编写代码很容易的原因之一。

- **半自动型**：Swift 等语言属于这一类别。它们没有作为运行时的一部分的内置专用 GC，但提供了引用计数类型，这可以细粒度地实现自动化内存管理。Rust 也提供了引用计数类型 Rc<T>和 Arc<T>。当我们在本章介绍智能指针时会提及它们。

5.4 内存分配简介

在程序运行时，进程中的内存分配既可能发生在堆栈上，也可能发生在堆上。它们是存储地址，用于存储程序执行过程中用到的数值。在本节中，我们将介绍这两种分配方法。

堆栈用于处理在编译期已知大小的短期值，这是函数调用及其关联上下文的理想存储位置，一旦函数返回，它就需要被清理掉。堆用于处理任何需要超出函数调用范围的内容。如第 1 章所述，默认情况下，Rust 偏向于使用堆栈分配内存。通常，你创建并绑定到变量的任何类型的值或实例都会存储到堆栈中。存储到堆上是显式的，可以通过智能指针类型来实现，本章后续内容将会对此进行介绍。

5.4.1 堆栈

无论何时调用函数或方法，堆栈都用于为函数内部创建的值分配空间。函数中所有 let 绑定都存储在堆栈中，它既可以是值本身，也可以是指向堆上内存地址的指针。这些值构成了活动函数的堆栈帧。堆栈帧是堆栈中存储器的逻辑块，用于存储函数调用的上下文。此上下文可能包括函数参数、局部变量、返回地址，以及从函数返回后需要恢复的任何已保存的寄存器值。随着越来越多的函数被调用，它们对应的堆栈帧会被压入堆栈。一旦函数返回，与之相关的堆栈帧，以及其中声明的所有值都会一起被清理释放。

这些值会根据它们声明的相反顺序删除，并且遵循后进先出（Last In First Out，LIFO）规则。

堆栈上内存分配速度很快，因为分配和释放内存只需一条 CPU 指令：递增/递减堆栈帧指针。堆栈帧指针（esp）是一个 CPU 寄存器，它始终指向堆栈的最顶部。堆栈帧指针在函数被调用或返回时实时更新。当函数返回时，通过将堆栈帧指针恢复到进入函数之前的位置来丢弃该堆栈帧。使用堆栈是一种临时性内存分配策略，但由于其简单性，它在释放已使用内存方面是可靠的。但是，堆栈的相同属性不适用于需要超出当前堆栈帧生命周期的情况。

以下代码用于简要说明在函数调用期间，如何在程序中更新堆栈：

```rust
// stack_basics.rs

fn double_of(b: i32) -> i32 {
    let x = 2 * b;
    x
}

fn main() {
    let a = 12;
    let result = double_of(a);
}
```

我们将用空数组[]表示该程序的堆栈状态。让我们无负载执行一次该程序来查看堆栈的内容。我们将使用[]表示父堆栈中的堆栈帧。运行此程序时，将产生以下这一系列操作。

1．当调用 main 函数时，它会创建堆栈帧，其中会保存 a 和 result（会被初始化为零）变量。此时的堆栈是[[a=12, result=0]]。

2．接下来，double_of 函数会被调用，并将新的堆栈帧推入堆栈存放其本地数据。堆栈的内容现在是[[a=12, result=0], [b=12, temp_double=2*x, x=0]]。temp_double 是一个由编译器创建的临时变量，用于存储 2*x 的结果，然后将其分配给在 double_of 函数中声明的变量 x，再将此 x 返回给调用者，即 main 函数。

3．double_of 函数返回后，它的堆栈帧将从堆栈中弹出，堆栈中的内容现在是[[a=12, result=24]]。

4．随后，main 函数执行完毕，其堆栈帧也会被弹出，堆栈中是空的：[]。

与之有关的细节还有很多，我们只是对函数调用及其与堆栈内存的交互进行了高度概括的描述。现在，如果我们只有在函数调用生命周期内有效的本地值，那么它们的作用将是非常有限的。虽然堆栈简洁、高效，但实际上程序还需要生命周期更长的变量，因此我们们需要使用堆。

5.4.2 堆

堆用于处理更复杂的动态的内存分配需求。程序可能在某个时点在堆上分配内存,并且可能在某个其他时点释放,同时这些时点之间不存在严格的边界,就像堆栈内存一样。在堆栈上分配内存时,你能够确定分配和释放内存的时机。此外,堆中的值可能存活得比分配给它的函数更久,稍后也可能会被其他函数清理、释放。在这种情况下,代码无法调用 free 函数,因此最糟糕的情况可能是根本无法取消分配。

不同语言使用堆内存的方式也不尽相同。在 Python 等动态语言中,一切都是对象,默认情况下它们都会在堆上分配内存。在 C 语言中,我们使用手动调用 malloc 函数的方式在堆上分配内存,而在 C++中,我们使用关键字 new 分配内存。要释放内存,我们需要在 C 语言中调用 free 函数,而在 C++中调用 delete 函数。在 C++中,为了避免手动调用 delete 函数,程序员经常使用诸如 unique_ptr 或 shared_ptr 这样的智能指针类型。这些智能指针类型具有析构方法,当它们超出内部作用域时,会调用 delete 函数。这种管理内存的范式被称为 RAII 原则,并由 C++推而广之。

Rust 对 C++管理堆内存的机制也提供了类似的抽象。Rust 在堆上分配内存的唯一方法是通过智能指针类型。Rust 中的智能指针类型实现了 Drop 特征,它指定了如何释放值所使用的内存,并且在语义上定义了类似于 C++中析构函数的方法。除非用户编写自定义的智能指针类型,否则你永远不需要在其类型上实现 Drop 特征。和 Drop 特征有关的详细内容有专门的部分予以论述。

为了在堆上分配内存,语言依赖于专用的内存分配器,它隐藏了所有底层细节,例如在已对齐的内存上分配内存,维护空闲的内存块以减少系统调用开销,并在分配内存和其他优化时减少碎片的产生。对于编译程序,编译器 rustc 自身会采用 jemalloc 内存分配器,而从 Rust 构建的库和二进制文件会使用系统内存分配器。在 Linux 上,依赖的将是 glibc 内存分配器 API。jemalloc 是一个支持多线程环境的高效内存分配器库,它大大减少了 Rust 程序的构建时间。虽然编译器采用了 jemalloc,但是任何使用 Rust 构建的应用程序都不会使用它,因为它会增加二进制文件的大小。因此,已编译的二进制文件和库默认情况下都会采用系统内存分配器。

Rust 还有一个可插拔的分配器设计,可以使用系统内存分配器,或实现 std::alloc 模块下的 GlobalAlloc 特征的自定义内存分配器。

注意

如果你想让自己的程序使用 jemalloc 软件包，那么可以访问 jemalloc 官网。

在 Rust 中，大部分事先不知道尺寸的动态类型都在堆上分配内存。不过这不包括基元类型。例如，在堆上创建一个 String 对象：

```
let s = String::new("foo");
```

String::new 会在堆上分配一个 Vec<u8> 类型，并返回对它的引用。此引用会和变量 s 绑定，该变量在堆栈上分配内存。只要 s 在作用域范围内，堆中的字符串就会一直存在。当 s 超出其作用域时，Vec<u8> 将会从堆中释放，其 drop 方法将作为 Drop 实现的一部分进行调用。对于需要在堆上为基元类型分配内存的极个别情况，可以使用 Box<T> 类型，它是一种泛型智能指针类型。

在下一节中，让我们讨论 C 语言的一些不足之处，这种语言没有自动内存管理带来的便利。

5.5 内存管理的缺陷

在使用 GC 的语言中，可将处理内存的工作从程序员那里抽离出来。你可以在代码中声明和使用变量，不过如何释放它们并不需要你去操心。另一方面，底层的系统编程语言（例如 C/C++）无法将这些细节与程序员隔离，并且几乎不提供任何安全性。这里，程序员负责通过手动调用 free 函数来释放内存，如果我们看一下与内存管理有关的当前软件中常见的漏洞和暴露（Common Vulnerabilities & Exposure，CVE），就会发现我们对此并不擅长！程序员可以通过错误的顺序分配和释放值来轻易构造出难以调试的错误，这些错误甚至可能是由于忘记释放已使用的内存或非法转换指针导致的。在 C 语言中，没有什么可以阻止你创建一个指向整数的指针，若在某处取消对它的引用，会导致程序在运行时崩溃。此外，由于编译器检查较少，因此在 C 语言中创建漏洞非常容易。

最令人担忧的情况是释放在堆上分配的数据。堆内存需要谨慎使用，如果没有释放，堆中的值可能在程序的生命周期中永久存在，并且最终会导致应用程序被内核中的内存越界（Out Of Memory，OOM）守护程序终结。在运行时，会由代码中的错误或开发人员的错误而导致忘记释放内存，或者访问超出内存布局之外的地方，以及在受保护的代码段中取消引用的内存地址。发生这种情况时，进程会从内核接收陷阱指令，这时我们将看到分段错误的异常信息，然后进程被终止。因此，我们必须确保进程与内存的交互安全性。作为程序员我们必须谨小慎微地对待 malloc 和 free 函数调用，或者使用内存安全的语言为我们处理这些细节。

5.6 内存安全性

不过我们所说的程序内存安全性是什么意思呢？内存安全性是指你的程序永远不会访问它不应该访问的位置，程序中声明的变量不能指向无效内存，并且在所有代码路径中都保持有效。换句话说，安全性基本上会归结为在程序中始终具有有效引用的指针，并且使用指针的操作不会导致未定义的行为。未定义的行为指程序的状态出现了编译器未考虑到的情况，因为编译器规范中没有说明在该情况下会发生什么。

C 语言中未定义的行为的一个例子是访问越界和未初始化的数组元素：

```
// uninitialized_reads.c

#include <stdio.h>
int main() {
    int values[5];
    for (int i = 0; i < 5; i++)
        printf("%d ", values[i]);
}
```

在上述代码中，我们有一个包含 5 个元素的数组，并且会循环输出数组中的值。使用 gcc -o main uninitialized_reads.c &&./main 命令运行程序后得到以下输出结果：

```
4195840 0 4195488 0 609963056
```

在计算机上，这可以输出任何值，甚至可以输出能够被漏洞利用的指令地址。这是一种未定义的行为，可能发生任何事情。你的程序可能会立即崩溃，这是“最好”的情况，因为你可以随时了解它；它也可能继续工作，破坏程序的内部状态，以后可能会导致应用程序生成错误的输出结果。

违反内存安全性的另一个示例是 C++中的迭代器失效问题：

```
// iterator_invalidation.cpp

#include <iostream>
#include <vector>
```

```
int main() {
    std::vector <int> v{1, 5, 10, 15, 20};
    for (auto it=v.begin();it!=v.end();it++)
        if ((*it) == 5)
            v.push_back(-1);
    for (auto it=v.begin();it!=v.end();it++)
        std::cout << (*it) << " ";
    return 0;
}
```

在上述 C++代码中，我们创建了一个整数向量 v，尝试在 for 循环中调用迭代器 it 对它进行迭代访问。上述代码的问题在于我们有一个迭代器 it 的指针指向 v，同时我们迭代访问 v，并向其中推送值。

现在由于向量的实现方式，如果它们的尺寸达到其容量，则会在内部重新分配内存以增加其容量。当发生这种情况时，会使 it 指针指向某个垃圾值，这被称为迭代器失效问题，因为现在指针指向的是无效的内存地址。

内存不安全性的另一个示例是 C 语言中的缓冲区溢出。以下用一段简单的代码来演示此问题：

```
// buffer_overflow.c

int main() {
    char buf[3];
    buf[0] = 'a';
    buf[1] = 'b';
    buf[2] = 'c';
    buf[3] = 'd';
}
```

上述程序能够通过编译，并在没有错误的情况下运行，但是最后一次赋值操作越过了分配的缓冲区，且可能覆盖其他数据或地址中的指令。此外，兼容架构和环境的特定恶意输入值可能会导致任意代码执行。这些错误在实际代码中以非常隐蔽的方式产生，并可能产生影响全球企业的漏洞。在最新版本的 GCC 编译器中，这会被检测为堆栈粉碎攻击，GCC 会通过发送 SIGABRT(abort)信号来将程序挂起。

内存安全性 bug 会导致内存泄漏，以分段错误的形式导致程序崩溃，或者在最糟糕的情况下产生安全漏洞。要在 C 语言中创建正确且安全的程序，程序员必须在使用完内存后进行适当的 free 函数调用。如今的 C++通过智能指针类型来处理与手动内存管理有关的问题，但这并不能完全消除它们。基于虚拟机的语言（JVM 是最典型的例子）使用垃圾收集机制来消除所有和类有关的内存安全问题。虽然 Rust 没有内置 GC，但由于该语言中采用了相同的 RAII 原则，同时根据变量的作用域为我们自动释放使用过的内存，因此比 C/C++更安全。它为我们提供了几个细粒度的抽象，用户可以根据自己的需要进行选择。为了了解 Rust 是如何做到这一切的，让我们讨论一下有助于程序员在编译期管理内存的内存安全三原则。

5.7 内存安全三原则

我们接下来要探讨的概念是 Rust 的内存安全及其零成本抽象原则的核心。它们让 Rust 能够在编译期检测程序中内存安全违规，在离开作用域时自动释放相关资源等情况。我们将这些概念称作所有权、借用和生命周期。

所有权有点类似核心原则，而借用和生命周期是对语言类型系统的扩展。在代码的不同上下文中加强或有时放松所有权原则，可确保编译期内存管理正常运作。接下来让我们详细说明这些原则。

5.7.1 所有权

程序中资源的真正所有者的概念因语言而异。这里的含义是通过资源，我们共同引用在堆或堆栈上保存值的任何变量，或者是包含打开文件描述符、数据库连接套接字、网络套接字及类似内容的变量。从它们存在到完成程序调用及其之后的时间，都会占用一些内存。资源所有者的一个重要职责就是明智地释放它们使用的内存，因为如果无法在适当的位置和时间执行取消内存分配，就可能导致内存泄漏。

在使用 Python 等动态语言编程时，可以将多个所有者或别名添加到 list 对象中，从而使用执行该对象的众多变量之一添加或删除 list 中的项目。变量不需要关心如何释放对象使用过的内存，因为 GC 会处理这些事情，并且一旦指向对象的所有引用都消失，GC 就会释放相关的内存。

对于 C/C++之类的编译语言，在智能指针出现之前，程序库对代码使用完毕的相关资源 API 的调用方或者被调用方是否负责释放内存有明确的规定。存在这些规则是因为编译器不会在这些语言中强制限定所有权。在 C++中不使用智能指针仍然有可能出现问题。在 C++中，存在多个变量指向堆上的某个值是完全没问题的（尽管我们不建议这么做），这就是所谓的别名。由于具有指向资源的多个指针或别名的灵活性，程序员会遇到各种各样的问题，其中之一就是 C++中的迭代器失效问题，我们在前面已经解释过它。

具体而言，当给定作用域中资源的其他不可变别名相对存在至少一个可变别名时，就
会出现问题。

另一方面，Rust 试图为程序中值的所有权设定适当的语义。Rust 的所有权规则遵循以
下原则。

- 使用 let 语句创建值或资源，并将其分配给变量时，该变量将成为资源的所有者。
- 当值从一个变量重新分配给另一个变量时，值的所有权将转移至另一个变量，原来
  的变量将失效以便另作他用。
- 值和变量在其作用域的末尾会被清理、释放。

需要注意的是，Rust 中的值只有一个所有者，即创建它们的变量。其理念很简单，但
是它的含义让熟练使用其他语言的程序员感到惊讶。考虑以下代码，它以最基本的形式演
示所有权原则：

```
// ownership_basics.rs

#[derive(Debug)]
struct Foo(u32);

fn main() {
    let foo = Foo(2048);
    let bar = foo;
    println!("Foo is {:?}", foo);
    println!("Bar is {:?}", bar);
}
```

我们创建了变量 foo 和 bar，它们指向 Foo 实例。对某些熟悉允许多个所有者指向一个
值的主流命令式语言的人来说，我们希望这个程序能够顺利编译。但是在 Rust 中，编译代
码时可能遇到以下错误提示：

这里，我们创建了一个 Foo 的实例并将其分配给变量 foo。根据所有权规则，foo 是 Foo
实例的所有者。在代码中，我们将 foo 分配给 bar。在 main 中执行第二行代码时，bar 成为
Foo 实例的新所有者，而旧的 foo 是一个废弃变量，经过此变动之后不能在其他任何地方使

用。这在 main 函数第三行的 println!调用中表现非常明显。每当我们将变量分配给某个其他变量或从变量读取数据时，Rust 会默认移动变量指向的值。所有权规则可以防止你通过多个访问点来修改值，这可能导致访问已被释放的变量，即使在单线程上下文中，使用允许多个值的可变别名的语言也是如此。比较典型的例子是 C++中的迭代器失效问题。现在，为了分析某个值何时超出作用域，所有权规则还会考虑变量的作用域。接下来让我们探讨一下作用域。

作用域简介

在我们进一步了解所有权之前，需要简要了解一下作用域。如果你熟悉 C 语言，那么可能已经对作用域的概念很熟悉了，但我们将在 Rust 的背景下回顾它，因为所有权与作用域协同工作。因此，作用域只不过是变量和值存在的环境。你声明的每个变量都与作用域有关。代码中的作用域是由一对花括号表示的。无论何时使用块表达式都会创建一个作用域，即任何以花括号开头和结尾的表达式。此外，作用域支持互相嵌套，并且可以在子作用域中访问父作用域的元素，但反过来不行。

这里是一些演示多个作用域和值的代码：

```
// scopes.rs

fn main() {
    let level_0_str = String::from("foo");
    {
        let level_1_number = 9;
        {
            let mut level_2_vector = vec![1, 2, 3];
            level_2_vector.push(level_1_number); //可以访问
        } // level_2_vector 离开作用域

        level_2_vector.push(4); //不再有效
    } // level_1_number 离开作用域
} // level_0_str 离开作用域
```

为了解释这个问题，假定我们的作用域从 0 开始编号。通过这个假设，我们创建了名称中包含 level_x 前缀的变量。让我们逐行解释前面的代码。由于函数可以创建新的作用域，因此 main 函数引入了根级别作用域 0，在上述代码中定义为 level_0_str。在 0 级作用域中，我们创建了一个新的作用域，即作用域 1，并且带有一个花括号，其中包含变量 level_1_number。在 1 级作用域中，我们创建了一个块表达式，它成为 2 级作用域。在其中，我们声明了另一个变量 level_2_vector，以便我们可以将 level_1_number 添加到其中，而

level_1_number 来自其父级作用域 1。最后，当代码到达}末尾时，其中的所有值都会被销毁，相应作用域的生命周期也随之结束。作用域结束之后，我们就不能使用其中定义的任何值。

请注意，在推断所有权规则时，作用域是一个非常重要的属性。它也会被用来推断后续介绍的借用和生命周期。当作用域结束时，拥有值的任何变量都会运行相关代码以取消分配该值，并且其自身在作用域之外是无效的。特别是对在堆上分配的值，drop 方法会被放在作用域结束标记}之前调用。这类似于在 C 语言中调用 free 函数，但这里是隐式的，并且可以避免程序员忘记释放值。drop 方法来自 Drop 特征，它是为 Rust 中大部分堆分配类型实现的，可以轻松地自动释放资源。

在了解了作用域之后，让我们看看类似之前在 ownership_basics.rs 中看到的示例，但这一次，我们将会使用原始值：

```
// ownership_primitives.rs

fn main() {
    let foo = 4623;
    let bar = foo;
    println!("{:?} {:?}", foo, bar);
}
```

尝试编译并运行此程序，你可能会感到惊讶，因为这个程序能够通过编译并正常工作。到底发生了什么？在该程序中，4623 的所有权不会从 foo 转移到 bar，但 bar 会获得 4623 的单独副本。看起来基元类型在 Rust 中会被特殊对待，它们会被移动而不是复制。这意味着根据我们在 Rust 中使用的类型，存在不同的所有权语义，这将引入移动和复制语义的概念。

移动和复制语义

在 Rust 中，变量绑定默认具有移动语义。但这究竟意味着什么？要理解这一点，我们需要考虑如何在程序中使用变量。我们创建值或资源并将它们分配给变量，以便在程序中可以方便地引用它们。这些变量是指向值所在内存地址的名称。现在，诸如读取、赋值、添加及将它们传递给函数等对变量的操作，在访问变量指向值的方式上可能具有不同的语义或含义。在静态类型语言中，这些语义大致分为移动语义和复制语义。接下来让我们对它们进行定义。

移动语义：通过变量访问或重新分配给变量时移动到接收项的值表示移动语义。由于 Rust 的仿射类型系统，它默认会采用移动语义。仿射类型系统的一个突出特点是值或资源只能使用一次，而 Rust 通过所有权规则展示此属性。

复制语义：默认情况下，通过变量分配或访问，以及从函数返回时复制的值（例如按位复制）具有复制语义。这意味着该值可以使用任意次数，每个值都是全新的。

这些语义对 C++社区的人来说非常熟悉。默认情况下，C++具有复制语义。后来的 C++ 11 版本提供了对移动语义的支持。

Rust 中的移动语义有时会受到限制。幸运的是，通过实现 Copy 特征可以更改类型的行为以遵循复制语义。基元和其他仅适用于堆栈的数据类型在默认情况下实现了上述特征，这也是前面的基元代码能够正常工作的原因。考虑下列尝试显式创建类型的代码片段：

```
// making_copy_types.rs

#[derive(Copy, Debug)]
struct Dummy;

fn main() {
    let a = Dummy;
    let b = a;
    println!("{}", a);
    println!("{}", b);
}
```

在编译代码时，我们得到以下错误提示信息：

有趣的是，Copy 特征似乎依赖于 Clone 特征。这是因为 Copy 特征在标准库的定义如下：

```
pub trait Copy: Clone { }
```

Clone 是 Copy 的父级特征，任何实现 Copy 特征的类型必须实现 Clone。我们可以在派生注释中的 Copy 旁边添加 Clone 特征来让该示例通过编译：

```
// making_copy_types_fixed.rs

#[derive(Copy, Clone, Debug)]
```

```
struct Dummy;

fn main() {
    let a = Dummy;
    let b = a;
    println!("{}", a);
    println!("{}", b);
}
```

现在程序能够正常运行。但是 Clone 和 Copy 之间的差异并不是很明显。接下来让我们对它们进行区分。

5.7.2 通过特征复制类型

Copy 和 Clone 特征传达了在代码中使用类型时如何进行复制的原理。

Copy

Copy 特征通常用于可以在堆栈上完全表示的类型，也就是说它们自身没有任何部分位于堆上。如果出现了这种情况，那么 Copy 将是开销很大的操作，因为它必须从堆中复制值。这直接影响到赋值运算符的工作方式。如果类型实现了 Copy，则从一个变量到另一个变量的赋值操作将隐式复制数据。

Copy 是一种自动化特征，大多数堆栈上的数据类型都自动实现了它，例如基元类型和不可变引用，即&T。Copy 特征复制类型的方式与 C 语言中的 memcpy 函数类似，后者用于按位复制值。默认情况下不会为自定义类型实现 Copy 特征，因为 Rust 希望显式指定复制操作，并且要求开发人员必须选择实现该特征。当任何人都想在自定义类型上实现 Copy 特征时，Copy 还取决于 Clone 特征。

没有实现 Copy 特征的类型包括 Vec<T>、String 和可变引用。为了获得这些值的复制，我们需要使用目的性更明确的 Clone 特征。

Clone

Clone 特征用于显式复制，并附带 clone 方法，类型可以实现该方法以获取自身的副本。Clone 特征的定义如下：

```
pub trait Clone {
    fn clone(&self) -> Self;
}
```

Clone 有一个名为 clone 的方法，用于获取接收者的不可变引用，即&self，并返回相同类型的新值。用户自定义类型或任何需要提供能够复制自身的包装器类型，应通过实现 clone 方法来实现 Clone 特征。

但是 Clone 与 Copy 特征的不同之处在于，其中的赋值操作是隐式复制值，要复制 Clone 值，我们必须显式调用 clone 方法。clone 方法是一种更通用的复制机制，Copy 是它的一个特例，即总是按位复制。

String 和 Vec 这类元素很难进行复制，只实现了 Clone 特征。智能指针类型也实现了 Clone 特征，它只是在指向堆上相同数据的同时复制指针和额外的元数据（例如引用计数）。

这是能够帮助我们确定如何复制类型，以及为 Clone 特征提供灵活性的示例之一。

下面是一个通过 Clone 特征复制类型的示例：

```
// explicit_copy.rs

#[derive(Clone, Debug)]
struct Dummy {
    items: u32
}

fn main() {
    let a = Dummy { items: 54 };
    let b = a.clone();
    println!("a: {:?}, b: {:?}", a, b);
}
```

我们在 derive 属性中添加了一个 Clone 特征。有了它，我们就可以在 a 上调用 clone 方法来获得它的新副本。

现在，你可能想知道何时应该实现这些类型中的某一种。以下是一些指导原则。

何时在类型上实现 Copy。

可以在堆栈上单独表示的小型值如下所示。

- 如果类型仅依赖于在其上实现了 Copy 特征的其他类型，则 Copy 特征是为其隐式实现的。

- Copy 特征隐式影响赋值运算符的工作方式。使用 Copy 特征构建自定义外部可见类型需要考虑它是否会对赋值运算符产生影响。如果在开发的早期阶段，你的类型是

Copy，后续将它移除之后则会影响使用该类型进行赋值的所有环节。你可以通过这种方式轻松地破坏 API。

何时在类型上实现 Clone。

- Clone 特征只是声明一个 clone 方法，需要被显式调用。

- 如果你的类型在堆上还包含一个值作为其表示的一部分，那么可选择实现 Clone 特征，这也需要向复制堆数据的用户明确表示。

- 如果要实现智能指针类型（例如引用计数类型），那么应该在类型上实现 Clone 特征，以便仅复制堆栈上的指针。

现在我们已经学习了 Copy 和 Clone 的基础知识，接下来我们看看所有权对代码产生的一些影响。

所有权的应用

除了 let 绑定示例之外，还可以在其他地方找到所有权的用武之地，重要的是我们能够识别它和编译器给出的错误提示信息。

如果将参数传递给函数，那么相同的所有权规则也同样有效：

```
// ownership_functions.rs

fn take_the_n(n: u8) { }

fn take_the_s(s: String) { }

fn main() {
    let n = 5;
    let s = String::from("string");

    take_the_n(n);
    take_the_s(s);

    println!("n is {}", n);
    println!("s is {}", s);
}
```

编译过程以类似方式失败：

```
→ Chapter06 git:(master) X rustc ownership_functions.rs
error[E0382]: use of moved value: `s`
 --> ownership_functions.rs:15:25

12 |     take_the_s(s);
   |                - value moved here
...
15 |     println!("s is {}", s);
   |                         ^ value used here after move

   = note: move occurs because `s` has type `std::string::String`, which does not implement the
`Copy` trait

error: aborting due to previous error

For more information about this error, try `rustc --explain E0382`.
```

String 并没有实现 Copy 特征，因此值的所有权在 take_the_s 函数中会发生移动。当函数返回时，相关值的作用域也随之结束，并且会在 s 上调用 drop 方法，这会释放 s 所使用的堆内存。因此，在函数调用结束后 s 将失效。但是，由于 String 实现了 Clone 特征，我们可以通过在函数调用时添加一个.clone()调用来让代码正常工作：

```
take_the_s(s.clone());
```

我们的 take_the_n 函数能够正常工作，是因为 u8（基元类型）实现了 Copy 特征。

也就是说，将移动语义类型传递给函数之后，我们后续将不能再使用该值。如果要使用该值，那么必须复制该类型并将副本发送到该函数。现在，如果我们只需要变量 s 的读取访问权限，那么可以让该代码正常工作的另一种方法是将字符串 s 传递回 main 函数，如以下代码所示：

```rust
// ownership_functions_back.rs

fn take_the_n(n: u8) { }

fn take_the_s(s: String) -> String {
    println!("inside function {}", s);
    s
}

fn main() {
    let n = 5;
    let s = String::from("string");

    take_the_n(n);
    let s = take_the_s(s);

    println!("n is {}", n);
```

```
    println!("s is {}", s);
}
```

我们在 take_the_s 函数中添加了一个返回类型，并将传递的字符串返回给调用者。在
main 函数中，我们在 s 中接收它。因此，main 函数中的最后一行代码能够正常运行。

在 match 表达式中，移动类型默认也会被移动，如以下代码所示：

```
// ownership_match.rs

#[derive(Debug)]
enum Food {
    Cake,
    Pizza,
    Salad
}

#[derive(Debug)]
struct Bag {
    food: Food
}

fn main() {
    let bag = Bag { food: Food::Cake };
    match bag.food {
        Food::Cake => println!("I got cake"),
        a => println!("I got {:?}", a)
    }
    println!("{:?}", bag);
}
```

在上述代码中，我们创建了一个 Bag 实例并将其分配给 bag。接下来，我们将匹配它
的 food 字段，并输出一些文本。之后，我们用 println!输出 bag 中的内容，编译时出现以下
错误提示信息：

如你所见，错误提示信息提示 bag 已被 match 表达式中的变量移动和使用。这使得变量 bag 失效并无法再使用。当我们介绍借用这一概念时，将会了解到如何让上述代码正常工作。

方法：在 impl 代码块中，任何以 self 作为第一个参数的方法都将获取调用该方法的值的所有权。这意味着对值调用方法后，你无法再次使用该值。如以下代码所示：

```
// ownership_methods.rs

struct Item(u32);
impl Item {
    fn new() -> Self {
        Item(1024)
    }

    fn take_item(self) {
        // 什么也不做
    }
}

fn main() {
    let it = Item::new();
    it.take_item();
    println!("{}", it.0);
}
```

编译时，我们得到以下错误提示信息：

take_item 是一个以 self 作为第 1 个参数的实例方法。在调用之后，它将在方法内移动，并在函数作用域结束时被释放。后续我们将不能再使用它。当介绍借用这一概念时，我们将会解释如何让上述代码正常运行。

闭包中的所有权

闭包也会出现类似的情况。请考虑如下代码段：

```
// ownership_closures.rs
```

```
#[derive(Debug)]
struct Foo;

fn main() {
    let a = Foo;

    let closure = || {
        let b = a;
    };
    println!("{:?}", a);
}
```

如你所见，Foo 的所有权在闭包中已经默认移动到了 b，用户将无法再次访问 a。编译上述代码时，我们得到以下输出结果：

```
→ Chapter05 git:(master) x rustc ownership_closures.rs
error[E0382]: use of moved value: `a`
 --> ownership_closures.rs:13:22
   |
9  |      || {
   |      -- value moved (into closure) here
...
13 |     println!("{:?}", a);
   |                      ^ value used here after move
   |
   = note: move occurs because `a` has type `Foo`, which does not implement the `Copy` trait
error: aborting due to previous error

For more information about this error, try `rustc --explain E0382`.
```

要获得 a 的副本，我们可以在闭包内调用 a.clone()并将它分配给 b，或者在闭包前面放置一个关键字 move，如下所示：

```
let closure = move || {
    let b = a;
};
```

这将使我们的程序通过编译。

注意

闭包接收不同的值取决于在其内部使用变量的方式。

通过这些观察，我们已经发现所有权规则非常严格，因为它只允许我们使用类型一次。如果函数只需要对值的读取访问权限，那么我们需要再次从函数返回值，或者在它传递给函数之前复制它。如果类型没有实现 Clone 特征，那么后者可能无法实现其目的。

复制类型看起来似乎很容易绕过所有权规则，但是由于 Clone 总是复制类型，可能会调用内存分配器 API，这是一种涉及系统调用，并且开销高昂的操作，因此它无法满足零成本抽象承诺的所有要点。

随着移动语义和所有权规则的实施，在 Rust 中编写程序很快就会变得困难重重。幸运的是，我们引入了借用和引用类型的概念，它们放宽了规则所施加的限制，但仍然能够在编译期确保兼容所有权规则。

5.7.3 借用

借用的概念是规避所有权规则的限制。进行借用时，你不会获取值的所有权，而是根据需要提供数据。这是通过借用值，即获取值的引用来实现的。为了借用值，我们需要将运算符&放在变量之前，&表示指向变量的地址。在 Rust 中，我们可以通过两种方式借用值。

不可变借用：当我们在类型之前使用运算符&时，就会创建一个不可变借用。之前的部分所有权示例可以使用借用进行重构：

```
// borrowing_basics.rs

#[derive(Debug)]
struct Foo(u32);

fn main() {
    let foo = Foo;
    let bar = &foo;
    println!("Foo is {:?}", foo);
    println!("Bar is {:?}", bar);
}
```

这一次，程序通过编译，因为 main 函数中的第二行已经修改为如下代码：

```
let bar = &foo;
```

注意变量 foo 之前的&。我们借用 foo 并将借用结果分配给 bar。bar 的类型为&Foo，这是一种引用类型。作为一个不可变借用，我们不能通过 bar 改变 Foo 中的值。

可变借用：可以使用&mut 运算符对某个值进行可变借用。通过可变借用，你可以改变该值。请考虑如下代码：

```
// mutable_borrow.rs

fn main() {
    let a = String::from("Owned string");
```

```
    let a_ref = &mut a;
    a_ref.push('!');
}
```

在这里，我们有一个声明为 a 的 String 实例，但我们还是用 &mut a 创建了一个该值的可变借用。这并没有将 a 移动到 b——只是可变地对它借用。然后我们将一个字符 "!" 推送给该字符串。对该程序进行编译：

我们有一个错误。编译器提示我们不能进行相互借用。这是因为可变借用需要原有的变量自身使用关键字 mut 进行修饰声明。这应该是显而易见的，因为我们不能改动不可变绑定背后的东西。因此，我们将 a 的声明改为如下内容：

```
let mut a = String::from("Owned string");
```

上述修改使代码通过编译。这里 a 是一个执行堆分配值的堆栈变量，a_ref 是 a 所拥有的值的可变借用。a_ref 可以改变 String 值，但是不能销毁该值，因为它不是所有者。如果 a 在借用它的代码行之前被销毁，则借用失效。

现在，我们在上述程序的末尾添加一个 printlin! 来输出修改后的 a：

```
// exclusive_borrow.rs

fn main() {
    let mut a = String::from("Owned string");
    let a_ref = &mut a;
    a_ref.push('!');
    println!("{}", a);
}
```

编译后给出如下错误提示信息：

```
→ Chapter05 git:(master) ✗ rustc exclusive_borrow.rs
error[E0502]: cannot borrow `a` as immutable because it is also borrowed as mutable
  --> exclusive_borrow.rs:7:20
  |
5 |     let a_ref = &mut a;
  |                 ------ mutable borrow occurs here
6 |     a_ref.push('!');
7 |     println!("{}", a);
  |                    ^ immutable borrow occurs here
8 | }
  | - mutable borrow ends here

error: aborting due to previous error

For more information about this error, try `rustc --explain E0502`.
```

Rust 禁止这样做，因为通过 a_ref 将值不变地借用为可变借用已经出现在作用域中。这凸显了借用的另一个重要规则。一旦值被可变借用，我们就不能再对它进行其他借用，即使是进行不可变借用。在介绍了借用这一概念之后，让我们重点介绍一下借用在 Rust 中的实施细则。

借用规则

和所有权规则类似，我们也有借用规则，通过引用来维护单一的所有权语义。这些规则如下所示。

- 一个引用的生命周期可能不会超过其被引用的时间。这是显而易见的，因为如果它的生命周期超过其被借用的时间，那么它将指向一个垃圾值（被销毁的值）。

- 如果存在一个值的可变借用，那么不允许其他引用（可变借用或不可变借用）在该作用域下指向相同的值。可变借用是一种独占性借用。

- 如果不存在指向某些东西的可变借用，那么在该作用域下允许出现对同一值的任意数量的不可变借用。

> **注意**
> Rust 中的借用规则由编译器中被称为借用检查器的组件进行分析。Rust 社区把处理借用错误戏称为和借用检查器搏斗。

现在我们已经熟悉了这些规则，让我们看看如果违反上述某些规则后，借用检查器会做出什么反应。

借用实践

当我们测试借用检查器时，Rust 通过借用规则获得的异常诊断信息将会非常有用。在下面的一个示例中，我们将看到它们在多种情况下的表现。

函数中的借用：如前所述，如果只是读取值，那么在进行函数调用时移动所有权没有太大的意义，并且会受到诸多限制。调用函数后，你无法再使用该变量。除了通过值获取参数，也可以通过借用来获取它们。我们可以修复之前介绍所有权时提到的代码示例，以便在不进行复制的情况下通过编译器的校验，相关代码如下所示：

```
// borrowing_functions.rs

fn take_the_n(n: &mut u8) {
    *n += 2;
}

fn take_the_s(s: &mut String) {
    s.push_str("ing");
}

fn main() {
    let mut n = 5;
    let mut s = String::from("Borrow");

    take_the_n(&mut n);
    take_the_s(&mut s);

    println!("n changed to {}", n);
    println!("s changed to {}", s);
}
```

在上述代码中，函数 take_the_s 和 take_the_n 将接收可变借用作为参数。有了这个，我们需要对代码进行 3 处改动。首先，变量绑定必须是可变的：

```
let mut s = String::from("Borrow");
```

其次，我们的函数将更改为以下内容：

```
fn take_the_s(n: &mut String) {
    s.push_str("ing");
}
```

最后，函数调用时也需要修改为以下形式：

```
take_the_s(&mut s);
```

此外，我们可以看到 Rust 中的所有内容都是明确的。众所周知，可变性在 Rust 代码中是非常明显的，尤其是当多个线程一起发挥作用时。

匹配中的借用：在 match 表达式中，默认情况下会对匹配臂中的值进行移动，除非它是 Copy 类型。下列代码在 5.7.2 小节介绍所有权时被提及，我们可以通过在匹配臂中使用借用来进行编译：

```
// borrowing_match.rs

#[derive(Debug)]
enum Food {
    Cake,
    Pizza,
    Salad
}

#[derive(Debug)]
struct Bag {
    food: Food
}

fn main() {
    let bag = Bag { food: Food::Cake };
    match bag.food {
        Food::Cake => println!("I got cake"),
        ref a => println!("I got {:?}", a)
    }
    println!("{:?}", bag);
}
```

我们对之前的代码稍作修改，你可能在阅读所有权相关内容时已经非常熟悉它们。对于第二个匹配臂，我们以 ref 作为前缀。关键字 ref 可以通过引用来匹配元素，而不是根据值来捕获它们。通过此修改，我们的代码得以顺利编译。

从函数返回引用：在下面的代码示例中，我们有一个函数试图返回在函数内部声明的值的引用：

```
// return_func_ref.rs

fn get_a_borrowed_value() -> &u8 {
    let x = 1;
    &x
}
```

```
fn main() {
    let value = get_a_borrowed_value();
}
```

上述代码无法通过借用检查器的校验，我们得到以下错误提示信息：

```
error[E0106]: missing lifetime specifier
--> return_func_ref.rs:3:30
  |
8 | fn get_a_borrowed_value() -> &u8 {
  |                              ^ help: consider giving it a 'static lifetime: `&'static`
  |
  = help: this function's return type contains a borrowed value, but there is no value for it to be borrowed from

error: aborting due to previous error

For more information about this error, try `rustc --explain E0106`.
```

错误提示信息告知我们缺少生命周期声明符。这对了解我们的代码存在什么问题没有多大帮助。我们需要熟悉生命周期这一概念，5.7.5 小节将会详细介绍它。在此之前，让我们了解一些基于借用规则能够使用的方法类型。

5.7.4　基于借用规则的方法类型

借用规则还规定了如何定义类型的固有方法和特征的实例方法。以下是它们接收实例的方式，并且是根据限制由少到多排列的。

- &self 方法：这些方法只对其成员具有不可变的访问权限。
- &mut self 方法：这些方法能够可变地借用 self 实例。
- self 方法：这些方法拥有调用它的实例的所有权，并且类型在后续调用时将失效。

对于自定义类型，相同的借用规则也适用于其作用域成员。

> **注意**
> 除非你有意编写一个应该在结束时移动或删除 self 的方法，否则总是应该使用不可变的借用方法，即将&self作为第 1 个参数。

5.7.5　生命周期

Rust 编译期内存安全难题的第三部分是生命周期的概念和用于在代码中指定生命周期的相关语法注释。在本小节中，我们将简要地介绍一下生命周期的概念。

当我们声明某个变量时，会使用一个值对它进行初始化，该变量具有一个生命周期，超过该生命周期后它就会失效从而无法使用。在一般的编程术语中，变量的生命周期是指代码中的变量指向的有效内存区域。如果你曾经使用过 C 语言，那么应该会敏锐地意识到变量的生命周期：每次调用 malloc 分配一个变量时，它应该有一个所有者，并且该所有者应该可靠地确定该变量的生命何时结束，以及何时释放相关的内存。但最糟糕的地方在于，它不是由编译器强制执行的，相反，这是程序员需要担负的责任。

对于在堆栈上分配的数据，我们可以通过查看代码来轻松地判定变量是否存续。但是，对于在堆上分配的值，这一点就不是那么明确了。

Rust 中的生命周期是一个具体的构造，而非 C 语言中概念性的认知。它们执行程序员手动执行的类似分析，即检查值的作用域和引用它的任何变量。

在讨论 Rust 中的生命周期时，你只需要在有引用时处理它们。Rust 中的所有引用都附加了生命周期信息。生命周期定义了引用相对值的原始所有者的生存周期，以及引用作用域的范围。

大多数情况下它是隐式的，编译器通过分析代码来确定变量的生命周期。在某些情况下，编译器却不能确定变量的生命周期，它需要我们的帮助，换句话说，它要求用户明确自己的意图。

到目前为止，我们在之前的示例中一直在讨论如何使用引用和借用规则，接下来让我们尝试编译下列代码后会发生什么：

```
// lifetime_basics.rs

struct SomeRef<T> {
    part: &T
}

fn main() {
    let a = SomeRef { part: &43 };
}
```

这段代码非常简单，我们有一个 SomeRef 结构体，它存储了一个指向泛型 T 的引用。在 main 函数中，我们创建了一个该结构体的实例，并使用指向 i32 类型的引用对它的 part 字段进行初始化，即&43。

它在编译时给出了如下错误提示信息：

在这种情况下，编译器要求我们输入一个名为生命周期的参数。生命周期参数与泛型参数非常相似。泛型 T 可以修饰任何类型，生命周期参数表示引用能够有效使用的区域或范围。当借用规则检查器检查、分析代码时，编译器可以稍后填写实际的区域信息。

生命周期纯粹是一个编译期构造，它可以帮助编译器确定某个引用有效的作用域，并确保它遵循借用规则。它可以跟踪诸如引用的来源，以及它们是否比借用值生命周期更长这类事情。Rust 中的生命周期能够确保引用的存续时间不超过它指向的值。生命周期并不是你作为开发人员将要用到的，而是编译器使用和推断引用的有效性时会用到的。

生命周期参数

对于编译器无法通过分析代码来确定值的生命周期的情况，我们需要通过在代码中添加一些注释来帮助编译器达到上述目的。为了与标识符区分，生命周期注释带有 "'" 前缀。因此，为了让我们之前的带参数的代码示例能够通过编译，我们需要在 SomeRef 之上添加生命周期注释，如下所示：

```
// using_lifetimes.rs

struct SomeRef<'a, T> {
    part: &'a T
}

fn main() {
    let _a = SomeRef { part: &43 };
}
```

生命周期由一个 "'" 进行修饰，后跟任何有效的标识符序列。但是按照惯例，Rust 中的大多数生命周期都采用'a、'b、'c 这样的名称作为生命周期参数。如果类型上有多个生命周期，则可以使用更长的描述性生命周期名称，例如'ctx、'reader、'writer 等。它与泛型参数声明的位置和方式相同。

我们稍后会看到一些通过将生命周期用作泛型参数来解决无效引用的示例，但是其中有一个包含具体值的生命周期，如下列代码所示：

```
// static_lifetime.rs

fn main() {
    let _a: &'static str = "I live forever";
}
```

关键字 static 修饰的生命周期意味着这些引用在程序运行期间都是有效的。Rust 中的
所有文本字符都具有'static 的生命周期,并且它们会被转到已编译对象代码的数据片段中。

生命周期省略规则

只要在函数或类型定义中存在引用,就会涉及生命周期。大多数情况下,你不需要显
式使用生命周期注释代码,编译器能够很聪明地推断它,因为很多信息在编译期就可以用
于处理引用。

换句话说,以下两个函数签名的效果是相同的:

```
fn func_one(x: &u8) → &u8 { .. }
```

```
fn func_two<'a>(x: &'a u8) → &'a u8 { .. }
```

通常情况下,编译器会省略 func_one 中的生命周期参数,我们不需要将其写为 func_two
的形式。

不过编译器只能在受限制的位置省略生命周期符号,并且存在省略规则。在讨论这些
规则之前,我们需要先介绍输入/输出型生命周期,并且仅在函数需要接收引用参数时讨论
它们。

- 输入型生命周期:函数参数上的生命周期注释当作引用时被称为输入型生命周期。

- 输出型生命周期:函数返回值上的生命周期参数当作引用时被称为输出型生命周期。

值得注意的是,任何输出型生命周期都源自输入型生命周期,我们不能拥有独立于输
入型生命周期的输出型生命周期。它只能是一个小于或等于输出型生命周期的生命周期。

以下是省略生命周期时需要遵守的一些规则。

- 如果输入型生命周期仅包含单个引用,那么假定输出型生命周期也仅包含单个引用。

- 对于涉及 self 和&mut self 的方法,输入型生命周期是针对&self 进行推断的。

但是有时在存在歧义的情况下,编译器不会尝试进行假设。请考虑如下代码:

```
// explicit_lifetimes.rs

fn foo(a: &str, b: &str) -> &str {
    b
}

fn main() {
    let a = "Hello";
    let b = "World";
    let c = foo(a, b);
}
```

在上述代码中，c 中存储了一个表示任意类型（T）的引用。在这种情况下，返回值的生命周期并不明显，因为涉及两个输入引用。但某些情况下，编译器无法计算引用的生命周期，它需要我们的帮助来指定生命周期参数。请考虑如下不能通过编译的代码：

上述程序没有通过编译，因为 Rust 无法确定返回值的生命周期，它需要我们的帮助。

现在，当 Rust 无法为我们代劳时，有很多地方需要用户指定生命周期。

- 函数签名。

- 结构体和结构体字段。

- impl 代码块。

自定义类型中的生命周期

如果结构体中包含引用任何类型的字段，我们需要明确指定这些引用的生命周期。该语法和函数签名中的语法类似：我们首先在结构体代码行上声明生命周期名称，然后在字段中使用它们。

以下是最简单形式的语法：

```
// lifetime_struct.rs

struct Number<'a> {
    num: &'a u8
}
```

```
fn main() {
    let _n = Number {num: &545};
}
```

Number 定义的存续时间与 num 的引用时间一样长。

impl 代码块中的生命周期

当为包含引用的结构体创建 impl 代码块时，我们需要再次重复指定生命周期的声明和定义。例如，如果我们为之前定义的结构体 Foo 构造了一个实现，那么类似的语法将如下所示：

```
// lifetime_impls.rs

#[derive(Debug)]
struct Number<'a> {
    num: &'a u8
}

impl<'a> Number<'a> {
    fn get_num(&self) -> &'a u8 {
        self.num
    }
    fn set_num(&mut self, new_number: &'a u8) {
        self.num = new_number
    }
}

fn main() {
    let a = 10;
    let mut num = Number { num: &a };
    num.set_num(&23);
    println!("{:?}", num.get_num());
}
```

在大多数情况下，这是从类型自身进行推断的，然后我们可以使用 "<'_>" 语法省略签名。

多个生命周期

和泛型参数类似，如果我们有多个具有不同生命周期的引用，那么可以指定多个生命周期。但是，如果必须在代码中使用多个生命周期，那么它很快就会变得杂乱无章。大多数情况下，我们在结构体或函数中只需处理一个生命周期，但是在某些情况下我们需要用到多个生命周期注释。例如，假定我们正在构建一个解码器程序库，它可以根据模式和给定的已编码字节流来解析二进制文件。我们有一个 Decoder 对象，它包含一个 schema 对象的引用和一个 reader 类型的引用。我们的 Decoder 定义将如下所示：

```
// multiple_lifetimes.rs

struct Decoder<'a, 'b, S, R> {
    schema: &'a S,
    reader: &'b R
}


fn main() {}
```

在上述定义中，我们很可能遇到通过网络获取 reader，而 schema 是本地的情况，因此它们在代码中的生命周期可能是不同的。当我们为 Decoder 提供实现时，可以通过生命周期子类型指定它们的关系，该概念稍后会进行介绍。

生命周期子类型

我们可以指定生命周期之间的关系，以确定是否可以在同一位置使用两个引用。继续我们的 Decoder 结构体示例，我们可以在 impl 代码块中声明生命周期之间的关系，如下所示：

```
// lifetime_subtyping.rs

struct Decoder<'a, 'b, S, R> {
    schema: &'a S,
    reader: &'b R
}

impl<'a, 'b, S, R> Decoder<'a, 'b, S, R>
where 'a: 'b {
}

fn main() {
    let a: Vec<u8> = vec![];
    let b: Vec<u8> = vec![];
    let decoder = Decoder {schema: &a, reader: &b};
}
```

我们使用 where 语句在 impl 代码块中指定了关系：'a:'b。这表示'a 的生命周期比'b 长，换句话说，'b 永远不会比'a 存续的时间更长。

在泛型上声明生命周期区间

除了使用特征来限制泛型函数能够接收的类型之外，我们还可以使用生命周期注释来限制泛型参数。例如，考虑我们有一个 logger 程序库，其中 Logger 对象的定义如下所示：

```
// lifetime_bounds.rs

enum Level {
    Error
}

struct Logger<'a>(&'a str, Level);

fn configure_logger<T>(_t: T) where T: Send + 'static {
    // 此处配置 logger
}

fn main() {
    let name = "Global";
    let log1 = Logger(name, Level::Error);
    configure_logger(log1);
}
```

在上述代码中，我们有一个 Logger 结构体，其中包含其名称和一个 Level 枚举。我们还有一个名为 configure_logger 的泛型函数，它接收一个受 Send + 'static 约束的类型 T 作为参数。在 main 函数中，我们创建了一个带有'static 声明的字符串"Global"，并将它传递给 configure_logger 函数执行相关调用。

除了 Send 端点之外（表示可以将此线程发送到其他线程），我们还声明该类型的生命周期必须与'static 生命周期一样长。假定我们将 Logger 引用指向了某个包含较短生命周期的字符串，代码如下所示：

```
// lifetime_bounds_short.rs

enum Level {
    Error
}

struct Logger<'a>(&'a str, Level);

fn configure_logger<T>(_t: T) where T: Send + 'static {
    // 这里配置 logger
}
```

```
fn main() {
    let other = String::from("Local");
    let log2 = Logger(&other, Level::Error);
    configure_logger(&log2);
}
```

这将无法执行，并得到以下错误提示信息：

错误提示信息清楚地表明，借用的值必须对 static 生命周期有效，但我们已经传递了一个字符串，其生命周期在 main 函数中被称为'a，它比'static 生命周期更短。

了解了生命周期的概念之后，让我们重温一下 Rust 中的指针类型。

5.8 Rust 中的指针类型

如果我们的讨论中没有包含指针，那么关于内存管理的介绍是不完整的，因为它是任何低级语言操作内存的主要方式。指针只是指向进程地址空间中内存位置的变量。在 Rust 中，我们主要会用到 3 种指针。

5.8.1 引用——安全的指针

在介绍借用时已经详细阐述了这类指针。引用类似于 C 语言中的指针，但同时会检查它们的正确性。它们永远不会为空值，并且指向拥有某些数据的变量。它们指向的数据既可以位于堆上，也可以位于堆栈上，或者位于二进制文件的数据段中。它们是通过&或者 &mut 运算符创建的。该运算符作为类型 T 的前缀时，会创建一个引用，&T 表示不可变引用，&mut T 表示可变引用。让我们重温一下这些内容。

- **&T**：它是对类型 T 的不可变引用。&T 指针就是一种 Copy 类型，这只是意味着你可以对类型 T 进行多次不可变引用。如果你将其赋给另一个变量，那么将得到一个指针的副本，指向相同的数据。这对于指向引用的引用也一样，例如&&T。

- **&mut T**：它是对类型 T 的可变引用。在任意作用域内部，根据借用规则，你不能对类型 T 进行两次可变引用。这意味着&mut T 类型没有实现 Copy 特征。它们也无法发送到线程。

5.8.2 原始指针

这类指针拥有一个比较奇怪的类型签名，其前缀为*，这也恰好是解引用运算符。它们主要用于不安全代码中。人们需要一个不安全的代码块来解引用它们。Rust 中有两种原始指针。

- ***const T**：表示指向类型 T 的不可变原始指针。它是 Copy 类型。这类似于&T，只是它可以为空值。

- ***mut T**：一个指向 T 的可变原始指针，它不支持 Copy 特征（non-Copy）。

需要补充说明的是，可以将引用强制转换为原始指针，如以下代码所示：

```
let a = &56;
let a_raw_ptr = a as *const u32;
// or
let b = &mut 5634.3;
let b_mut_ptr = b as *mut T;
```

不过我们不能将&T 转换为*mut T，因为这违反了只允许进行一次可变借用的借用规则。

对于可变引用，我们可以将它们转换为*mut T 甚至*const T，这被称为指针弱化（我们将更强大的指针&mut T 转换成功能较弱的*const T 指针）。对于不可变引用，我们只能将它们转换为* const T。

但是解引用原始指针是一种不安全的操作。当我们学习第 10 章时，将会了解如何使用原始指针。

5.8.3 智能指针

管理原始指针非常不安全，开发者在使用它们时需要注意很多细节。不恰当地使用它们可能会以非常隐蔽的方式导致诸如内存泄漏、引用挂起，以及大型代码库中的双重释放等问题。为了解决这些问题,我们可以使用 C++中广泛采用的智能指针。

Rust 中也包含多种智能指针。之所以叫它们智能指针,是因为它们还具有与之相关联的额外元数据和代码,它们会在创建和销毁指针时被调用和执行。智能指针超出作用域时能够自动释放底层资源是采用它们的主要原因之一。

智能指针的大部分特性要归功于两个特征,它们被称为 Drop 和 Deref。在我们介绍 Rust 中可用的智能指针之前,让我们先了解一下这些特征。

Drop

这是我们多次提及的特征,它可以自动释放相关值超出作用域后占用的资源。Drop 特征类似于你在其他语言中遇到的被称为对象析构函数的东西。它包含一个 drop 方法,当对象超出作用域时就会被调用。该方法将&mut self 作为参数。使用 drop 释放值是以 LIFO 的方式进行的。也就是说,无论最后构建的是什么,都首先会被销毁。以下代码说明了这一点:

```rust
// drop.rs

struct Character {
    name: String,
}

impl Drop for Character {
    fn drop(&mut self) {
        println!("{} went away", self.name)
    }
}

fn main() {
    let steve = Character {
        name: "Steve".into(),
    };
    let john = Character {
        name: "John".into(),
    };
}
```

输出结果如下所示:

如果有需要，drop 方法是你为自己的结构体放置清理代码的理想场所。例如使用引用计数值或 GC 时，它尤其方便。当我们实例化任何 Drop 实现值时（任意堆分配类型），Rust 编译器会在编译后的代码中每个作用域结束的位置插入 drop 方法调用。因此，我们不需要在这些实例上手动调用 drop 方法。这种基于作用域的自动回收机制借鉴了 C++ RAII 原则的某些理念。

Deref 和 DerefMut

为了提供与普通指针类似的行为，也就是说，为了能够解引用被指向类型的调用方法，智能指针类型通常会实现 Deref 特征，这允许用户对这些类型使用解引用运算符*。虽然 Deref 只为你提供了只读权限，但是还有 DerefMut，它可以为你提供对底层类型的可变引用。Deref 具有以下类型签名：

```
pub trait Deref {
    type Target: ?Sized;
    fn deref(&self) -> &Self::Target;
}
```

它定义了一个名为 Deref 的方法，并会通过引用获取 self 参数，然后返回对底层类型的不可变引用。这与 Rust 的 deref 强制性特征结合，能够大幅减少开发者编写代码的工作量。deref 强制性特征是指类型自动从一种类型的引用转换成另一种类型的其他引用。我们将第 7 章详细介绍它。

智能指针的种类

标准库中的智能指针有如下几种。

- Box<T>：它提供了最简单的堆资源分配方式。Box 类型拥有其中的值，并且可用于保存结构体中的值，或者从函数返回它们。
- Rc<T>：它用于引用计数。每当获取新引用时，计数器会执行递增操作，并在用户释放引用时对计数器执行递减操作。当计数器的值为零时，该值将被移除。

- Arc<T>：它用于原子引用计数。这与之前的类型类似，但具有原子性以保证多线程的安全性。

- Cell<T>：它为我们提供实现了 Copy 特征的类型的内部可变性。换句话说，我们有可能获得多个可变引用。

- RefCell<T>：它为我们提供了类型的内部可变性，并且不需要实现 Copy 特征。它用于运行时的锁定以确保安全性。

Box<T>

标准库中的泛型 Box 为我们提供了在堆上分配值的最简单方法。它在标准库中被简单地声明为元组结构体，然后包装任何传递给它的类型，并将其放在堆上。如果你熟悉其他语言中的装箱和拆箱概念，例如 Java，其中会把装箱后的整数当作整型类，那么通常较易理解 Rust 提供的类似的抽象。Box 类型的所有权语义取决于包装类型。如果基础类型为 Copy，那么 Box 实例将成为副本，否则默认情况下将发生移动。

要使用 Box 创建类型 T 的堆分配值，我们只需调用相关的 new 方法，并传入值。创建包装类型 T 的 Box 值会返回 Box 实例，该实例是堆栈上指向 T 的指针，而上述指针在堆上分配。以下示例演示了如何使用 Box：

```
// box_basics.rs

fn box_ref<T>(b: T) -> Box<T> {
    let a = b;
    Box::new(a)
}

struct Foo;

fn main() {
    let boxed_one = Box::new(Foo);
    let unboxed_one = *boxed_one;
    box_ref(unboxed_one);
}
```

在 main 函数中，我们通过在 boxed_one 函数中调用 Box::new(Foo)创建了一个堆分配值。

Box 类型适用于以下情况。

- 它可以用于创建递归类型定义。

这里有一个 Node 类型，它表示单链表中的节点：

```
// recursive_type.rs

struct Node {
    data: u32,
    next: Option<Node>
}

fn main() {
    let a = Node { data: 33, next: None };
}
```

在编译上述代码时，我们得到以下错误提示：

我们不能这样定义 Node 类型，因为 next 有一个引用自身的类型。如果允许这样定义，编译器将无法分析我们的 Node 定义，因为编译器将持续对它进行评估计算，直到内存耗尽为止。使用以下代码片段能够更好地说明这一点：

```
struct Node {
    data: u32,
    next: Some(Node {
            data: u32,
            next: Node {
                    data: u32,
                    next: ...
                }
        })
}
```

对 Node 定义的评估将持续进行，直到编译器内存耗尽为止。此外，由于每个数据片段在编译时都需要确定静态的已知尺寸，因此在 Rust 中这是一种不可表示的类型。我们需要让 next 字段具有固定大小，可以通过将 next 放在指针后面来实现，因为指针总是具有固定大小。如果你看到编译器提供的上述错误消息，我们将使用 Box 类型来修改 Node 结构体的定义：

```
struct Node {
    data: u32,
    next: Option<Box<Node>>
}
```

当定义需要隐藏在不定长结构后面的递归类型时，也可以使用 Box 类型。因此，在这种情况下，包含对其自身引用的变体的枚举可以使用 Box 类型来隐藏变体。

- 当你需要将类型存储为特征对象时。

- 当你需要将函数存储在集合中时。

5.8.4　引用计数的智能指针

所有权规则只允许某个给定作用域中存在一个所有者。但是，在某些情况下你需要与多个变量共享类型。例如在 GUI 库中，每个子窗体小部件都需要具有对其父容器窗口小部件的引用，以便基于用户的 resize 事件来调整子窗口的布局。虽然有时生命周期允许你将父节点存储为&'a Parent，但是它通常受到'a 值生命周期的限制，一旦作用域结束，你的引用将失效。在这种情况下，我们需要更灵活的方法，并且需要使用引用计数类型。程序中的这些智能指针类型会提供值的共享所有权。

引用计数类型支持某个粒度级别的垃圾回收。在这种方法中，智能指针类型允许用户对包装值进行多次引用。在内部，智能指针使用引用计数器（这里是 refcount）来统计已发放的并且活动的引用数量，不过它只是一个整数值。当引用包装的智能指针值的变量超出作用域时，refcount 的值就会递减。一旦该对象的所有引用都消失，refcount 的值也会变成 0，之后该值会被销毁。这就是引用计数指针的常见工作模式。

Rust 为我们提供了两种引用计数指针类型。

- Rc<T>：这主要用于单线程环境。

- Arc<T>：这主要用于多线程环境。

让我们先探讨一下单线程的引用。多线程将在第 8 章详细介绍。

Rc<T>

当我们与一个 Rc 类型交互时，其内部会发生如下变化。

- 当你通过调用 Clone()获取对 Rc 的一个新共享引用时，Rc 会增加其内部引用计数。Rc 内部使用 Cell 类型处理其引用计数。

- 当引用超出作用域时，它会对引用计数器执行递减操作。

- 当所有共享引用计数超出作用域时，refcount 会变成 0。此时，Rc 上的最后一次 drop 调用会执行相关的资源清理工作。

使用引用计数器为我们的实现提供了更大的灵活性：我们可以将值的副本分发为新的副本，而无须精确跟踪引用何时超出作用域，但这并不意味着我们可以对内部的值指定可变别名。

Rc<T>主要通过两种方式使用。

- 静态方法 Rc::new 会生成一个新的引用计数器。

- clone 方法会增加强引用计数并分发一个新的 Rc<T>。

Rc 内部会保留两种引用：强引用（Rc<T>）和弱引用（Weak<T>）。二者都会维护每种类型的引用数量的计数，但是仅在强引用计数值为零时，才会释放该值。这样做的目的是数据结构的实现可能需要多次指向同一事物。例如，树的实现可能包含若干子节点和其父节点的引用，但是为每个引用递增引用计数器可能会导致循环引用。下图说明了循环引用的情况：

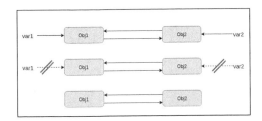

在上图中，我们有两个变量 var1 和 var2，它们分别引用资源 Obj1 和 Obj2。除此之外，Obj1 还引用了 Obj2，而 Obj2 也引用了 Obj1。Obj1 和 Obj2 的引用计数均为 2，当 var1 和 var2 超出作用域时，Obj1 和 Obj2 的引用计数都会变成 1。它们不会被释放，因为它们仍然存在相互引用。

可以使用弱引用打破引用循环。作为另一个示例，链表可以通过如下方式实现，即它通过将引用计数分别指向下一个元素和上一个元素的方式来维护链接。更好的方法是对一个方向使用强引用，而对另一个方向使用弱引用。

让我们看一下它是如何工作的。下面可能是最不实用，却是学习数据结构的最佳材料，即单链表：

```
// linked_list.rs
```

```
use std::rc::Rc;

#[derive(Debug)]
struct LinkedList<T> {
    head: Option<Rc<Node<T>>>
}

#[derive(Debug)]
struct Node<T> {
    next: Option<Rc<Node<T>>>,
    data: T
}

impl<T> LinkedList<T> {
    fn new() -> Self {
        LinkedList { head: None }
    }

    fn append(&self, data: T) -> Self {
        LinkedList {
            head: Some(Rc::new(Node {
                data: data,
                next: self.head.clone()
            }))
        }
    }
}

fn main() {
    let list_of_nums = LinkedList::new().append(1).append(2);
    println!("nums: {:?}", list_of_nums);

    let list_of_strs = LinkedList::new().append("foo").append("bar");
    println!("strs: {:?}", list_of_strs);
}
```

链表由两种结构组成：LinkedList 提供对列表的第一个元素的引用和公共 API，Node
包含实际的元素。注意思考我们如何使用 Rc，并复制每个 append 方法调用后的下一个数
据指针。让我们看看在 append 方法中发生了什么。

1. LinkedList::new()为我们生成一个新的列表，其中 head 的值为 None。

2. 我们将 1 附加到列表中，head 现在是包含数据 1 的节点，下一个元素是 head:None。

3. 我们将 2 附加到列表中，head 现在是包含数据 2 的节点，下一个元素是之前的头

节点，即包含数据 1 的节点。

来自 println!宏的调试信息证明了这一点：

```
nums: LinkedList { head: Some(Node { next: Some(Node { next: None, data: 1
}), data: 2 }) }
strs: LinkedList { head: Some(Node { next: Some(Node { next: None, data:
"foo" }), data: "bar" }) }
```

这是一种相当实用的结构体应用形式，每个 append 方法通过将数据添加到头部的方式运行，这意味着我们不必使用引用和实际的列表引用就可以确保不变性。如果我们想要保持这个结构体的简单性，但是仍然拥有一个双链表，就需要改变一下现有的结构。

可以使用 downgrade 方法将一个 Rc<T>类型转换成一个 Weak<T>类型。类似地，可以使用 upgrade 方法将一个 Weak<T>类型转换成一个 R<T>类型。downgrade 方法将始终有效，而在弱引用上调用 upgrade 方法时，实际的值可能已经被删除，在这种情况下，你将获得的值是 None。所以，让我们添加一个指向上一个节点的弱指针：

```rust
// rc_weak.rs

use std::rc::Rc;
use std::rc::Weak;

#[derive(Debug)]
struct LinkedList<T> {
    head: Option<Rc<LinkedListNode<T>>>
}

#[derive(Debug)]
struct LinkedListNode<T> {
    next: Option<Rc<LinkedListNode<T>>>,
    prev: Option<Weak<LinkedListNode<T>>>,
    data: T
}

impl<T> LinkedList<T> {
    fn new() -> Self {
        LinkedList { head: None }
    }

    fn append(&mut self, data: T) -> Self {
        let new_node = Rc::new(LinkedListNode {
            data: data,
```

```
            next: self.head.clone(),
            prev: None
        });

        match self.head.clone() {
            Some(node) => {
                node.prev = Some(Rc::downgrade(&new_node));
            },
            None => {
            }
        }

        LinkedList {
            head: Some(new_node)
        }
    }
}

fn main() {
    let list_of_nums = LinkedList::new().append(1).append(2).append(3);
    println!("nums: {:?}", list_of_nums);
}
```

append 方法中的内容增加了一些，现在我们需要在返回新创建的头节点之前更新当前头节点的前一个节点。这已经足够好，但并不完备。编译器不允许我们执行无效操作：

我们可以让 append 接收一个指向 self 的可变引用，但这意味着如果所有节点的绑定是可变的，那么只能在附加元素时强制要求整个结构体都是可变的。我们真正想要的是这样一种方法，只让结构体的某个部分可变，幸运的是我们可以通过 RefCell 来做到这一点。

1. 为 RefCell 添加 use 引用：

```
use std::cell::RefCell;
```

2. 将之前在 LinkedListNode 中的字段包装到 RefCell 中：

```
// rc_3.rs
#[derive(Debug)]
```

```
struct LinkedListNode<T> {
    next: Option<Rc<LinkedListNode<T>>>,
    prev: RefCell<Option<Weak<LinkedListNode<T>>>>,
    data: T
}
```

3. 我们修改了 append 方法以创建新的 RefCell，并通过 RefCell 可变借用更新之前的引用：

```
// rc_3.rs

fn append(&mut self, data: T) -> Self {
    let new_node = Rc::new(LinkedListNode {
        data: data,
        next: self.head.Clone(),
        prev: RefCell::new(None)
    });

    match self.head.Clone() {
        Some(node) => {
            let mut prev = node.prev.borrow_mut();
            *prev = Some(Rc::downgrade(&new_node));
        },
        None => {
        }
    }

    LinkedList {
        head: Some(new_node)
    }
}
```

每当我们使用 RefCell 借用时，仔细考虑以安全的方式使用它是一个好习惯，因为它出错可能会导致运行时异常。不过在这个实现中，很容易看出我们只采用了单个借用，并且代码运行结束后会立即丢弃。

除了共享所有权之外，我们还可以通过 Rust 的内部可变性，在运行时获得共享可变性，这些概念由特殊的包装器智能指针类型建模。

内部可变性

如前所述，Rust 通过在任何给定作用域中仅允许一个可变引用，从而在编译时保证我们免受指针别名的影响。但是，在某些情况下，它会变得非常严格，因为严格的借用检查使我们知道由于代码的安全性而不能通过编译器的编译。对于这种情况，其中一个解决方法是将借用检查从编译时移动到运行时，这是通过内部可变性实现的。在讨论能够实现内部可变性的类型之前，我们需要了解内部可变性和继承可变性的概念。

- **继承可变性**：这是获得某些结构体的&mut 引用时默认取得的可变性。这也意味着你可以修改结构体中的任意字段。

- **内部可变性**：在这种可变性中，即使你有一个引用某种类型的&SomeStruct，如果其中的字段类型为 Cell<T>或 RefCell<T>，那么仍然可以修改其字段。

内部可变性允许稍微放宽借用规则的限制，但是它也给程序员提出一些要求，从而确保在运行时不存在两个可变借用。这些类型将多个可变借用的检测从编译时移动到了运行时，如果存在对值的两个可变借用，就会发生异常。当你希望向用户公开不可变 API 时，通常会遇到内部可变性，不过上述 API 内部存在部分可变性。标准库中有两个通用的智能指针类型提供了共享可变性：Cell 和 RefCell。

Cell<T>

考虑如下程序，我们需要使用两个可变引用来修改 bag 中的内容：

```
// without_cell.rs

use std::cell::Cell;
#[derive(Debug)]
struct Bag {
    item: Box<u32>
}

fn main() {
    let mut bag = Cell::new(Bag { item: Box::new(1) });
    let hand1 = &mut bag;
    let hand2 = &mut bag;
    *hand1 = Cell::new(Bag {item: Box::new(2)});
    *hand2 = Cell::new(Bag {item: Box::new(2)});
}
```

不过由于借用规则的限制，上述代码不会被编译：

```
→ Chapter05 git:(master) ✗ rustc without_cell.rs
error[E0499]: cannot borrow `bag` as mutable more than once at a time
  --> without_cell.rs:13:22
   |
12 |         let hand1 = &mut bag;
   |                     --- first mutable borrow occurs here
13 |         let hand2 = &mut bag;
   |                     ^^^ second mutable borrow occurs here
16 | }
   | - first borrow ends here

error: aborting due to previous error
```

我们可以通过将 bag 的值封装到 Cell 中来让它正常运转。上述代码修改之后如下所示：

```
// cell.rs

use std::cell::Cell;

#[derive(Debug)]
struct Bag {
    item: Box<u32>
}

fn main() {
    let bag = Cell::new(Bag { item: Box::new(1) });
    let hand1 = &bag;
    let hand2 = &bag;
    hand1.set(Bag { item: Box::new(2)});
    hand2.set(Bag { item: Box::new(3)});
}
```

上述代码能够按照预期运行，唯一增加的成本是需要你多写一点代码。但是，额外的运行时成本为零，且对可变事物的引用仍然是不可变的。

Cell<T>类型是一种智能指针类型，可以为值提供可变性，甚至允许值位于不可引用之后。它以极低的开销提供此功能，并具有最简洁的 API。

- Cell::new 方法允许你通过传递任意类型 T 来创建 Cell 类型的新实例。
- get:get 方法允许你复制单元（cell）中的值。仅当包装类型 T 为 Copy 时，该方法才有效。
- set：允许用户修改内部的值，即使该值位于某个不可变引用的后面。

RefCell<T>

如果你需要某个非 Copy 类型支持 Cell 的功能，那么可以使用 RefCell 类型。

它采用了和借用类似的读/写模式，但是将借用检查移动到了运行时，这很方便，但不
是零成本的。RefCell 分发值的引用不是像 Cell 类型那样按值返回。以下是一个示例程序：

```
// refcell_basics.rs

use std::cell::RefCell;

#[derive(Debug)]
struct Bag {
    item: Box<u32>
}

fn main() {
    let bag = RefCell::new(Bag { item: Box::new(1) });
    let hand1 = &bag;
    let hand2 = &bag;
    *hand1.borrow_mut() = Bag { item: Box::new(2) };
    *hand2.borrow_mut() = Bag { item: Box::new(3) };
    let borrowed = hand1.borrow();
    println!("{:?}", borrowed);
}
```

如你所见，我们可以从 hand1 和 hand2 可变地借用 bag，即使它们被声明为不可变变量。
为了修改 bag 中的元素，我们在 hand1 和 hand2 上调用了 borrow_mut 方法。之后，我们对
它进行了不可变借用，并将其中的内容输出。

RefCell 类型为我们提供了以下两种借用方法。

* 使用 borrow 方法会接收一个新的不可变引用。

* 使用 borrow_mut 方法会接收一个新的可变引用。

现在，假如我们对上述代码中的最后一行进行修改，尝试在同一作用域中调用上述两
种方法，如下所示：

```
println!("{:?} {:?}", hand1.borrow(), hand1.borrow_mut());
```

我们会在运行程序时得到如下信息：

```
thread 'main' panicked at 'already borrowed: BorrowMutError',
src/libcore/result.rs:1009:5
note: Run with 'RUST_BACKTRACE=1' for a backtrace.
```

上述内容表示出现了运行时故障，这是因为独占可变访问具有相同的所有权规则。但是，对于 RefCell，这会在运行时进行检查。对于这种情况，必须明确使用单独的代码块分隔借用，或者使用 drop 方法删除引用。

> **注意**
> Cell 和 RefCell 类型不是线程安全（thread-safety）的。这意味着 Rust 不允许用户在多线程环境中共享这些类型。

5.8.5　内部可变性的应用

在 5.8.4 小节中，关于 Cell 和 RefCell 的应用示例已经经过简化，你可能并不需要在实际工作中以这种形式使用它们。让我们来看看这些类型在实际应用中的优点。

如前所述，绑定的可变性并不是细粒度的，值既可以是不可变的，也可以是可变的，并且如果它是结构体或枚举，那么它还将包括其所有字段。Cell 和 RefCell 可以将不可变的内容转换成可变的，允许我们将不可变的结构体中的某个部分定义为可变的。

下列代码将使用两个整数和 sum 方法来扩展结构体，以缓存求和的结果，并返回缓存的值（如果存在）：

```
// cell_cache.rs

use std::cell::Cell;

struct Point {
    x: u8,
    y: u8,
    cached_sum: Cell<Option<u8>>
}

impl Point {
    fn sum(&self) -> u8 {
        match self.cached_sum.get() {
            Some(sum) => {
                println!("Got from cache: {}", sum);
                sum
            },
            None => {
                let new_sum = self.x + self.y;
                self.cached_sum.set(Some(new_sum));
```

```
            println!("Set cache: {}", new_sum);
            new_sum
        }
    }
}

fn main() {
    let p = Point { x: 8, y: 9, cached_sum: Cell::new(None) };
    println!("Summed result: {}", p.sum());
    println!("Summed result: {}", p.sum());
}
```

以下是上述程序的执行结果：

```
→  Chapter05 git:(master) ✗ rustc cell_cache.rs
→  Chapter05 git:(master) ✗ ./cell_cache
Set cache: 17
Summed result: 17
Got from cache: 17
Summed result: 17
```

5.9 小结

Rust 采用底层系统编程方法管理内存，并承诺能够达到类似 C 语言的性能，有时甚至更好。它通过所有权、生命周期及借用等概念来达到上述目的，并且不需要使用 GC。我们的这个主题中涵盖了很多内容，它对一个 Rust 新手（Rustacean）来说可能是非常重要的。熟练掌握编译期的所有权规则的转换需要花费一些时间，但学习这些概念的付出是以能够编写内存占用少并且性能可靠的软件作为回报的。

第 6 章我们将讨论在 Rust 中如何处理程序中的错误和异常。

第 6 章
异常处理

在本章中，我们将了解在 Rust 中如何处理错误和异常情况，讨论异常处理以及异常的种类，还会介绍如何设计与异常类型兼容良好的接口。我们的目标是覆盖前面两种错误场景，因为它们是可控的，语言通常会提供处理这类异常的机制。如果发生灾难性异常，应用程序会被操作系统内核终止，因此我们无法控制它们。

在本章中，我们将介绍以下主题。

- 异常处理简介。

- 使用 Option 和 Result 类型从异常中恢复。

- Option 和 Result 的组合方法。

- 传递异常。

- 不可恢复的异常。

- 自定义异常和 Error 特征。

6.1 异常处理简介

"从那时起，当计算机出现任何问题时，我们都说它里面有 bug。"

——Grace Hopper

编写预期条件下表现良好的程序是一个好的开始，但当程序遇到意外情况时，这就会变得非常具有挑战性。正确的异常处理是软件开发中重要但又经常被忽略的一个方面。大多数异常处理一般有 3 种。

- 可恢复异常是用户和环境与程序交互时预期会发生的异常。例如文件未找到（file not found）或数字解析错误。

- 不可恢复异常是违反契约或程序常量的异常，例如索引越界或除以零的操作（分母是零）。

- 致命性异常是立即让程序终止运行的异常。这种情况包括内存不足和堆栈溢出。

在实际应用中的程序通常需要处理错误。例如 Web 应用程序的恶意输入、网络客户端中的连接故障、文件系统损坏，以及数字化应用程序中的整数溢出错误。如果没有错误处理，程序在遇到意外情况时就会崩溃或者被操作系统终止。大多数情况下，这不是我们希望程序在出现意外时应该表现出的行为。例如，考虑一个实时流处理服务，由于发送格式错误，客户端信息解析失败，该服务在某个时间无法接收来自客户端的信息，如果我们无法处理这个问题，那么服务将在每次解析错误时终止运行。从可用性的角度来看这是很糟糕的，并且绝对不应该是网络应用程序应该有的特征。服务处理这类错误的理想方式是捕获错误，对其进行操作，然后将错误日志传递给日志聚合服务以供后续分析，并继续从其他客户端接收消息。这就构造了处理可恢复错误的方法，通常这也是模拟错误处理的实用方法。在这种情况下，语言的错误处理结构能够帮助程序员拦截错误，并对它们采取相应的措施，从而避免程序被终止运行。

关于错误处理的两种非常流行的范式是返回代码和异常。C 语言中包含返回代码模型。这是一种非常简单的错误处理形式，其中函数使用整数作为返回值来表示操作成功与否。在发生错误时，大量的 C 函数会返回-1 或 NULL。当进行系统调用时出现错误，C 语言会设置全局变量 errno 表示调用失败。但是作为一个全局变量，是无法阻止用户在程序的任意位置对它进行修改的，仍然需要程序员检查此错误值并处理它。通常，这种方式会变得非常"神秘"并容易出错，因此并不是一种灵活的解决方案。除非使用静态分析工具，否则如果我们忘记检查返回值，那么编译器将不会向我们发送警告。

另一种处理错误的方法是通过异常来实现的。诸如 Java 和 C#之类的高级编程语言就是采用这种方式处理错误的。在这种范式中，可能出错的代码应该包含在 try 代码块中，try 代码块中的任何错误都必须在 catch 代码块中捕获。（理想情况下，在 try 代码块之后就应该立即使用 catch 代码块。）但是异常也有其不足，抛出异常的开销是很昂贵的，因为程序必须展开堆栈，找到适当的异常处理程序，并运行相关的代码。为了避免这种开销，程序员经常采用防御性代码的形式检查抛出异常的代码，再继续执行其他操作。此外，异常的实现在许多语言中都存在缺陷，因为它允许新手使用基础异常类（例如 Java 中的 throwable）

捕获所有代码块的异常，如果它们只是记录并忽略该异常，那么可能导致程序中的状态不一致。此外，在这些语言中，程序员无法通过查看代码来了解方法是否可以抛出异常，除非他们使用带有检查异常的方法。这使得程序员很难编写出安全的代码。因此，开发者经常需要依赖方法的说明文档（如果有的话）来确定是否可以抛出异常。

另一方面，Rust 包含基于类型的错误处理方式，这在函数式编程语言中是很常见的（例如 OCaml 和 Haskell），同时它类似于 C 语言的返回错误代码模型。但是在 Rust 中，返回值表示适当的异常类型，并且支持用户自定义类型。语言的类型系统要求在编译时处理错误状态。如果你了解 Haskell，这与它的 Maybe 和 Either 类型相似，Rust 只是提供的名称不同，即可恢复错误的 Option 和 Result 类型。对于不可恢复错误，有一种被称为 panic 的机制，它是一种灾难性故障处理机制，当程序中存在错误或破坏常量的情况时，建议将其用作最后的处理措施。

Rust 为什么要选择这种错误处理方式呢？ 如前所述，异常及其相关的堆栈展开会产生开销。这与 Rust 的零运行时成本的核心理念相悖。其次，异常式的错误处理（通常是其典型实现）允许通过 catch-all 异常处理程序忽略这些错误。这可能会造成程序状态的不一致，违背 Rust 的安全性原则。

接下来，让我们深入研究一下可恢复异常。

6.2 可恢复的异常

如前所述，Rust 中的大多数错误处理都是通过 Option 和 Result 这两种通用类型完成的。它们充当包装器类型，建议那些可能失败的 API 通过将它们放在这些类型中来返回实际值。这些类型使用枚举和泛型的组合进行构建。枚举可以用于存储程序成功执行与否的状态，而泛型允许它们在编译时具体化，以便它们在任意状态下存储值。这些类型还带有许多简便的方法（通常被称为组合器），允许你轻松地使用、组合或转换内部值。有一点需要注意：Option 和 Result 类型是标准库中的普通类型，这意味着它们不是编译器内置类型，所以编译器会将它们和其他普通函数一视同仁。任何人都可以使用枚举和泛型功能创建类似的错误抽象类型。让我们先看一下最简单的一个例子——Option。

6.2.1 Option

在支持空值的编程语言中，程序员采用防御式代码来应对任何值可能为空（null）的操作。以 Kotlin/Java 为例，它们的代码如下所示：

```
// kotlin 伪代码

val container = collection.get("some_id")

if (container != null) {
    container.process_item();
} else {
    // no luck
}
```

　　首先，我们检查 container 是否为 null，然后在其上调用 process_item。如果我们忘记了对 null 的安全性检查，那么在尝试调用 container.process_item()时，就可能会得到 NullPointerException 异常——只有在运行时抛出相应的异常你才会知道这一点。另外，我们无法通过查看代码立即推断出 container 是否为 null。为了避免这一点，代码库中需要添加这些 null 值检查，这在很大程度上影响了代码的可读性。

　　Rust 中没有 null 值的概念，这被 Tony Hoare 称为价值 10 亿美元的错误，他于 1965 年在 ALGOLW 语言中引入了空引用的概念。在 Rust 中，可能失败并希望指示缺失相应值的 API 会返回 Option。当我们的任何 API 及其后续值想要表示缺少值时，此错误类型就是合适的。简而言之，它与 null 值类似。不过这里的 null 值检查是显式的，并且在编译期由类型系统强制执行。

　　Option 包含以下类型签名：

```
pub enum Option<T> {
    /// 没有值
    None,
    /// 包含某些值'T'
    Some(T),
}
```

　　它是一个包含两个变体的枚举，并且 T 是泛型。我们可以使用"let wrapped_i32 = Some(2);"或者"let empty: Option<i32> = None;"创建一个 Option 值。

　　操作成功时可以使用 Some(T)存储任意值 T，或者使用 None 变量来表示操作失败的情况下该值为 null。虽然我们不太可能显式地创建 None 值，但是当我们需要创建 None 值时，需要在赋值表达式的左侧指定类型，因为 Rust 无法从右侧推断出类型。我们也可以在右边初始化它，例如使用"None::<i32>;"或者使用 turbofish 运算符，指定左侧的类型会被当作常见的 Rust 代码。

如前所述，我们没有通过完整的语法创建 Option 值，即 Option::Some(2)，而是直接使用 Some(2)。这是因为它的两个变体都会自动从 std 程序库（Rust 标准库程序包）中重新导出，作为 prelude 模块的一部分。prelude 模块包含常用的类型、函数和任意标准库模块的重新导出。这些重新导出只是标准库程序包提供的便捷方式，没有它们，我们每次使用这些常见类型时都必须编写完整的语法。因此，这允许我们直接通过变体实例化 Option 值，Result 类型也是如此。

因此，创建它们很容易，但是当你与 Option 值交互时它会如何呢？在标准库中，我们在 HashMap 类型上有一个 get 方法，它会返回一个 Option：

```
// using_options.rs

use std::collections::HashMap;

fn main() {
    let mut map = HashMap::new();
    map.insert("one", 1);
    map.insert("two", 2);

    let value = map.get("one");
    let incremented_value = value + 1;
}
```

这里，我们创建了一个新的 HashMap 映射，其中&str 作为键，i32 作为值，然后我们检索"one"键对应的值，并将其分配给变量 value。编译时，我们得到以下错误提示信息：

为什么我们不能将 value 的值加 1 呢？对熟悉命令式语言的用户来说，我们希望调用 p.get()后，如果存在值，则返回一个 i32 值，否则返回 null。但是这里的 value 是一个 Option<&i32>。get()方法返回的是一个 Option<&i32>，而不是其内部的值（&i32），因为我们可能没有找到相应的键值，因此这种情况下 get 会返回 None。但是，它给出了一个误导性的错误提示信息，Rust 不知道如何将 i32 添加到 Option<&i32>，而上述两种类型都没有添加 Add 特征的实现。但是，确实存在两个 i32 或两个&i32 的结果。

因此，为了给 value 的值加 1，我们需要从 Option 中提取 i32。这里我们可以看到 Rust 的显式错误处理行为开始发挥作用。在检查 map.get() 的返回结果是 Some 变体，还是 None 变体之后，我们只能与内部的 i32 值进行交互。

为了检查变体，我们有两种方法，它们分别是模式匹配和 if let 语句：

```
// using_options_match.rs

use std::collections::HashMap;

fn main() {
    let mut map = HashMap::new();
    map.insert("one", 1);
    map.insert("two", 2);

    let incremented_value = match map.get("one") {
        Some(val) => val + 1,
        None => 0
    };
    println!("{}", incremented_value);
}
```

使用此方法，我们将匹配 map.get() 的返回值，并根据变体执行相应的操作。返回 None 时，我们只把 0 分配给 incremented_value。我们可以达到上述目的的另一种方法是使用 if let 语句：

```
let incremented_value = if let Some(v) = map.get("one") {
    v + 1
} else {
    0
};
```

当我们对值的某个变体感兴趣并希望对其他变体进行常规的操作时，推荐使用这种方法。在这种情况下，if let 语句的表述更简洁。

Unwrapping：另一种不太安全的方法是在 Option 上调用解压缩方法，即 unwrap() 和 expect() 方法。如果返回的结果是 Some，那么调用这些方法后将提取内部的值；如果返回的结果是 None，则会发生异常。仅当我们确定 Option 值确实包含某个值时，才推荐使用这些方法：

```
// using_options_unwrap.rs
```

```
use std::collections::HashMap;

fn main() {
    let mut map = HashMap::new();
    map.insert("one", 1);
    map.insert("two", 2);
    let incremented_value = map.get("three").unwrap() + 1;
    println!("{}", incremented_value);
}
```

运行上述代码会出现异常,并显示以下提示信息,因为我们对 None 值执行了解压缩,系统提示无法找到"three"键对应的值:

```
thread 'main' panicked at 'called `Option::unwrap()` on a `None` value',
libcore/option.rs:345:21
note: Run with `RUST_BACKTRACE=1` for a backtrace.
```

在二者之间,expect()是首选方法,因为它允许你传递一个字符串作为发生异常时输出的提示信息,同时显示源文件发生异常时的确切代码行号,而 unwrap()不允许你将调试信息作为参数进行传递,并显示在标准库源文件中 Option 下定义 unwrap()的代码行号,否则这样它的功能就逊色不少。这些方法会出现在 Result 类型中。

接下来,让我们看一看 Result 类型。

6.2.2 Result

Result 和 Option 类似,但具有一些额外的优点,即能够存储和错误上下文有关的任意异常值,而不只是 None。当我们希望知道操作失败的原因时,此类型是合适的。以下是 Result 的类型签名:

```
enum Result<T, E> {
    Ok(T),
    Err(E),
}
```

它包含两个变体,并且都是泛型。Ok(T)是用于表示成功状态时放入任意值 T 的变体,而 Err(E)是用于表示执行失败时放入任何异常值 T 的变体。我们可以像这样创建它们:

```
// create_result.rs

fn main() {
```

```
    let my_result = Ok(64);
    let my_err = Err("oh no!");
}
```

但是，上述代码不能成功编译，我们将收到以下错误提示信息：

由于 Result 包含两个泛型变体，我们只给出 my_result 的 Ok 变体的具体类型，但是没有指定 E 的具体类型。my_err 值的情况也类似。我们需要为两者指定具体类型，如下所示：

```
// create_result_fixed.rs

fn main() {
    let _my_result: Result<_, ()> = Ok(64);
    // or
    let _my_result = Ok::<_, ()>(64);

    // 同样，我们可以创建 Err 类型的变量

    let _my_err = Err::<(), f32>(345.3);
    let _other_err: Result<bool, String> = Err("Wait, what ?".to_string());
}
```

在创建 Ok 变体值的第 1 种情况下，我们使用()来指定 Err 变体的类型 E。在代码段的第 2 部分中，我们以类似的方式创建了 Err 变体的值，这一次指定了 Ok 变体的具体类型。在显而易见的情况下，我们可以使用下画线来要求 Rust 为我们推断具体的类型。

接下来，我们将看到如何与 Result 值进行交互。标准库中的许多文件操作 API 都会返回 Result 类型，因为可能存在不同的操作失败原因，例如找不到文件（file not found）、目录不存在（directory does not exists），以及权限错误（permission errors）等。上述内容可以放入 Err 变体中，让用户知道确切的原因。对于上述示例，我们将尝试打开某个文件，将其中的内容写入一个 String，之后输出，如下列代码所示：

```
// result_basics.rs

use std::fs::File;
use std::io::Read;
```

```
use std::path::Path;
fn main() {
    let path = Path::new("data.txt");
    let file = File::open(&path);
    let mut s = String::new();
    file.read_to_string(&mut s);
    println!("Message: {}", s);
}
```

这是编译器的输出结果:

我们通过调用 File 的 open 方法创建了一个新文件,并提供了 data.txt 的路径,不过该路径并不存在。当我们在文件上调用 read_to_string,并尝试将其读入 s 时,得到了前面的错误提示信息。通过错误提示信息可以知道,该文件的类型貌似是 Result<File, Error>。根据说明文档,open 方法的定义如下所示:

```
fn open<P: AsRef<Path>>(path: P) -> Result<File>
```

细心的读者可能会感到疑惑,因为看起来 Result 缺少错误变体的泛型 E,实际上它只是被 type 别名隐藏了。我们查看 std::io 模块中的类型别名定义,如下所示:

```
type Result<T> = Result<T, std::io::Error>;
```

因此,它是包含通用错误类型 std::io::Error 的类型别名。这是因为标准库中的许多 API 都将此作为错误类型使用。这是类型别名的另一个好处,我们可以从类型签名中提取公共部分。抛开该错误提示信息,为了能够在文件上调用 read_to_string 方法,我们需要提取内部 File 实例,即对变体进行模式匹配。为此,前面的代码需要进行修改,如下所示:

```
// result_basics_fixed.rs

use std::fs::File;
use std::io::Read;
use std::path::Path;

fn main() {
```

```
    let path = Path::new("data.txt");
    let mut file = match File::open(&path) {
        Ok(file) => file,
        Err(err) => panic!("Error while opening file: {}", err),
    };

    let mut s = String::new();
    file.read_to_string(&mut s);
    println!("Message: {}", s);
}
```

在这里，我们进行了两处修改。首先，我们让 file 变量可变。为什么呢？因为 read_to_string 的函数签名如下所示：

```
fn read_to_string(&mut self, buf: &mut String) -> Result<usize>
```

第 1 个参数是 &mut self，这意味着调用此方法的实例需要是可变的，因为读取文件会更改文件句柄的内部指针。

其次，我们需要处理两个变体，在 Ok 的情况下，如果执行成功，那么会返回实际的 File 对象；如果执行失败，那么将会得到 Err 值和一条错误提示信息。

经过上述改动，让我们编译并运行该程序：

出现上述错误提示信息是因为我们的目录中没有一个名为 data.txt 的文件。尝试在其中创建一个包含任意文本的同名文件，然后再次运行该程序，以查看它是否成功执行。首先，让我们来处理这些警告。警告始终是代码质量不佳的标志。理想情况下我们应该让它们都消失。出现警告是因为 File::read_to_string（一个来自 Read 特征的方法）返回了一个 Result<usize>类型的值。只要忽略函数调用后返回的值，Rust 就会发出警告。这里，Result<usize>中的 usize 值告诉我们向字符串中写入了多少字节。

我们有两种方法处理此警告。

- 像之前通过 read_to_string 返回 Result 值那样处理 Ok 和 Err 的情况。

- 将返回值分配给特殊的变量_（下画线），这使编译器知道我们要忽略该值。

对于我们不关心值的情况，可以采用第 2 种方法，所以 read_to_string 代码行可以进行如下修改：

```
let _ = file.read_to_string(&mut s);
```

经过上述修改之后，代码可以在没有警告的情况下成功编译。但是你应该处理返回值，并尽量不要使用宽泛的下画线变量。

6.3 Option/Result 的组合

由于 Option 和 Result 是包装器类型，因此安全地与其内部值进行交互的唯一方法是通过模式匹配或 if let 语句。这种使用匹配后对内部值进行操作的范式是非常常见的。因此，必须每次都编写它们会变得非常乏味。幸运的是，这些包装器类型附带了很多辅助方法，这被称为组合器，其上的实现允许用户轻松地操作内部值。

这些是泛型方法，根据使用场景不同而包含多种，例如 Ok(T)/Some(T)，而其中一些方法用于处理失败的值，例如 Err(E)/None。某些方法用于拆解和提取内部值，而有些方法会保留包装器类型的结构，仅修改内部值。

注意

在本节中，我们讨论成功值时，通常指的是 Ok(T)/Some(T)变量，而当我们谈论失败值时，通常指的是 Err(T)/None(T)变量。

6.3.1 常见的组合器

让我们看一些适用于 Option 和 Result 类型的实用组合器。

map：此方法允许你将表示成功的值 T 转换为另一个值 U。以下是 Option 类型对应的 map 特征签名：

```
pub fn map<U, F>(self, f: F) -> Option<U>
where F: FnOnce(T) -> U {
    match self {
        Some(x) => Some(f(x)),
        None => None,
```

```
    }
}
```

以下是和 Result 类型有关的签名：

```
pub fn map<U, F>(self, f: F) -> Option<U>
where F: FnOnce(T) -> U {
    match self {
        Ok(t) => Ok(f(t)),
        Err(e) => Err(e)
    }
}
```

此方法的类型签名可以做如下解读：map 是 U 和 F 上的泛型方法，并且根据值获取 self。然后它会接收一个 F 类型的参数 f，并返回一个 Option<U>，其中 F 由 FnOnce 约束。该特征具有一个输入参数 T 和一个返回类型 U。

简而言之，关于 map 方法有两个部分需要了解。首先，它将接收一个 self 参数，这意味着调用该方法的值将在调用之后被使用。其次，它会接收 F 类型的参数 f。这是一个提供给 map 的闭包，以告知它如何完成从 T 到 U 的转换。闭包通常表示为 F，where 子句表示 F 是 FnOnce(T)->U。

这是特征的某种特殊类型，仅适用于闭包，因此具有(T) -> U 这样的函数签名。FnOnce 前缀表示此闭包取得输入参数 T 的所有权，并且我们只能用 T 调用此闭包一次，因为 T 将在执行调用后被使用。我们将在第 7 章深入介绍闭包。如果闭包告知 map 只是执行失败后的某个值，那么 map 方法将不执行任何操作。

6.3.2 组合器应用

使用 map 方法非常简单：

```
// using_map.rs

fn get_nth(items: &Vec<usize>, nth: usize) -> Option<usize> {
    if nth < items.len() {
        Some(items[nth])
    } else {
        None
    }
}
```

```
fn double(val: usize) -> usize {
    val * val
}

fn main() {
    let items = vec![7, 6, 4, 3, 5, 3, 10, 3, 2, 4];
    println!("{}", items.len());
    let doubled = get_nth(&items, 4).map(double);
    println!("{:?}", doubled);
}
```

在上述代码中，我们有一个名为 get_nth 的方法，它为我们获取 Vec<usize>中的第 4 个元素，如果没有找到相应的元素则返回 None。现在我们有一个应用场景——计算数值的平方。我们可以在 get_nth 方法的返回值上使用 map 方法，并传入之前定义的 double 函数；或者我们可以提供一个内联形式的闭包，如下所示：

```
let doubled = get_nth(&items, 10).map(|v| v * v);
```

这是链式调用的简易形式。并且比之前使用的 match 表达式和 if let 语句更简洁。

前面对 map 方法的解释也适用于接下来将要介绍的一组方法，我们将跳过对它们类型签名的解释，因为逐个对它们进行解释会比较烦琐。相反，我们将简要解释这些方法提供的功能。建议你参考它们的说明文档，并熟悉其类型签名。

- map_err：此方法仅作用于 Result 类型，并允许将失败的值从 E 转换为其他类型的 H，但仅当值为 Err 值时才有效。map_err 不兼容于 Option 类型，因为使用 None 执行任何操作都是无意义的。

- and_then：此方法如果执行失败，则将返回表示失败的某个值；如果执行成功，则会将闭包作为第 2 个参数，该参数作用于包装值，并返回该包装类型。当你需要逐一对内部值进行转换时，这将非常有用。

- unwrap_or：此方法提取内部表示成功执行的值，如果执行失败，则返回默认值。用户可以将默认值作为第 2 个参数传递给它。

- unwrap_or_else：此方法与前面的方法作用相同，但是当函数执行失败时，会通过将闭包作为第 2 个参数来计算不同的值。

- as_ref：此方法将内部值转换为引用，并返回包装值，即 Option<&T>或 Result<&T, &E>。

- or/ or_else：这些方法返回某个表示成功执行的值，或者返回替代 Ok/Some 的值，它会作为第 2 个参数被提供。or_else 接收一个闭包，你需要在该闭包中返回某个表示成功执行的值。

- as_mut：此方法将内部值转换为可变引用，并返回包装值，即 Option<&mut T>或者 Result<&mut T, &mut E>。

Option 和 Result 类型的独特之处远不止于此。

6.3.3　Option 和 Result 类型之间的转换

我们还有一些方法可以将一种包装器类型转换成另一种包装器类型，具体取决于我们希望如何使用 API 来组合这些值。在我们与第三方软件包交互时，这会变得非常方便，可以将某个值作为 Option，而将使用的用程序库方法接收的 Result 作为类型，如下所示。

- ok_or：此方法将 Option 值转换为 Result 值，同时将错误值作为第 2 个参数进行接收。与此类似的变体是 ok_or_else 方法，但优于此方法，因为它会接收闭包来进行惰性求值。

- ok：此方法将 Result 转化为调用 self 的 Option，并且会丢弃 Err 值。

6.4　及早返回和运算符 "？"

这是我们与 Result 类型交互时非常常见的另一种模式。它的运行机制如下：当我们获得一个成功值时，希望立即提取它；当我们获得一个错误值时，希望提前返回，并将错误传播给调用方。为了说明这种模式，我们将使用以下代码段，它使用常见的 match 表达式来处理 Result 类型：

```
// result_common_pattern.rs

use std::string::FromUtf8Error;

fn str_upper_match(str: Vec<u8>) -> Result<String, FromUtf8Error> {
    let ret = match String::from_utf8(str) {
        Ok(str) => str.to_uppercase(),
        Err(err) => return Err(err)
    };

    println!("Conversion succeeded: {}", ret);
    Ok(ret)
```

```
}

fn main() {
    let invalid_str = str_upper_match(vec![197, 198]);
    println!("{:?}", invalid_str);
}
```

运算符 "？" 抽象了这种模式，这使我们能够以一种更简洁的方式编写 bytes_to_str 方法：

```
// using_question_operator.rs

use std::string::FromUtf8Error;

fn str_upper_concise(str: Vec<u8>) -> Result<String, FromUtf8Error> {
    let ret = String::from_utf8(str).map(|s| s.to_uppercase())?;
    println!("Conversion succeeded: {}", ret);
    Ok(ret)
}

fn main() {
    let valid_str = str_upper_concise(vec![121, 97, 89]);
    println!("{:?}", valid_str);
}
```

如果你有一系列 Result/Option 的返回方法调用，那么此运算符的效果会更好，其中任何一个运算符失败都意味着整体失败。例如，我们可以编写创建文件，并写入文件的整体操作，如下所示：

```
let _ = File::create("foo.txt")?.write_all(b"Hello world!")?;
```

它几乎可以作为 try! 宏的替代品，在 "？" 之前所做的事情已经由编译器提供相应的实现。现在 "？" 是它的替代品，不过也有一些规划可以让它变得更通用，让它适用于其他情况。

温馨提示：main 函数还允许用户返回 Result 类型。具体来说，它允许你返回实现 Termination 特征的类型。这意味着我们也可以按如下方式编写 main 函数：

```
// main_result.rs

fn main() -> Result<(), &'static str> {
    let s = vec!["apple", "mango", "banana"];
    let fourth = s.get(4).ok_or("I got only 3 fruits")?;
    Ok(())
}
```

接下来，我们将讨论不可恢复异常。

6.5　不可恢复的异常

当处于执行阶段的代码遇到错误或某个变体不合法时，如果忽略它们，就有可能以意想不到的方式破坏程序的状态。这些情况被认为是不可恢复的，因为它们的程序状态不一致，这可能导致输出错误或者后续出现意外的行为。这意味着某种失败-终止（fail-stop）是从中恢复的最佳方式，不会间接影响其他部件或系统。对于这类情况，Rust 为我们提供了一种被称为 panic（故障）的机制，它会终止调用它的线程，而不会影响任何其他线程。如果主线程是出现灾难性故障的线程之一，那么程序将返回非零退出代码 101 终止程序运行。如果它是一个子线程，那么灾难性故障不会传播到父线程，且会在线程边界处停止。一个线程中的灾难性故障不会影响其他线程，且该故障会被隔离，除非它会破坏某些共享数据上的互斥锁；它也被实现为具有相同机制的 panic!宏。

当 panic!宏被调用时，发生灾难性故障的线程开始展开函数调用堆栈，从调用它的位置开始，一直到线程的入口点。和异常类似，它还为此过程中调用的所有函数生成堆栈跟踪或回溯。但在这种情况下，它不需要查找任何异常处理程序，因为这些程序在 Rust 中并不存在。展开是在清理或释放资源时从每个函数调用堆栈向上移动函数调用链的过程，这些资源可以是在堆栈或堆上分配的。一旦函数执行完毕，堆栈上分配的资源会自动释放。对于在堆上分配资源的变量，Rust 会对它们执行 drop 方法，从而释放相关资源占用的内存。这种清理是必要的，以便避免内存泄漏。除了显式调用 panic 代码之外，如果存在任何对失败的值进行解包的代码，Result/Option 错误类型也会调用 panic 代码，即 Err/None。panic 也是在单元测试中处理失败断言的选择，并且鼓励用户使用#[should_panic]属性进行灾难性故障测试。

如果单线程代码在主线程上出现灾难性故障，那么展开不会带来太多好处，因为操作系统会在进程终止后回收所有内存。幸运的是，有一些选项可以关闭在发生灾难性故障时的展开操作，这对嵌入式系统这样的平台是必需的。我们有一个主线程完成所有工作，而展开是一种开销非常昂贵的操作，并且没有多大用处。

为了找出导致灾难性故障的一系列调用，我们可以通过运行任何发生灾难性故障的程序，并在命令行 Shell 上设置环境变量 RUST_BACKTRACE=1 来查看线程中的回溯。以下是一个包含两个线程的示例，它们都出现了灾难性故障：

```
// panic_unwinding.rs
```

```rust
use std::thread;

fn alice() -> thread::JoinHandle<()> {
    thread::spawn(move || {
    bob();
    })
}

fn bob() {
    malice();
}

fn malice() {
    panic!("malice is panicking!");
}

fn main() {
    let child = alice();
    let _ = child.join();

    bob();
    println!("This is unreachable code");
}
```

alice 使用 thread::spawn 生成一个新线程，并在闭包内调用 bob。bob 会调用 malice，这会导致灾难性故障；main 也会调用 bob，这也会导致灾难性故障。

以下是运行该程序的输出结果：

我们通过调用 join() 来加入线程，并期望子线程保持正常运行，但事实并非如此。我们得到两个回溯，一个是子线程中发生了灾难性故障，一个是主线程中调用了 bob。

如果你需要更精细地控制如何在线程中处理灾难性故障后的堆栈展开，那么可以使用 std::panic::catch_unwind 函数。建议通过 Option/Result 机制处理错误，你也可以使用此方法来处理工作线程中的致命性错误；可以通过恢复任何违规的常量，让相应的程序终止，然后恢复它们。不过 catch_unwind 并不能阻止灾难性故障的发生，它只允许自定义与灾难性故障有关的堆栈展开行为。建议不要将具有 catch_unwind 的灾难性故障处理方案作为 Rust 程序通用的错误处理方法。

catch_unwind 函数会接收一个闭包并处理其中发生的灾难性故障。以下是它的类型签名：

```
fn catch_unwind<F: FnOnce() -> R + UnwindSafe, R>(f: F) -> Result<R>
```

如你所见，catch_unwind 的返回值还有一个附加约束 UnwindSafe。这意味着闭包中的变量必须是异常安全的（exception-safe），至少对大多数类型如此，但值得注意的例外是可变引用（&mut T）。如果抛出异常的代码不会导致值处于不一致状态，那么值是异常安全的。这意味着闭包内的代码必定不是 panic!() 自身。

以下是一个使用 catch_unwind 的简单示例：

```
// catch_unwind.rs

use std::panic;

fn main() {
    panic::catch_unwind(|| {
        panic!("Panicking!");
    }).ok();

    println!("Survived that panic.");
}
```

这是运行上述程序后的输出结果：

如你所见，catch_unwind 并不会阻止灾难性故障的发生，它只是停止发生灾难性故障的线程中的堆栈展开。注意，catch_unwind 不是 Rust 中处理错误的推荐方案。它不能确保捕获所有灾难性故障，例如让程序终止运行的故障。在 Rust 代码与其他语言（例如 C 语言）

交互的情况下，捕获发生灾难性故障的堆栈展开是必要的，其中展开 C 代码是未定义的行为。在这种情况下，程序员必须通过返回的错误代码来处理展开并执行 C 语言期望的操作。然后程序可以通过使用来自相同 panic 模块的 resume_unwind 函数恢复展开。

发生灾难性故障后默认的展开行为会导致内存开销过于昂贵的极端情况，例如为微控制器编写程序时，编译器包含一个可以将之配置为终止处理所有灾难性故障的标志。为此，你的项目下的 Cargo.toml 文件中需要在 profile.release 下添加以下属性：

```
[profile.release]
panic = "abort"
```

人机友好的灾难性故障

如前所述，灾难性故障的信息和回溯可能非常怪异，但它不一定就是那样。如果你是命令行工具的开发者，human_panic 是一款来自社区的软件包，它用于将冗长、神秘的灾难性故障信息替换为用户可读的信息。它还将回溯写入文件，以允许用户将其报告给工具的开发者。有关 human_panic 的更多信息，请访问项目版本库的页面。

6.6　自定义错误和 Error 特征

包含多种功能的优秀项目通常由多个模块构成。通过组织结构，它为用户提供了更多特定于某个模块的错误信息。Rust 允许我们创建自定义错误类型，以帮助我们从应用程序中获得更详细的错误报告。如果没有特定于我们项目的自定义错误类型，就可能必须使用标准库中现有的错误类型，这也许与我们的 API 操作无关，并且如果模块中操作出现问题，则不会向用户提供准确的信息。

在包含异常的语言中（例如 Java）创建自定义异常的方式是从基础的 Exception 类继承并覆盖其方法和成员变量。虽然 Rust 没有类型层级继承，但它具有特征继承，并为我们提供了任何类型都可以实现的 Error 特征，从而构造自定义错误类型。当使用诸如 Box<dyn Error>这样的特征对象作为 Err 变量函数返回类型返回 Result 时，此类型可以与现有的标准库错误类型组合。以下是 Error 特征的类型签名：

```
pub trait Error: Debug + Display {
    fn description(&self) -> &str { ... }
    fn cause(&self) -> Option<&dyn Error> { ... }
}
```

为了创建自定义错误类型，该类型必须实现 Error 特征。如果我们查看该特征的定义，会发现它还要求我们为自定义类型实现 Debug 和 Display 特征。description 方法会返回一个字符串切片引用，它是描述错误内容的可读形式。cause 方法返回一个 Error 特征对象的可选引用，用于表示可能导致错误发生的底层原因。自定义错误类型的 cause 方法允许用户从问题源头获取有关错误的一系列信息，从而精确地记录错误。例如，让我们将 HTTP 查询作为操作失败的示例。我们的 hypothetical 库包含一个 get 方法来执行 GET 请求。导致查询失败的原因有多种。

- 由于网络故障或地址不正确，可能使 DNS 查询失败。

- 可能是因为实际的数据包传输失败。

- 可能会正确地接收数据，但收到的 HTTP 首部存在问题等。

如果是第 1 种情况，我们可以考虑包含 3 个层级的错误，并且由 cause 字段连接在一起。

- 由于网络宕机导致 UDP 连接失败（cause = None）。

- 由于 UDP 连接失败导致 DNS 查找失败（cause = UDPError）。

- 由于 DNS 查找失败导致 GET 请求失败（cause = DNSError）。

当开发人员想要知道导致失败的根本原因时，cause 方法就会派上用场。

现在，为了演示将自定义错误类型集成到项目中，我们使用 cargo 创建了一个名为 todolist_parser 的程序库，它公开了一个用于解析文本文件中待办事项列表的 API。todos 的解析操作可能会由于多种原因而失败，例如找不到文件，待办事项列表是空的，或者因为它包含非文本字符。我们将使用自定义错误类型来模拟这些情况。在 src/error.rs 文件中，我们定义了以下错误类型：

```
// todolist_parser/src/error.rs

use std::error::Error;
use std::fmt;
use std::fmt::Display;

#[derive(Debug)]
pub enum ParseErr {
    Malformed,
    Empty
}

#[derive(Debug)]
```

```
pub struct ReadErr {
    pub child_err: Box<dyn Error>
}

// Error 特征要求的
impl Display for ReadErr {
    fn fmt(&self, f: &mut fmt::Formatter) -> fmt::Result {
        write!(f, "Failed reading todo file")
    }
}

// Error 特征要求的
impl Display for ParseErr {
    fn fmt(&self, f: &mut fmt::Formatter) -> fmt::Result {
        write!(f, "Todo list parsing failed")
    }
}

impl Error for ReadErr {
    fn description(&self) -> &str {
        "Todolist read failed: "
    }

    fn cause(&self) -> Option<&dyn Error> {
        Some(&*self.child_err)
    }
}

impl Error for ParseErr {
    fn description(&self) -> &str {
        "Todolist parse failed: "
    }

    fn cause(&self) -> Option<&Error> {
        None
    }
}
```

目前为止，我们正在对两类非常基本的错误进行建模。

- 未能读取被建模为 **ReadErr** 的 todos 列表。

- 无法解析被建模为 **ParseErr** 的 todos。它有两种变体，一种是文件为空（Empty），另一种是包含非二进制文本符号的文件，这意味着 todos 格式不正确（Malformed）。

接下来，我们实现 Error 特征和所需的超级特征，即 Display 和 Debug。lib.rs 包含必要的解析方法，以及 TodoList 结构体的声明，如以下代码所示：

```
// todolist_parser/src/lib.rs

//! 该程序库提供了一个解析 todos 列表的 API

use std::fs::read_to_string;
use std::path::Path;

mod error;
use error::ParseErr;
use error::ReadErr;

use std::error::Error;

/// 该结构体包含一个解析为 Vec<String>的 todos 列表
#[derive(Debug)]
pub struct TodoList {
    tasks: Vec<String>,
}

impl TodoList {
    pub fn get_todos<P>(path: P) -> Result<TodoList, Box<dyn Error>>
    where
    P: AsRef<Path>, {
        let read_todos: Result<String, Box<dyn Error>> = read_todos(path);
        let parsed_todos = parse_todos(&read_todos?)?;
        Ok(parsed_todos)
    }
}

pub fn read_todos<P>(path: P) -> Result<String, Box<dyn Error>>
where
    P: AsRef<Path>,
{
    let raw_todos = read_to_string(path)
        .map_err(|e| ReadErr {
            child_err: Box::new(e),
        })?;
    Ok(raw_todos)
}

pub fn parse_todos(todo_str: &str) -> Result<TodoList, Box<dyn Error>> {
    let mut tasks: Vec<String> = vec![];
```

```
    for i in todo_str.lines() {
        tasks.push(i.to_string());
    }
    if tasks.is_empty() {
        Err(ParseErr::Empty.into())
    } else {
        Ok(TodoList { tasks })
    }
}
```

我们有 read_todos 和 parse_todos 这两个顶层函数，它会被 TodoList 的 get_todos 方法调用。

我们在 examples/basics.rs 中有一个 TodoList 的示例用法，如下所示：

```
// todolist_parser/examples/basics.rs

extern crate todolist_parser;

use todolist_parser::TodoList;

fn main() {
    let todos = TodoList::get_todos("examples/todos");
    match todos {
        Ok(list) => println!("{:?}", list),
        Err(e) => {
            println!("{}", e.description());
            println!("{:?}", e)
        }
    }
}
```

如果我们通过 cargo run --example basics 命令执行 basics.rs 示例，那么将得到以下输出结果：

如果你查找输出结果中的错误值，将会发现导致错误的实际原因会被附加到 ReadErr 值中。

Rust 内置了很多函数来帮助用户构造自定义错误类型。如果你正在编写自己的软件包，那么使用自定义错误类型调试程序将会更容易。但是，为所有自定义类型实现 Error 特征将会变得"笨拙"并且耗时。幸运的是，我们有一个来自 Rust 社区名为 failure 的软件包，它能够自动构建自定义错误类型，并通过程序宏自动化实现必要的特征。如果你并不满足于此，那么建议你重构此软件包来使用 failure 库。

6.7　小结

在本章中，我们会发现 Rust 的错误处理方式是显式的：允许失败的操作通过 Result 或 Option 泛型返回两个部分的值。你必须以某种方式处理错误——既可以通过 match 表达式来解压缩 Result/Option 值，也可以使用组合器方法。在错误类型上应该避免执行解压缩。相反，也可以使用组合器或 match 表达式来执行适当的操作，或者通过使用运算符 "?" 将错误传递给程序调用方。当程序错误非常致命以至于无法恢复时，出现灾难性故障是允许的。灾难性故障大多是不可恢复的，这意味着它会使你的线程崩溃。其默认行为是进行堆栈展开，这可能会导致开销昂贵，如果程序不需要这类开销，那么可以关闭它。建议在记录错误时尽可能地使其具有描述性，并鼓励开发者在其软件包中使用自定义错误类型。

在第 7 章中，我们将介绍 Rust 的一些高级特性，并进一步探讨和类型系统有关的内容。

第 7 章
高级概念

我们在前文学到的很多概念都值得密切关注，以便我们能够欣赏 Rust 的精妙设计。当你需要了解复杂的代码库时，学习这些高级主题将大有裨益。当你想要创建通用的 Rust API时，这些概念也会非常有用。

在本章中，我们将介绍以下主题。

- 类型系统简介。

- 字符串。

- 迭代器。

- 闭包。

- 模块。

7.1 类型系统简介

"算法必须名副其实。"

——Donald Knuth

在我们介绍本章更丰富的主题之前，将讨论静态类型语言中类型系统的一些知识——当然这主要是和 Rust 有关的。你可能在第 1 章中对它们有所了解，但这里我们将对它们进行深入介绍。

7.1.1 代码块和表达式

尽管语句和表达式混合，但 Rust 主要是一种面向表达式的语言。这意味着大多数构造都是一个包含返回值的表达式。它也是一种使用类 C 语言风格花括号的语言，以便在程序中划定变量的作用域。

在本章后续内容深入介绍它们之前，让我们对它们进行简要介绍。

代码块表达式（以下简称代码块）是以"{"开头，以"}"结尾的任意元素，在 Rust 中，它们包含 if else 表达式、match 表达式、while 循环、循环、裸代码块、函数、方法及闭包。使用它们后通常都会返回一个值，该值是表达式的最后一行。如果在最后一个表达式中放置一个分号，那么代码块表达式的返回值默认是 unit() 类型的。

一个和代码块相关的概念是作用域。只要创建新的代码块，就会引入作用域的概念。当我们新建一个代码块，并且在其中创建任何变量绑定时，该绑定的有效区域将仅限于该代码块，而且我们对它们的任何引用也仅限于在该作用域之内有效。这就像一个新建变量的生存环境，它会与其他变量隔离开。

在 Rust 中，诸如函数、impl 代码块、裸代码块、if else 表达式、match 表达式、函数及闭包这类元素会引入新的作用域。

在代码块/作用域内部，我们可以声明结构体、枚举、模块、特征及其实现，甚至包括代码块。

每个 Rust 程序都是以一个根作用域开始的，这是 main 函数引入的作用域。在其中还可以创建许多嵌套作用域。main 作用域成为其内部声明的所有作用域的父作用域。请考虑如下代码：

```
// scopes.rs

fn main() {
    let mut b = 4;
    {
        let mut a = 34 + b;
        a += 1;
    }

    b = a;
}
```

我们使用一个裸代码块来引入一个新的内部作用域，并在其中创建一个变量 a。在上述作用域结束之后，我们尝试将 a 的值分配给 b，该值来自内部作用域。Rust 会抛出一个编译时错误，提示此作用域内找不到变量 a 的值。来自 main 的父作用域不知道关于 a 的任何内容，因为它来自内部作用域。作用域的这个属性也用于控制某些引用的有效时间，正如我们在第 5 章中看到的那样。

但内部作用域可以访问其父作用域中的值。因此，我们可以在内部作用域中构造"34+b"这样的代码。

接下来将讨论表达式，我们可以从它们的返回值属性中受益，并且所有分支中必须具有相同的类型，这可以构造非常简洁的代码。例如，请考虑如下代码片段：

```rust
// block_expr.rs

fn main() {
    // 使用裸代码块同时执行多个任务
    let precompute = {
        let a = (-34i64).abs();
        let b = 345i64.pow(3);
        let c = 3;
        a + b + c
    };

    // match 表达式
    let result_msg = match precompute {
        42 => "done",
        a if a % 2 == 0 => "continue",
        _ => panic!("Oh no !")
    };

    println!("{}", result_msg);
}
```

我们可以使用裸代码块将几行代码组合到一起，之后在末尾分配值，并使用 a+b+c 表达式的隐式返回值进行预计算。match 表达式还可以直接从其匹配臂分配和返回值。

注意

与 C 语言中的 switch 语句类似，Rust 中的匹配臂不会受到字母大小写的影响，这会导致 C 代码中的许多错误。

在 C 语言的 switch 分支中，如果我们想要在运行某些代码后退出，就需要在 switch 代码块中的每个 case 语句后都设置一个中断（break）。如果没有设置中断，那么 case 语句后面的任何代码会被执行，这被称为落空（fall-through）行为。另外，match 表达式能够保证仅执行一个匹配臂中的代码。

if else 表达式提供了类似的简洁性：

```
// if_expr.rs

fn compute(i: i32) -> i32 {
    2 * i
}

fn main() {
    let result_msg = "done";
    // if 表达式赋值
    let result = if result_msg == "done" {
        let some_work = compute(8);
        let stuff = compute(4);
        compute(2) + stuff //最后一个表达式结果分配给 result
    } else {
        compute(1)
    };

    println!("{}", result);
}
```

在基于语句的语言中（例如 Python），你可以为前面的代码片段编写类似的内容：

```
result = None
if (state == "continue"):
    let stuff = work()
    result = compute_next_result() + stuff
else:
    result = compute_last_result()
```

在 Python 代码中，我们必须事先声明 result 变量，然后在 if else 的某个分支中进行单独赋值。在这里 Rust 更简洁，赋值是由 if else 表达式完成的。此外，在 Python 中，你可能会忘记为某个分支中的变量赋值，并且该变量可能未被初始化。如果你从 if 代码块返回并分配一些内容，然后错过或从 else 代码块返回另一种类型，那么 Rust 将在编译时预警。

此外，Rust 还支持声明未初始化的变量：

```
fn main() {
    let mut a: i32;
    println!("{:?}", a);            // 错误
    a = 23;
    println!("{:?}", a);            // 正常
}
```

但是我们在使用它们之前需要先对其初始化。如果后续尝试读取未初始化的变量，那么 Rust 将禁止该操作，并在编译期提示用户该变量必须初始化：

```
    Compiling playground v0.0.1 (file:///playground)
error[E0381]: use of possibly uninitialized variable: `a`
 --> src/main.rs:7:22
  |
7 |      println!("{:?}", a);
  |                       ^ use of possibly uninitialized `a`
```

7.1.2 let 语句

在第 1 章中，我们已经简要介绍过 let 语句，它用于创建新的变量绑定——但是 let 的功能并不仅限于此。事实上，let 语句是一个模式匹配语句。模式匹配是一种主要在类似 Haskell 等函数式语言中出现的结构，它允许我们根据内部结构对值进行操作和判断，或者可以用于从代数数据类型中提取值。我们有如下代码：

```
let a = 23;
let mut b = 403;
```

第一行代码是 let 语句的最简单应用形式，它声明了一个不可变的变量绑定 a。在第二行代码中，我们在 let 后面添加了 mut 关键字来声明变量 b，mut 是 let 模式的一部分，在这种情况下，它是将 b 可变地绑定到 i32 类型的模式。mut 使 b 能够再次绑定到其他 i32 类型。另一个可以和 let 搭配使用但不常见的关键字是 ref。通常我们会使用运算符 "&" 来创建指向任何值的引用/指针。创建对任何值的引用的另一种方法是使用带有关键字 ref 的 let 语句。为了说明关键字 ref 和 mut，我们有以下代码片段：

```
// let_ref_mut.rs

#[derive(Debug)]
struct Items(u32);

fn main() {
    let items = Items(2);
```

```
let items_ptr = &items;
let ref items_ref = items;

assert_eq!(items_ptr as *const Items, items_ref as *const Items);

let mut a = Items(20);
// 通过作用域将 b 对 a 的改动限制在内部代码块中
{
    // 也可以像这样使用可变引用
    let ref mut b = a; // same as: let b = &mut a;
    b.0 += 25;
}

println!("{:?}", items);

println!("{:?}", a);            // 没有上述作用域的限制，代码将无法通过编译
                                // 尝试将上述作用域删除，看看结果如何？
}
```

　　这里，item_ref 是使用普通的运算符 "&" 创建的引用。接下来的一行是使用 ref 创建了指向相同 items 值的 items_ref 引用的代码。我们可以使用后续的 assert_eq!调用来确认这一点，这两个指针变量指向了相同的 items 值。转换为*const Items 是为了比较两个指针是否指向相同的内存地址，其中*const Items 是 Items 的原始指针类型。另外，代码倒数第二部分是为了组合 ref 和 mut，除了通常使用&mut 运算符的方式之外，我们可以获得任何已有值的可变引用。但是我们必须在内部作用域中通过 b 来修改 a。

　　使用模式匹配的语言不仅限于可以在 "=" 的左侧提供标识符，还可以具有涉及类型结构的模式。因此，let 语句能够为我们提供的另一个便捷功能是可以从代数数据类型的字段中提取值，例如将结构体或枚举作为新的变量。在这里，我们有一个代码片段来演示它：

```
// destructure_struct.rs

enum Food {
    Pizza,
    Salad
}

enum PaymentMode {
    Bitcoin,
    Credit
}
```

```
struct Order {
    count: u8,
    item: Food,
    payment: PaymentMode
}

fn main() {
    let food_order = Order { count: 2,
                             item: Food::Salad,
                             payment: PaymentMode::Credit };

    // let 可以通过模式匹配将内部字段添加到新的变量中
    let Order { count, item, .. } = food_order;
}
```

这里我们创建了一个 Order 的实例，它被绑定到变量 food_order。假设我们从某个方法调用中得到 food_order，并且希望访问 count 和 item 的值。我们可以直接使用 let 语句单独提取 count 和 item 字段。count 和 item 会成为保存 Order 实例中相应字段值的新变量。

这种技术被称为 let 的解构语法。变量被解构的方式取决于右边的值是不可变引用、可变引用，还是拥有所有权的值，或者我们如何使用 ref 或 mut 模式在左侧引用它。在前面的代码中，它被值捕获，因为 food_order 拥有 Order 实例，我们匹配的左侧成员没有使用任何 ref 或 mut 关键字进行修饰。如果想通过不可变引用来构造成员，那么可以在 food_order 之前放置一个运算符 "&" 或者使用关键字 ref 或 mut 进行修饰：

```
let Order { count, item, .. } = &food_order;
//或者
let Order { ref count, ref item, .. } = food_order;
```

第一种风格通常是首选，因为它比较简洁。如果我们想要一个可变引用，那么必须在 food_order 之前添加&mut，以便让其自身成为可变的引用：

```
let mut food_order = Foo { count: 2,
                           item: Food::Salad,
                           payment: PaymentMode::Credit };
let Order { count, item, .. } = &mut food_order;
```

我们不关心的字段可以使用 ".." 予以忽略，如上述代码所示。另外，解构的轻微限制在于我们不能自由选择单个字段的可变性。所有变量必须具有相同的可变性——要么都是不可变的，要么都是可变的。请注意，ref 通常不用于声明变量绑定，而主要用于 match 表达式中，当我们希望通过引用匹配值时，运算符 "&" 在匹配中不起作用，如下所示：

```
// match_ref.rs

struct Person(String);

fn main() {
    let a = Person("Richard Feynman".to_string());
    match a {
        Person(&name) => println!("{} was a great physicist !", name),
        _ => panic!("Oh no !")
    }

    let b = a;
}
```

如果我们想通过一个不可变引用来使用 Person 结构体中的内部值，直觉会告诉我们在匹配臂中对类似 Person(&name)的结构体应该通过引用进行匹配。但是我们在编译代码时会得到以下错误提示信息：

这是一条具有误导性的错误提示信息，因为&name 正在创建一个 name 之外的引用（&是一个运算符），编译器认为我们想要匹配 Person(&String)，但 a 的值实际上是 Person(String)。因此，在这种情况下，必须使用 ref 来将其解构为引用。为了让代码能够通过编译，我们相应地将左侧的内容改为 Person(ref name)。

解构语法也适用于枚举类型：

```
// destructure_enum.rs

enum Container {
    Item(u64),
    Empty
}

fn main() {
    let maybe_item = Container::Item(0u64);
    let has_item = if let Container::Item(0) = maybe_item {
```

```
            true
        } else {
            false
        };
    }
```

这里我们将 maybe_item 作为 Container 枚举。结合 if let 语句和模式匹配，我们可以使用 if let <destructure pattern> = expression {}有条件地将值分配给 has_item 变量。

解构语法也可以用在函数参数中。例如对于自定义类型，可以将结构体用作函数参数：

```
// destructure_func_param.rs

struct Container {
    items_count: u32
}

fn increment_item(Container {mut items_count}: &mut Container) {
    items_count += 1;
}

fn calculate_cost(Container {items_count}: &Container) -> u32 {
    let rate = 67;
    rate * items_count
}

fn main() {
    let mut container = Container {
        items_count: 10
    };

    increment_item(&mut container);
    let total_cost = calculate_cost(&container);
    println!("Total cost: {}", total_cost);
}
```

这里，calculate_cost 函数有一个参数，它被解构为一个结构体，其中的字段被绑定到 items_count 变量。如果我们想要可变地进行解构，那么需要在成员字段前面添加关键字 mut，就像使用 increment_item 函数那样。

可验证模式：可验证模式是 let 模式中左侧和右侧不兼容匹配，在这种模式下，必须使用穷举 match 表达式。到目前为止，我们看到的所有 let 模式都是不需要验证的模式。不需要验证意味着它们能够作为有效模式正确匹配 "=" 右侧的值。

不过有时由于模式失效，它与 let 的模式匹配可能会失败，例如，在匹配具有两个变体的枚举 Container 时：

```
// refutable_pattern.rs

enum Container {
    Item(u64),
    Empty
}

fn main() {
    let mut item = Container::Item(56);
    let Container::Item(it) = item;
}
```

理想情况下，我们希望 it 从 item 中解构后存储 56 作为其值。如果我们尝试编译它，将会得到以下输出结果：

该匹配不能成功的原因是 Container 包含两个变体，即 Item(u64)和 Empty。即使我们知道 item 包含 Item 变体，但 let 模式也不能根据这个事实进行匹配，因为如果 item 是可变的，那么某些代码可以在稍后分配一个 Empty 变量，这将使解构出现未定义的操作。我们必须涵盖所有可能的情况。直接针对单个变体进行解构违反了详尽模式匹配的语义，因此我们的匹配会失败。

7.1.3 循环作为表达式

在 Rust 中，循环（loop）也是一个表达式，当我们中止（break）它时默认会返回()。这意味着循环也可以用于为具有 break 语句的变量赋值。例如，它可以进行如下应用：

```
// loop_expr.rs

fn main() {
    let mut i = 0;
    let counter = loop {
        i += 1;
        if i == 10 {
            break i;
```

```
    }
    };
    println!("{}", counter);
}
```

break 关键字之后包含了我们希望返回的值，并在循环中断时（如果有的话）将其分配给 counter 变量。如在循环中止后需要分配循环中的任何变量的值，并且后续还需要使用它，这将会非常方便。

7.1.4 数字类型中的类型清晰度和符号区分

虽然主流语言区分数字基元（例如整数、双精度及字节），而且很多较新的语言（如 Golang）也开始区分有符号和无符号的数字类型。Rust 通过区分有符号和无符号的数字类型来顺应潮流，并将它们作为单独的类型予以提供。从类型检查的角度来看，这为我们的程序提供了另一层安全性保护。这允许我们编写精确指定其需求的代码。例如数据库连接池的结构体：

```
struct ConnectionPool {
    pool_count: usize
}
```

对于提供有符号和无符号的通用整型的语言，你可以将 poll_count 的类型指定为整数，它可以存储负值。pool_count 为负值时没有意义。在 Rust 中，我们可以通过使用无符号类型（例如 u32 或 usize）在代码中清楚地指定它。

关于基元类型需要注意的另一个方面是，当算术运算中混合包含有符号和无符号的数字类型时，Rust 不会执行自动强制类型转换。你必须明确这一点，并手动转换值。C/C++ 中意外自动类型转换的示例如下所示：

```
#include <iostream>
int main(int argc, const char * argv[]) {
    uint foo = 5;
    int bar = 6;
    auto difference = foo - bar;
    std::cout << difference;
    return 0;
}
```

上述代码的输出结果是 4294967295。这里 foo 减去 bar 的差值结果不是-1；相反，C++ 在未经程序员同意的情况下自行做了一些事情。int（有符号整型）自动转换为 uint（无符号整型），并将 unit 类型的最大值提升为 4294967295。此代码继续运行，并且没有提示数据向下溢出。

在 Rust 中构造相同的程序，我们可得到以下代码：

```
// safe_arithmetic.rs

fn main() {
    let foo: u32 = 5;
    let bar: i32 = 6;
    let difference = foo - bar;
  println!("{}", difference);
}
```

以下是输出结果：

```
→ Chapter07 git:(master) ✗ rustc safe_arithmetic.rs
error[E0308]: mismatched types
 --> safe_arithmetic.rs:6:28
  |
6 |     let difference = foo - bar;
  |                            ^^^ expected u32, found i32

error[E0277]: cannot subtract `i32` from `u32`
 --> safe_arithmetic.rs:6:26
  |
6 |     let difference = foo - bar;
  |                          ^ no implementation for `u32 - i32`
  |
  = help: the trait `std::ops::Sub<i32>` is not implemented for `u32`
```

Rust 不会编译它并提示错误信息。你必须根据自己的意图显式地转换其中某个值。另外，如果我们对两个无符号或有符号类型执行上溢/下溢操作，当在 debug 模式下构建和运行程序时，Rust 将会调用 panic!()并终止程序。当在 release 模式下构建程序时，它会执行包装算法。

注意

通过包装算法，我们将 1 和 255（u8）相加后得到的结果将是 0。

在调试模式下出现灾难性故障是正常的，因为如果允许这些任意值传播到代码的其他部分，可能会影响你的业务逻辑，并在程序中引入难以追踪的错误。因此，在用户意外执行上溢/下溢操作，并且在调试模式下捕获这类问题时，采用失败-终止这种解决方案可能更好。当程序员想要允许在算术运算上包装语义时，可以选择忽略灾难性故障，并在预览版模式下进行代码编译。这是该语言为用户提供的另一种安全特性。

7.1.5　类型推断

类型推断对静态类型语言来说非常有用，因为这使代码更易于编写、维护及重构。当你不指定字段、方法、局部变量及大多数泛型参数时，Rust 的类型系统可以自动推断出其类型。在底层，被称为类型检查器的编译器组件使用 Hindley Milner 类型推断算法来确定具体的局部变量的类型。它是一组根据其用法建立表达式类型的规则。实际上，它可以根据环境和类型的使用方式来推断类型。类似的示例如下所示：

```
let mut v = vec![];
v.push(2);      // 可以将 "v" 的类型判定为 Vec<i32>
```

如果只初始化第 1 行代码，那么 Rust 的类型检查器将无法确定 v 的类型是什么。当出现下一行代码 "v.push(2)" 时，Rust 的类型检查器才知道 v 的类型是 Vec<i32>。现在 v 的类型被确定为 Vec<i32>。

如果我们添加另一行代码 "v.push(2.4f32);"，那么编译器会警告用户类型不匹配，因为它已经从前一行推断出 v 的类型为 Vec<i32>。有时类型检查器无法在复杂情况下推断出变量类型，但在程序员的帮助下，类型检查器将能够推断。例如，对于接下来的代码片段，我们将读取文件 foo.txt，其中包含一些文本，并且我们会以字节的方式读取它们：

```rust
// type_inference_iterator.rs

use std::fs::File;
use std::io::Read;

fn main() {
    let file = File::open("foo.txt").unwrap();
    let bytes = file.bytes().collect();
}
```

编译代码后会看到以下错误提示信息：

迭代器上的 collect 方法基本上是一个聚合器方法，我们将在本章的后续内容中讨论迭代器。它收集的结果类型可以是任何集合类型，如 LinkedList、VecDeque 或 Vec。Rust 并不能明确了解程序员的意图，由于这种模糊性，它需要我们的帮助。现在对 main 函数中的第 2 行代码进行如下修改：

```
let bytes: Vec<Result<u8, _>> = file.bytes().collect();
```

调用 bytes()时返回 Result<u8, std::io::Error>。在添加了一些关于收集内容的类型提示（这里是 Vec）之后，程序代码顺利通过编译。请注意 Result 错误变体上的_，这足以让 Rust 暗示我们需要一个 Result 为 u8 类型的 Vec。此外，它能够推断出 Result 的错误类型需要的是 std::io::Error 类型。能够做出这类判断是因为这里不存在模糊性，并且能够从 bytes()方法签名中获得信息。

7.1.6 类型别名

类型别名并非 Rust 独有的特性。C 语言具有 typedef 关键字，而 Kotlin 也具有类似的关键字 typealias。它们使你的代码更具可读性，并能够移除在静态类型语言中堆积的类型签名。例如，如果你从软件包上返回 Result 类型的 API，则会包装一个复杂对象，如下所示：

```
// type_alias.rs

pub struct ParsedPayload<T> {
    inner: T
}

pub struct ParseError<E> {
    inner: E
}

pub fn parse_payload<T, E>(stream: &[u8]) -> Result<ParsedPayload<T>,
ParseError<E>> {
    unimplemented!();
}

fn main() {
    // todo
}
```

如你所见，对于某些方法（例如 parse_payload），类型签名太长而无法放入一行。此外，每次使用时必须输入 Result<ParsedPayload<T>，ParseError<E>>，这很麻烦。如果我们可以用更简单的名称来引用这些类型又会如何呢？这是别名大显身手的时候。它们让我们能够为具有复杂类型签名的类型提供一个名称（通常更简单）。

因此，我们可以为 parse_payload 的返回类型提供别名，如下所示：

```
// 添加一个类型别名
type ParserResult<T, E> = Result<ParsedPayload<T>, ParseError<E>>;

// 并将 parse_payload 方法修改为:
pub fn parse_payload<T, E>(stream: &[u8]) -> ParserResult<T, E> {
    unimplemented!();
}
```

如果我们以后想要更改实际的内部类型，那么这种做法管理起来更方便。我们还可以在任何简单类型中输入别名：

```
type MyString = String;
```

所以现在我们可以在任何使用 String 的地方使用 MyString。但这并不意味着 MyString 属于不同类型。在编译期，这只会被替换/扩展为原始类型。当为泛型创建类型别名时，类型别名还需要泛型参数（T）。因此为 Vec<Result<Option<T>>>创建别名的方法如下所示：

```
type SomethingComplex<T> = Vec<Result<Option<T>>>;
```

假定你的类型包含生命周期，例如 SuperComplexParser<'a>：

```
struct SuperComplexParser<'s> {
    stream: &'a [u8]
}

type Parser<'s> = SuperComplexParser<'s>;
```

为它们创建类型别名时，我们也要指定生命周期，就像 Parser 类型别名那样。

介绍完一些类型系统的一些细节，接下来让我们看看字符串。

7.2 字符串

在第 1 章中，我们提到字符串包含两种类型。在本节中，我们将更清楚地描述字符串，介绍它们的特性，以及它与其他语言中的字符串的差异。

其他语言中的字符串相对简单一些，不过 Rust 中的 String 类型是一种比较复杂，并且难以处理的类型。如前所述，Rust 对在堆上和在堆栈上分配值会区别对待。因此，Rust 中有两种字符串：包含所有权的字符串（String）和借用字符串（&str）。让我们对它们进行逐一探讨。

7.2.1　包含所有权的字符串——String

String 类型来自标准库，并且是通过堆分配的 UTF-8 编码的字节序列。在底层它们只是 Vec<u8>类型，不过额外包含只适用于字符串的方法。它们是包含所有权的类型，这意味着保存 String 值的变量是其所有者。通常可以通过多种方式创建 String 类型，如以下代码所示：

```
// strings.rs

fn main() {
    let a: String = "Hello".to_string();
    let b = String::from("Hello");
    let c = "World".to_owned();
    let d = c.clone();
}
```

在上述代码中，我们以 4 种不同的方式创建了 4 个字符串。它们创建了相同的字符串类型，并具有相同的性能特征。第 1 个字符串 a 通过调用 to_string 方法创建字符串，该方法来自 ToString 特征，字符串内容为 "Hello"。诸如 "Hello" 之类的字符串本身也具有&str 类型。当我们讨论借用字符串时，会对它们进行解释。然后我们通过调用 from 方法创建另一个字符串 b，这是 String 上的一个关联方法。第 3 个字符串 c 是通过 ToOwned 特征的 to_owned 特征方法创建的，该特征是&str 类型——基于字面字符串而实现。第 4 个字符串是通过复制已有的字符串 c 创建的。创建字符串的第 4 种方法开销昂贵，我们应该尽量避免采用这种方法，因为它涉及通过迭代来复制底层字节。

由于 String 是在堆上分配的，因此它可以被修改，并且能够在运行时根据需要增加长度。这意味着字符串在执行此操作时会产生相应的开销，因为它们可能会在你不断添加字节时重新分配内存。堆分配是一种开销相对昂贵的操作，但幸运的是，Vec 分配内存时（容量限制加倍）使该成本会按使用量平摊而降低。

String 在标准库中还包含很多便捷的方法，主要有以下几种。

* String::new()会分配一个空的 String 类型。

- String::from(s: &str)会分配一个新的 String 类型，并通过字符串切片来填充它。

- String::with_capacity(capacity: usize)会分配一个预定义大小、空的 String 类型。当你事先知道字符串的大小时，这将是非常高效的。

- String::from_utf8(vec: Vec<u8>)尝试从 bytestring 分配一个新的 String 类型。参数的内容必须是 UTF-8，否则将会失败。它会返回 Result 的包装器类型。

- 字符串实例上的 len()方法将会为你提供 String 类型的长度，并且它兼容 Unicode 格式。例如，一个包含单词 "yö" 的字符串类型的长度是 2，即使它在内存中占用的是 3 个字节。

- push(ch: char)和 push_str(string: &str)方法用于将字符或字符串切片添加到字符串中。

当然，这是一份不太完整的清单。

下面是一个使用上述所有方法的示例：

```
// string_apis.rs

fn main() {
    let mut empty_string = String::new();
    let empty_string_with_capacity = String::with_capacity(50);
    let string_from_bytestring: String = String::from_utf8(vec![82, 85, 83,
    84]).expect("Creating String from bytestring failed");

    println!("Length of the empty string is {}", empty_string.len());
    println!("Length of the empty string with capacity is {}",
    empty_string_with_capacity.len());
    println!("Length of the string from a bytestring is {}",
    string_from_bytestring.len());

    println!("Bytestring says {}", string_from_bytestring);

    empty_string.push('1');
    println!("1) Empty string now contains {}", empty_string);
    empty_string.push_str("2345");
    println!("2) Empty string now contains {}", empty_string);
    println!("Length of the previously empty string is now {}",
    empty_string.len());
}
```

介绍过 String 之后，让我们来看看被称为字符串切片或者&str 类型的借用字符串。

7.2.2　借用字符串——&str

我们可以将字符串用作被称为字符串切片的引用。它们一般用&str 表示，表示对 str
类型的引用。与 String 类型相反，str 是编译器能够识别的内置类型，并且不属于标准库。
字符串切片默认创建为&str——一个指向 UTF-8 编码字节序列的指针。我们无法创建和使
用裸 str 类型的值，因为它表示有限但大小未知的 UTF-8 编码的连续字节序列。这在技术
上被称为不定长类型。我们将在本章后续内容中介绍不定长类型。

str 只能创建为引用类型。假定我们尝试通过在左侧提供类型签名的方式来强制创建 str
类型：

```
// str_type.rs

fn main() {
    let message: str = "Wait, but why ?";
}
```

我们将会得到一个令人困惑的错误提示信息：

它提示说：所有局部变量都必须具有静态的已知大小（all local variables must have a
statically known size）。这表示我们使用 let 语句定义的每个局部变量都需要具有在堆栈上分
配的大小，并且在堆栈上具有固定的大小。众所周知，所有声明的变量在进入堆栈时都是
以值本身或者指向堆分配类型的指针的形式存在的。所有堆栈分配的值都需要具有已知的
适当大小，因此无法初始化 str。

str 基本意味着一个固定大小的字符串序列，这与其所在的位置无关。它既可以是一个

堆分配的字符串引用，也可以是驻留在程序存续期内进程数据段上的&'static str 字符串。这就是'static 生命周期所修饰的内容。

但是，我们可以创建一个借用版本的 str，就像在&str 中那样，这是我们在编写字符串文本时默认创建的。因此字符串切片仅在指针之后创建和使用，即&str。作为一个引用，它们会根据变量所属的作用域而存在不同的生命周期。'static 生命周期是其中之一，它表示字符串文本的生命周期。

字符串文本是你在双引号之内声明的任意字符序列。例如，我们可以这样创建它们：

```
// borrowed_strings.rs

fn get_str_literal() -> &'static str {
    "from function"
}

fn main() {
    let my_str = "This is borrowed";
    let from_func = get_str_literal();
    println!("{} {}", my_str, from_func);
}
```

在上述代码中，我们有一个返回字符串文本的函数 get_str_literal。我们还在 main 函数中创建了一个字符串变量 my_str。my_str 和 get_str_literal 返回的字符串包含&'static str 类型。'static 生命周期修饰符表示字符串在程序存续期间保持不变。&表示它是指向字符串文本的指针，而 str 表示不定长类型。你碰到的任何其他&str 类型都是在堆上借用任何拥有 String 类型的字符串切片。&str 类型一旦创建就无法更改，因为默认情况下它是不可变的。

我们也可以获得字符串的可变切片，将类型改为&mut str 即可，除了标准库中的一些方法之外，以这种形式使用它们并不常见。&str 类型是将自身传递给函数或其他变量时推荐使用的类型。

7.2.3 字符串切片和分块

默认情况下，Rust 中的所有字符串都保证是 UTF-8 格式的，并且 Rust 中的字符串不能像在其他语言中那样通过索引访问字符串。让我们尝试访问字符串中的单个字符：

```
// strings_indexing.rs

fn main() {
    let hello = String::from("Hello");
```

```
    let first_char = hello[0];
}
```

在编译代码后，我们得到以下错误提示信息：

```
→ Chapter07 git:(master) × rustc string_indexing.rs
error[E0277]: the type `std::string::String` cannot be indexed by `{integer}`
 --> string_indexing.rs:5:22
  |
5 |     let first_char = hello[0];
  |                      ^^^^^^^^ `std::string::String` cannot be indexed by `{integer}`
  |
  = help: the trait `std::ops::Index<{integer}>` is not implemented for `std::string::String`

error: aborting due to previous error

For more information about this error, try `rustc --explain E0277`.
```

这些并不是十分有用的信息，但是它们涉及被称为 Index 的特征。Index 特征是在集合类型上实现的，其元素可以通过将索引类型作为 usize 值由索引运算符[]进行访问。字符串是有效的 UTF-8 编码字节序列，单个字节并不等同于单个字符。在 UTF-8 中，单个字符也可以由多个字节表示。因此索引不适用于字符串。

相反，我们可以有字符串切片。这可以通过如下方式实现：

```
// string_range_slice.rs

fn main() {
    let my_str = String::from("Strings are cool");
    let first_three = &my_str[0..3];
    println!("{:?}", first_three);
}
```

但是，与所有索引操作的情况类似，如果开始或结束的索引位置不在有效的字符区间，那么会发生灾难性故障。

对字符串的所有字符进行迭代访问的另一种方法是使用 chars 方法，该方法将字符串转换为字符上的迭代器。让我们对前面的代码进行修改，进而用 chars 方法替代：

```
// strings_chars.rs

fn main() {
    let hello = String::from("Hello");
    for c in hello.chars() {
        println!("{}", c);
    }
}
```

chars 方法会以适当的 Unicode 边界返回字符串中的字符。我们还可以调用其他迭代器方法来跳过或获取其中的某些字符。

7.2.4 在函数中使用字符串

将字符串切片传递给函数是惯用且高效的做法。以下是一个例子：

```
// string_slices_func.rs

fn say_hello(to_whom: &str) {
    println!("Hey {}!", to_whom)
}

fn main() {
    let string_slice: &'static str = "you";
    let string: String = string_slice.into();
    say_hello(string_slice);
    say_hello(&string);
}
```

细心的读者应该会发现，say_hello 方法也适用于&String 类型。在内部，&String 会自动被强制转换为&str，因为 String 为 str 类型实现了类型强制性特征 Deref，该特征确保了&String 到&str 的转换。

在这里你会发现为何在前面强调这一点。字符串切片是一个用途广泛的输入型参数，不仅适用于实际的字符串切片引用，还适用于 String 引用。所以再强调一遍：如果你需要将一个字符串传递给你的函数，那么请使用字符串切片&str。

7.2.5 字符串拼接

在 Rust 中处理字符串时，另一个会让人感到困惑的地方是将两个字符串拼接到一起。在其他语言中，你可以使用非常直观的语法将两个字符串拼接到一起，如只需将"Foo"+"Bar"就可以获得"FooBar"。但是在 Rust 中并非如此：

```
// string_concat.rs

fn main() {
    let a = "Foo";
    let b = "Bar";
    let c = a + b;
}
```

如果我们编译上述代码，将会得到以下错误提示信息：

```
+ Chapter07 git:(master) x rustc string_concat.rs
error[E0369]: binary operation `+` cannot be applied to type `&str`
 --> string_concat.rs:6:13
  |
6 |     let c = a + b;
  |             ^^^^^  + can't be used to concatenate two `&str` strings
  |
help: `to_owned()` can be used to create an owned `String` from a string reference. String concatenation appends the strin
g on the right to the string on the left and may require reallocation. This requires ownership of the string on the left
  |
6 |     let c = a.to_owned() + b;
  |             ^^^^^^^^^^^^

error: aborting due to previous error

For more information about this error, try `rustc --explain E0369`.
```

上述错误提示信息在这里非常有用。拼接操作分为两步：首先，你需要分配一个字符串，然后迭代访问它们，并将其字节复制到新分配的字符串中。这涉及隐式的堆分配操作，该操作隐藏在运算符"+"后面。Rust 不鼓励隐式堆分配。相反，编译器建议我们通过显式地将第 1 个字符串转换成包含所有权的字符串来实现两个字符串的拼接，所以我们会对代码进行一些修改，如下所示：

```
// string_concat.rs

fn main() {
    let foo = "Foo";
    let bar = "Bar";
    let baz = foo.to_string() + bar;
}
```

因此我们通过调用 to_string()方法让 foo 成为一个 String 类型。这种修改使我们的代码得以通过编译。

String 和&str 之间主要的差异在于，&str 自身能够被编译器识别，而 String 是标准库中的自定义类型。你可以在 Vec<u8>之上实现自定义的类似 String 抽象。

7.2.6 &str 和 String 的应用场景

对刚接触 Rust 的程序员来说，辨别&str 和 String 的应用场景会存在一些困惑。最佳的做法是尽可能使用带有&str 类型的 API，因为当字符串已经分配到某处时，只需引用该字符串就可以节省复制和分配的成本。在程序中传递&str 几乎是零成本的：它几乎不会产生分配成本，也不会复制内存。

7.3 全局值

除了变量和类型声明之外，Rust 还允许我们定义可以在程序任意位置访问的全局值，它们遵循字母大写的命名约定。它们一般有两种：常数和静态值。常量函数可以调用它们来初始化这些全局值。接下来让我们先讨论一下常量。

7.3.1 常量

第 1 种形式的全局值是常量。以下是它的定义方式：

```
// constants.rs

const HEADER: &'static [u8; 4] = b"Obj\0";

fn main() {
    println!("{:?}", HEADER);
}
```

我们使用关键字 const 来创建常量。由于常量未使用关键字 let 声明，因此在创建它们时必须指定类型。现在我们使用 HEADER 就表示使用字节文本 Obj\。b""是一种便捷的语法，用于创建&'static [u8; n]类型的字节序列，例如对固定长度的字节数组的静态引用。常量表示具体值，并且没有与之关联的任何内存位置，无论它们在何处使用都会被内联。

7.3.2 静态值

静态值是相应的全局值，因为它们具有固定的内存位置，并且在整个程序中作为单个（唯一）实例存在。不过也可以让它们成为可变的。然而，由于全局变量是"最恶劣"的错误的"滋生地"，因此存在一些安全机制。读取和写入静态值都必须在某个 unsafe 代码块中完成。以下是创建和使用静态值的示例：

```
// statics.rs

static mut BAZ: u32 = 4;
static FOO: u8 = 9;

fn main() {
    unsafe {
        println!("baz is {}", BAZ);
```

```
        BAZ = 42;
        println!("baz is now {}", BAZ);
        println!("foo is {}", FOO);
    }
}
```

在上述代码中，我们声明了两个静态值 BAZ 和 FOO，使用关键字 static 创建它们并显式指定其类型。如果希望它们是可变的，那么可以在关键字 static 之后添加关键字 mut。静态值不像常量那样是内联的，当我们读取和写入静态值时，需要用到 unsafe 代码块。静态值通常与同步原语搭配使用，它们还用于实现全局锁定，以及与 C 程序库集成。

通常，如果你不需要依赖静态的单例属性及其预定义的内存位置，而只需要其具体值，那么应该更倾向于使用常量。它们允许编译器进行更好的优化，并且更易于使用。

7.3.3 编译期函数——const fn

我们还可以定义在编译期计算其参数的常量函数（const 函数）。这意味着 const 值声明来自 const 函数调用的值。const 函数是纯函数，必须是可重现的。这意味着它们不能将可变参数带入任何类型，也不能包含动态的操作，例如堆分配。它们可以在非常量的地方像普通函数那样被调用，但是当它们在包含常量的上下文中调用时，可以在编译期进行相关计算。以下是我们定义常量函数的方法：

```
// const_fns.rs

const fn salt(a: u32) -> u32 {
    0xDEADBEEF ^ a
}

const CHECKSUM: u32 = salt(23);

fn main() {
    println!("{}", CHECKSUM);
}
```

在上述代码中，我们定义了一个 const 函数 salt，它将 u32 值作为参数，并使用十六进制值 0xDEADBEEF 执行异或操作。const 函数对于可以在编译期执行的操作非常有用。例如，假定你正在编写二进制文件解析器，需要读取文件的前 4 字节以完成解析器初始化和验证等步骤。以下代码演示了如何在运行时完整地执行此操作：

```
// const_fn_file.rs
```

```
const fn read_header(a: &[u8]) -> (u8, u8, u8, u8) {
    (a[0], a[1], a[2], a[3])
}

const FILE_HEADER: (u8,u8,u8,u8) =
read_header(include_bytes!("./const_fn_file.rs"));

fn main() {
    println!("{:?}", FILE_HEADER);
}
```

在上述代码中，read_header 函数使用 include_bytes!宏接收一个文件作为字节数组，它也会在编译期读取文件。然后我们从中提取 4 字节，并将其作为具有 4 个元素的元组返回。没有 const 函数，这些都将在运行时完成。

7.3.4 通过 lazy_static!宏将静态值动态化

如你所见，全局值只能在初始化时声明非动态的类型，并且在编译期，它在堆栈上的大小是已知的。例如，你不能将 HashMap 创建为静态值，因为它涉及堆分配。幸运的是，我们可以使用 HashMap 和其他动态集合类型（如 Vec）构造全局静态值，这是通过被称为 lazy_static 的第三方软件包实现的。它暴露了 lazy_static!宏，可用于初始化任何能够从程序中的任何位置全局访问的动态类型。以下是一个初始化 Vec 的代码片段，它能够在多线程环境中被修改：

```
// lazy_static_demo

use std::sync::Mutex;

lazy_static! {
    static ref ITEMS: Mutex<Vec<u64>> = {
        let mut v = vec![];
        v.push(9);
        v.push(2);
        v.push(1);
        Mutex::new(v)
    }
}
```

使用 lazy_static!宏声明的元素需要实现 Sync 特征。这意味着如果某个静态值可变，那么必须使用诸如 Mutex 或 RwLock 这样的多线程类型，而不是 RefCell。在第 8 章中我们将介绍这些类型,后文将会经常遇到这个宏。可以访问该软件包的版本库深入了解 lazy_static 的使用方法。

7.4 迭代器

在第 1 章中我们对迭代器已经有了一些了解。重申一下,迭代器兼容任意普通类型,可以通过以下 3 种方式遍历集合类型中的元素: self、&self 及 &mut self。它们并非新概念,诸如 C++和 Python 这类主流语言也包含类似的概念,它们起初看起来会让人感到惊讶,因为它们的存在形式是某种关联类型特征。在 Rust 中,处理集合类型时经常会用到迭代器。

为了了解它的工作机制,让我们来看一看 std::iter 模块中的 Iterator 特征定义:

```
pub trait Iterator {
    type Item;
    fn next(&mut self) -> Option<Self::Item>;
    // 省略了其他默认方法
}
```

Iterator 特征是一个关联类型特征,它要求为任何实现的类型定义两个元素。第 1 个是关联类型 Item,它指定了迭代器产生的元素。第 2 个是 next 方法,每当我们需要从迭代的类型中读取一个值时会调用它。在这里我们省略了其他方法,因为它们具有默认实现。要让类型支持迭代,我们只需指定 Item 类型,并实现 next 方法。其他所有具有默认实现的方法都可用于该类型。这种方式使迭代器实现了非常强大的抽象。

Iterator 特征具有一个名为 IntoIterator 的兄弟特征,它由想要转换为迭代器的类型实现,并提供了 into_iter 方法,该方法通过 self 获取实现类型从而使用该类型的元素。

让我们为某个自定义类型实现 Iterator 特征,如果该类型不是集合,那么请先确定要在数据类型中迭代的内容,然后创建一个保存迭代器任意状态的包装器结构体。通常,我们会发现迭代器是为某些包装器类型实现的,它通过所有权或者可变或不可变引用来引用集合类型中的元素。将类型转换为迭代器的方法也遵循常规的命名约定。

- iter()通过引用获取元素。
- iter_mut()用于获取元素的可变引用。
- into_iter()用于获取值的所有权,并在完全迭代后使用实际类型,原始集合将无法再访问。

实现 Iterator 特征的类型可以在 for 循环中使用，并且可以调用相关元素的 next 方法。考虑如下 for 循环代码：

```
for i in 0..20 {
    // do stuff
}
```

上述包含语法糖的代码可以转换成如下形式：

```
let a = Range(..);
while let Some(i) = a.next() {
    // do stuff
}
```

它将重复调用 a.next()直到它和 Some(i)变体相匹配。当它匹配的结果是 None 时，迭代将停止。

实现自定义迭代器

为了更深入地了解迭代器，我们将实现一个自定义迭代器，它能够生成一定数量的素数。首先，让我们来了解一下迭代器中需要用到的 API：

```
// custom_iterator.rs

use std::usize;
struct Primes {
    limit: usize
}

fn main() {
    let primes = Primes::new(100);
    for i in primes.iter() {
        println!("{}", i);
    }
}
```

我们有一个名为 Primes 的类型，可以使用 new 方法并提供生成素数的数目来实例化它。我们可以在这个实例上调用 iter()将其转换为迭代器类型，然后在 for 循环中使用它。接下来，让我们给它添加 new 和 iter 方法：

```
// custom_iterator.rs
```

```
impl Primes {
    fn iter(&self) -> PrimesIter {
        PrimesIter {
            index: 2,
            computed: compute_primes(self.limit)
        }
    }

    fn new(limit: usize) -> Primes {
        Primes { limit }
    }
}
```

iter 方法通过&self 获取 Primes 类型，并返回包含两个字段的 PrimesIter 类型：index 用于将索引值存储在 vector 中，computed 字段用于将预先计算的素数存储在 vector 中。compute_primes 方法的定义如下所示：

```
// custom_iterator.rs

fn compute_primes(limit: usize) -> Vec<bool> {
    let mut sieve = vec![true; limit];
    let mut m = 2;
    while m * m < limit {
        if sieve[m] {
            for i in (m * 2..limit).step_by(m) {
                sieve[i] = false;
            }
        }
        m += 1;
    }
    sieve
}
```

该函数实现了素数筛选算法（sieve of the eratosthenes algorithm），用于高效地生成给定数目的素数。接下来是 PrimesIter 结构体定义，以及 Iterator 的实现：

```
// custom_iterator.rs

struct PrimesIter {
    index: usize,
    computed: Vec<bool>
}

impl Iterator for PrimesIter {
```

```
        type Item = usize;
        fn next(&mut self) -> Option<Self::Item> {
            loop {
                self.index += 1;
                if self.index > self.computed.len() - 1 {
                    return None;
                } else if self.computed[self.index] {
                    return Some(self.index);
                } else {
                    continue
                }
            }
        }
    }
```

在 next 方法中，我们执行循环，如果 self.index 对应的 self.computed 中的值为 true，那么获取其中的素数。如果我们遍历了 computed 容器中的元素，那么返回 None，表示迭代访问操作已完成。这是包含 main 函数的完整代码，它会生成 100 个素数：

```
// custom_iterator.rs

use std::usize;

struct Primes {
    limit: usize
}

fn compute_primes(limit: usize) -> Vec<bool> {
    let mut sieve = vec![true; limit];
    let mut m = 2;
    while m * m < limit {
        if sieve[m] {
            for i in (m * 2..limit).step_by(m) {
                sieve[i] = false;
            }
        }
        m += 1;
    }
    sieve
}

impl Primes {
    fn iter(&self) -> PrimesIter {
        PrimesIter {
```

```
                    index: 2,
                    computed: compute_primes(self.limit)
                }
        }

        fn new(limit: usize) -> Primes {
            Primes { limit }
        }
}

struct PrimesIter {
    index: usize,
    computed: Vec<bool>
}

impl Iterator for PrimesIter {
    type Item = usize;
    fn next(&mut self) -> Option<Self::Item> {
        loop {
            self.index += 1;
            if self.index > self.computed.len() - 1 {
                return None;
            } else if self.computed[self.index] {
                return Some(self.index);
            } else {
                continue
            }
        }
    }
}

fn main() {
    let primes = Primes::new(100);
    for i in primes.iter() {
        print!("{},", i);
    }
}
```

我们得到以下输出结果：

3,5,7,11,13,17,19,23,29,31,37,41,43,47,53,59,61,67,71,73,79,83,89,97

除了 Vec 之外，还有很多类型在标准库中实现了 Iterator 特征，例如 HashMap、BtreeMap 及 VecDeque。

7.5 高级类型

在本节中，我们将介绍 Rust 中的一些高级类型。让我们先从不定长类型开始。

7.5.1 不定长类型

不定长类型是我们在尝试创建 str 类型时首次遇到的类型。我们知道只能在诸如&str 之类的引用之后创建和使用字符串引用。如果尝试创建一个 str 类型，让我们看看得到的错误提示信息：

```
// unsized_types.rs

fn main() {
    let a: str = "2048";
}
```

编译上述代码后出现以下错误提示信息：

```
→ Chapter08 git:(master) X rustc unsized_types.rs
error[E0308]: mismatched types
 --> unsized_types.rs:4:18
4 |     let a: str = "2048";
  |                  ^^^^^^ expected str, found reference
  = note: expected type `str`
             found type `&'static str`
error[E0277]: the size for values of type `str` cannot be known at compilation time
 --> unsized_types.rs:4:9
4 |     let a: str = "2048";
  |         ^ doesn't have a size known at compile-time
  = help: the trait `std::marker::Sized` is not implemented for `str`
  = note: to learn more, visit <https://doc.rust-lang.org/book/second-edition/ch19-04-advanced-types.html#dynamically-sized-types-and-the-sized-trait>
  = note: all local variables must have a statically known size
  = help: unsized locals are gated as an unstable feature
```

默认情况下，Rust 将 str 的引用类型创建为'static str。错误提示信息提示我们在堆栈中的所有局部变量值必须在编译期具有静态的已知大小。这是因为堆栈的内存是有限的，我们不能支持包含无限或动态大小的类型。同样，还有其他不定长类型的实例。

- [T]：这是类型 T 切片，它们只能用作&[T]或者&mut [T]。
- dyn Trait：这是一个特征对象，它们只能用作&dyn Trait 或者&mut dyn Trait 类型。

- 任何将不定长类型作为其最后一个字段的结构体也被视为不定长类型。

- 我们已经介绍过 str 了，其内部只有一个[u8]，但是能够保证其中的字节都是有效的 UTF-8 格式。

7.5.2 函数类型

Rust 中的函数也包含一种具体的类型，其参数类型和数目与它的实参有所不同，例如在示例中使用了多少个参数：

```
// function_types.rs

fn add_two(a: u32, b: u32) -> u32 {
    a + b
}

fn main() {
    let my_func = add_two;
    let res = my_func(3, 4);
    println!("{:?}", res);
}
```

在 Rust 中，函数可以存储在变量中，传递给其他函数或者从函数返回。前面的代码声明了一个函数 add_two，我们将其存储在 my_func 中，稍后用 3 和 4 作为参数对它们进行调用。

> **提示**
> 函数类型不应该与 Fn 闭包混淆，因为它们都用 fn 作为其类型签名前缀。

7.5.3 never 类型 "!" 和函数分发

我们使用了一个名为 unimplemented!的宏，它有助于让编译器忽略未提供任何具体实现的函数，并编译我们的代码。这能够奏效是因为 unimplemented!宏实现了一个名为 never 的类型。

7.5.4 联合

为了与 C 代码交互操作，Rust 还提供了联合类型，它直接映射了 C 语言的 union。联合的读取操作是不安全的。接下来让我们看看如何创建它，并与之交互：

```
// unions.rs

#[repr(C)]
union Metric {
    rounded: u32,
    precise: f32,
}

fn main() {
    let mut a = Metric { rounded: 323 };
    unsafe {
        println!("{}", a.rounded);
    }
    unsafe {
        println!("{}", a.precise);
    }
    a.precise = 33.3;
    unsafe {
        println!("{}", a.precise);
    }
}
```

我们创建了一个联合类型 Metric，它有两个字段 rounded 和 precise，用于表示一些测量指标。在 main 中，我们用变量 a 接收它初始化后的实例。

我们只能初始化其中的一个变量，否则编译器将提示以下错误提示信息：

```
error: union expressions should have exactly one field
  --> unions.rs:10:17
   |
10 |     let mut a = Metric { rounded: 323, precise:23.0 };
```

我们还必须使用 unsafe 代码块来输出联合中的字段。编译并运行上述代码，输出结果如下：

```
323
0.0000000000000000000000000000000000000000453
33.3
```

如你所见，我们得到了未初始化字段 precise 的垃圾值。在撰写本书时，联合仅允许 Copy 类型作为其字段。它们与所有字段共享相同的内存空间，就像 C 语言的 union 一样。

7.5.5 Cow

Cow 是一种智能指针类型，提供两种版本的字符串，它表示在写入的基础上复制（Clone on Write，Cow）。它具有以下类型签名：

```
pub enum Cow<'a, B> where B: 'a + ToOwned + 'a + ?Sized, {
    Borrowed(&'a B),
    Owned(<B as ToOwned>::Owned),
}
```

首先，Cow 有两个变体。

- Borrowed 表示某种类型 B 的借用版本。这个 B 必须实现 ToOwned 特征。

- 所有权变体，其中包含该类型的所有权版本。

此类型适用需要避免不必要的内存分配的情况。一个真实的例子是名为 serde_json 的 JSON 解析器软件包。

7.6 高级特征

在本节中，我们将讨论一些在处理复杂代码库时非常重要的高级特征。

7.6.1 Sized 和?Sized

Sized 特征是一种标记性特征，用于表示编译期已知大小的类型。它适用于 Rust 中的大多数类型，除了不定长类型之外。所有类型参数在其定义中都具有 sized 特征的隐式限制。我们可以在特征前面添加运算符 "?" 指定特征的可选边界。但是在撰写本书时，运算符 "?" 仅适用于标记性特征，将来它可能会扩展到其他类型。

7.6.2 Borrow 和 AsRef

这是一些特殊的特征，承载着能够构造出任何类型的概念。

7.6.3 ToOwned

此特征旨在针对可以转换为所有权版本的类型实现。例如，&str 类型为 String 实现了这个特征。这意味着&str 类型有一个名为 to_owned 的函数，它可以将其转换为 String 类型，这是一种包含所有权的类型。

7.6.4　From 和 Into

实现将一种类型转换为另一种类型，我们可用 From 和 Into 特征。关于这两个特征有趣的部分是，我们只需实现 From 特征就能自动获得 Into 特征的实现，例如以下 impl 代码块：

```
#[stable(feature = "rust1", since = "1.0.0")]
impl<T, U> Into<U> for T where U: From<T> {
    fn into(self) -> U {
        U::from(self)
    }
}
```

7.6.5　特征对象和对象安全性

对象安全性是指一组规则和限制，不允许违反上述规则构造相关的特征对象。请考虑如下代码：

```
// object_safety.rs

trait Foo {
    fn foo();
}

fn generic(val: &Foo) {

}

fn main() {

}
```

编译后出现了以下错误提示信息：

这让我们想到了对象安全性，它是一组禁止从某个特征创建特征对象的限制规则。在此示例中，由于我们的类型没有 self 引用，因此无法从中创建特征对象。在这种情况下，要想将任何类型转换为特征对象，类型上的方法必须是一个实例——通过引用获取 self。因此，我们将特征方法声明 foo 改成如下形式：

```
trait Foo {
    fn foo(&self);
}
```

这使代码能够顺利编译。

7.6.6　通用函数调用语法

有时你使用的方法与其实现的某个特征包含相同的方法集。在这种情况下，Rust 为我们提供了通用函数调用语法，该语法适用于调用类型本身或来自特征的方法。请考虑如下代码：

```
// ufcs.rs

trait Driver {
    fn drive(&self) {
        println!("Driver's driving!");
    }
}

struct MyCar;

impl MyCar {
    fn drive(&self) {
        println!("I'm driving!");
    }
}

impl Driver for MyCar {}

fn main() {
    let car = MyCar;
    car.drive();
}
```

上述代码包含两个名称相同的方法 drive。其中一个是固有的方法，另一个方法来自 Driver 特征。如果我们编译运行上述代码，将会得到以下输出：

```
I'm driving
```

如果我们想要调用 Driver 特征的 drive 方法该怎么办呢？类型的固有方法比同名的其他方法包含更高的优先级。要调用特征方法，我们可以使用通用函数调用语法（Universal Function Call Syntax，UFCS）。

7.6.7　特征规则

特征还包含一些特殊规则，这对了解它们的应用场景非常重要。

类型系统在特征上下文中一个重要的规则是特征一致性规则。特征一致性的"想法"是，在实现它的类型上应该只有一个特征的实现。这应该是显而易见的，因为有两个实现，两者之间的选择会存在歧义。

另一个可能会将很多特征混淆的规则是孤儿规则。简单来说，孤儿规则要求我们不能在外部类型上实现外部特征。换句话说，如果你在外部类型上实现某些外部特征，要么必须由你定义特征，要么应该在你实现外部特征时提供自定义类型。这就排除了在跨软件包之间重复特征实现发生冲突的可能。

7.7　闭包进阶

如前所述，闭包是加强版的函数。它们也是第一类函数，这意味着它们可以添加变量，也可以作为参数传递给函数，甚至可以从函数返回。但是，它们与函数的区别在于，它们能够识别其声明的环境，并且可以引用上下文环境中的任何变量。从环境中引用变量的方式取决于变量在闭包内的使用方式。

默认情况下，闭包将尝试以最灵活的方式捕获变量。只有当程序员需要以某种特定方式捕获值时，它们才会强制执行，实现程序员的意图。除非我们看到不同类型的闭包在运行，否则这并没有多大的意义。闭包在系统底层是匿名的结构，它实现了 3 个特征，用于表示闭包如何访问其上下文环境。接下来我们将研究这 3 个特征（从限制最少到限制最多）。

7.7.1　Fn 闭包

仅为读取访问变量的闭包实现 Fn 特征。它们访问的任何值都是引用类型（&T）。这是使用闭包的默认模式。请考虑如下代码：

```
// fn_closure.rs
```

```
fn main() {
    let a = String::from("Hey!");
    let fn_closure = || {
        println!("Closure says: {}", a);
    };
    fn_closure();
    println!("Main says: {}", a);
}
```

编译并运行上述代码后得到以下结果：

```
Closure says: Hey!
Main says: Hey!
```

即使在调用闭包之后仍然可以访问变量 a，因为闭包使用了引用。

7.7.2　FnMut 闭包

当编译器检测出闭包改变了执行环境中引用的某个值时，它实现了 FnMut 特征。为了适配之前相同的代码，请参考如下代码：

```
// fn_mut_closure.rs

fn main() {
    let mut a = String::from("Hey!");
    let fn_mut_closure = || {
        a.push_str("Alice");
    };
    fn_mut_closure();
    println!("Main says: {}", a);
}
```

上述闭包将字符串"Alice"添加到 a 中。fn_mut_closure 改变了它的执行环境。

7.7.3　FnOnce 闭包

从执行环境中获取数据的所有权的闭包实现了 FnOnce 特征。该名称表示此闭包只能被调用一次。因此，相关的变量只能使用一次。这是构造和使用闭包最不推荐的方法，因为后续不能使用其引用的变量：

```
// fn_once.rs
```

```
fn main() {
    let mut a = Box::new(23);
    let call_me = || {
        let c = a;
    };

    call_me();
    call_me();
}
```

此操作执行失败，并显示如下错误提示信息：

但是有些场景是只有 FnOnce 闭包才能胜任的。一个这样的例子是标准库中用于生成新线程的 thread::spawn 方法。

7.8 结构体、枚举和特征中的常量

结构体、枚举和特征定义也可以与常量字段成员一起提供，它们可用于需要在它们之间共享常量的情况。举个例子，我们有一个 Circle 特征，这个特征被不同的圆形类型实现。我们可以将一个 PI 常量添加到 Circle 特征中，该特征可以由具有 area 属性的任何类型共享，并根据 PI 的值来计算面积：

```
// trait_constants.rs

trait Circular {
    const PI: f64 = 3.14;
    fn area(&self) -> f64;
}

struct Circle {
    rad: f64
```

```
}

impl Circular for Circle {
    fn area(&self) -> f64 {
        Circle::PI * self.rad * self.rad
    }
}

fn main() {
    let c_one = Circle { rad: 4.2 };
    let c_two = Circle { rad: 75.2 };
    println!("Area of circle one: {}", c_one.area());
    println!("Area of circle two: {}", c_two.area());
}
```

我们还可以在结构体和枚举中使用常量：

```
// enum_struct_consts.rs

enum Item {
    One,
    Two
}

struct Food {
    Cake,
    Chocolate
}

impl Item {
    const DEFAULT_COUNT: u32 = 34;
}

impl Food {
    const FAVORITE_FOOD: &str = "Cake";
}

fn main() {
}
```

接下来，让我们谈论一些模块的高级应用。

7.9 模块、路径和导入

如第 2 章所述，Rust 为我们管理项目提供了很大的灵活性。这里将介绍模块的一些高级应用，以及它们在代码中的实用技巧。

7.9.1 导入

我们可以在模块中以嵌套的方式导入（import）元素，这有助于减少导入操作的资源占用。请考虑如下代码：

```
// nested_imports.rs

use std::sync::{Mutex, Arc, mpsc::channel};

fn main() {
    let (tx, rx) = channel();
}
```

7.9.2 再次导出

再次导出（re-export）允许我们有选择地从模块中暴露一些元素给外界。当我们使用 Option 和 Result 类型时，就已经在享受再次导出的便利性了。如果构造模块时需要创建很多嵌套目录来存放大量的子模块，那么再次导出有助于减少必须输入的导入路径。

例如，有一个名为 bar.rs 的模块来自我们创建的 Cargo 项目 reexports：

```
// reexports_demo/src/foo/bar.rs

pub struct Bar;
```

Bar 是 src/foo/bar.rs 下公开的结构体模块。如果用户想要在代码中使用 Bar，那么必须编写如下代码：

```
// reexports_demo/src/main.rs

use foo::bar::Bar;

fn main() {
}
```

上述 use 语句非常烦琐。当你的项目中包含大量嵌套的子模块时，这会变得烦琐和笨拙。相反，我们可以将 Bar 从 bar 模块中重新导出到我们的软件包根目录，就像我们在 foo.rs 中那样：

```
// reexports_demo/src/foo.rs

mod bar;
pub use bar::Bar;
```

为了重新导出，我们采用了 pub use 关键字。现在我们可以很容易地使用 Bar，就像使用 foo::Bar 一样。

默认情况下，Rust 建议在根模块中进行绝对导入。绝对导入是以关键字 crate 开头的，而相对导入是使用关键字 self 实现的。当子模块重新导出到其父模块时，我们可能会从相对导入中受益，因为使用绝对导入会变得冗长而多余。

7.9.3　隐私性

Rust 中元素的隐私性是从模块层面开始的。作为程序库的作者，要从模块向用户公开一些内容可以使用关键字 pub。但是对于有一些元素，我们只想暴露给软件包中的其他模块，而不是用户。在这种情况下，我们可以对元素使用 pub（crate）修饰符，这允许元素仅在软件包内部暴露。

请考虑如下代码：

```
// pub_crate.rs

fn main() {
}
```

7.10　高级匹配模式和守护

在本节中，我们将介绍 match 和 let 模式的一些高级用法。首先，让我来看看匹配。

7.10.1　匹配守护

我们还可以在匹配臂上使用匹配守护（if code > 400 || code <= 500）来匹配值的子集。匹配守护是从 if 表达式开始的。

7.10.2 高级 let 构造

我们有如下希望匹配的复杂数据：

```
// complex_destructure.rs

enum Foo {
    One, Two, Three
}

enum Bar(Foo);

struct Dummy {
    inner: Bar
}

struct ComplexStruct {
    obj: Dummy
}

fn get_complex_struct() -> ComplexStruct {
    ComplexStruct {
        obj: Dummy { inner: Bar(Foo::Three) }
    }
}

fn main() {
    let a = get_complex_struct();
}
```

7.11 强制类型转换

类型转换是一种将类型降级或升级到其他类型的机制。当类型转换隐式地发生时，它被称为强制类型转换（coercion）。Rust 还允许各种级别的类型转换，非常明显的例子是基元数字类型。你可能需要将 u8 类型的数据升级为 u64 类型的数据或者将 i64 类型的数据截断为 i32 类型的数据。要执行简单的强制类型转换，我们会使用关键字 as，如下所示：

```
let a = 34u8;
let b = a as u64;
```

除了基元类型之外——类型转换还支持更高级的类型。如果实现了特定的特征，我们可以将类型的引用类型转换为它的特征对象。所以我们可以做与以下类似的操作：

```rust
// cast_trait_object.rs

use std::fmt::Display;

fn show_me(item: &Display) {
    println!("{}", item);
}

fn main() {
    let a = "hello".to_string();
    let b = &a;
    show_me(b);
    // let c = b as &Display;
}
```

还有很多指针类型支持其他类型的转换。

- 将*mut T 转换为*const T。另一种方法在安全的 Rust 代码中是被禁止的，并且需要一个 unsafe 代码块。

- 将&T 转换为 *const T，反之亦然。

类型转换还有另一种显式和不安全的版本被称为变形（transmute）。因为它是不安全的，所以在你不知道后果的情况下使用它是非常危险的。当无知地使用它时，它可能会将你引入类似使用 C 语言中的整数创建指针的窘境。

7.12 类型与内存

在本节中，我们将讨论编程语言中类型的一些知识和底层细节，这些内容对希望编写系统软件和关心性能的人来说非常重要。

7.12.1 内存对齐

这是内存管理方面的知识之一，除非在性能方面有严格的要求，否则你很少会需要关注它们。由于存储器和处理器之间的数据访问存在延迟，当处理器访问存储器中的数据时，它是逐块而不是逐字节进行的，这有助于减少访问内存的次数。块的大小被称为 CPU 的内存访问粒度。通常，块的大小是 1 个字（32 位），2 个字，3 个字，4 个字，依此类推，它们的大小取决于目标体系结构。根据访问粒度，目标数据驻留在与字大小（word size）的倍数对齐的存储器中。如果不是这种情况，那么 CPU 必须先读取数据，然后对数据位执行左移或右移操作，并丢弃不需要的数据以读取特定值。这浪费了 CPU 周期。在大多数情况下，编译器足够 "聪明"，可以为我们找出数据对齐方式，但在某些情况下，我们需要下达指令。有两个重要的术语需要我们了解。

- 字大小：字大小表示微处理器处理单元数据的位数。

- 内存访问粒度：CPU 从内存总线访问的最小数据块被称为内存访问粒度。

所有编程语言中的数据类型都包含大小和对齐方式。基元类型的对齐尺寸和它们的大小相等。因此，一般所有基元类型都是对齐的，并且 CPU 对它们的对齐读取是没有问题的。但是当我们创建自定义数据类型时，如果它们没有对齐以允许 CPU 用对齐的方式访问内存，那么编译器通常会在我们的结构体字段之间插入填充物。

了解过数据类型大小和对齐方式之后，让我们研究一下标准库中的 std::mem 模块，它允许我们对数据类型及其大小进行自检。

7.12.2　std::mem 模块

关于类型及其在内存中的大小，标准库中的 mem 模块为我们提供了方便的 API，用于检查初始化原始内存的类型大小和功能的对齐方式。这些函数中有相当一部分是不安全的，只有当程序员知道它们在做什么时才能使用。我们将限制对这些 API 的探索。

- size_of 返回通过泛型获得的类型大小。

- size_of_val 返回某个引用值的大小。

通常，这些方法是通过 turbofish 运算符::<>调用的。我们实际上并没有给这些方法提供某个类型作为参数；只是显式针对某种类型调用它们。如果我们对前面的某些零成本的泛型声明存在疑问，那么可以使用这些函数检查它们的内存开销情况。让我们看看 Rust 中某些类型的大小：

```
// mem_introspection.rs

use std::cell::Cell;
use std::cell::RefCell;
use std::rc::Rc;

fn main() {
    println!("type u8: {}", std::mem::size_of::<u8>());
    println!("type f64: {}", std::mem::size_of::<f64>());
```

```
    println!("value 4u8: {}", std::mem::size_of_val(&4u8));
    println!("value 4: {}", std::mem::size_of_val(&4));
    println!("value 'a': {}", std::mem::size_of_val(&'a'));

    println!("value \"Hello World\" as a static str slice: {}",
std::mem::size_of_val("Hello World"));
    println!("value \"Hello World\" as a String: {}",
std::mem::size_of_val("Hello World").to_string());

    println!("Cell(4)): {}", std::mem::size_of_val(&Cell::new(84)));
    println!("RefCell(4)): {}", std::mem::size_of_val(&RefCell::new(4)));

    println!("Rc(4): {}", std::mem::size_of_val(&Rc::new(4)));
    println!("Rc<RefCell(8)>): {}",
std::mem::size_of_val(&Rc::new(RefCell::new(4))));
}
```

需要重点关注的一点是各指针的大小。请考虑如下代码：

```
// pointer_layouts.rs

trait Position {}

struct Coordinates(f64, f64);

impl Position for Coordinates {}

fn main() {
    let val = Coordinates(1.0, 2.0);
    let ref_: &Coordinates = &val;
    let pos_ref: &Position = &val as &Position;
    let ptr:        *const Coordinates = &val as *const Coordinates;
    let pos_ptr: *const Position = &val as *const Position;
    println!("ref_: {}", std::mem::size_of_val(&ref_));
    println!("ptr: {}", std::mem::size_of_val(&ptr));
    println!("val: {}", std::mem::size_of_val(&val));
    println!("pos_ref: {}", std::mem::size_of_val(&pos_ref));
    println!("pos_ptr: {}", std::mem::size_of_val(&pos_ptr));
}
```

我们以一系列不同的方式创建指向结构体 Coordinates 的指针，并将它们转换为不同类型的指针后输出其大小。编译并运行上述代码后，得到了以下输出结果：

```
ref_: 8
```

```
ptr: 8
val: 16
pos_ref: 16
pos_ptr: 16
```

这清楚地表明，特征对象和指向特征的引用是胖指针，它们是普通指针大小的两倍。

7.13 使用 serde 进行序列化和反序列化

序列化和反序列化是理解任何需要以紧凑格式传输或存储数据的应用程序时会用到的两个重要概念。序列化是将内存数据类型转换为字节序列的过程，反序列化则与此相反，这意味着它可以读取数据。很多编程语言都为将数据结构转换为字节序列提供了支持。serde 的强大之处在于它能够在编译期生成任何支持的类型的序列化数据，并且深度依赖过程宏。大多数情况下序列化和反序列化对 serde 都是零成本操作。

在本示例中，我们将探讨通过 serde 程序库序列化和反序列化某个自定义类型。让我们通过运行 cargo new serde_demo 命令创建一个新的项目，相关的 Cargo.toml 文件内容如下所示：

```
# serde_demo/Cargo.toml

[dependencies]
serde = "1.0.84"
serde_derive = "1.0.84"
serde_json = "1.0.36"
```

main.rs 中的代码如下所示：

```
serde_demo/src/main.rs

use serde_derive::{Serialize, Deserialize};

#[derive(Debug, Serialize, Deserialize)]
struct Foo {
    a: String,
    b: u64
}

impl Foo {
    fn new(a: &str, b: u64) -> Self {
        Self {
```

```
                a: a.to_string(),
                b
            }
        }
    }
}

fn main() {
    let foo_json = serde_json::to_string(Foo::new("It's that simple",
101)).unwrap();
    println!("{:?}", foo_json);
    let foo_value: Foo = serde_json::from_str(foo_json).unwrap();
    println!("{:?}", foo_value);
}
```

要将任何原生数据类型转换为类 JSON 格式，我们只需在类型上添加一个派生注释即
可。这就是我们的 Foo 结构体采用的转换方式。

serde 支持很多实现为程序包的序列化实现器，比较流行的包括 serde_json、bincode 及
TOML。这些序列化实现器（例如 serde_json）提供了 to_string 等类似转换方法。

7.14 小结

在本章中，我们详细介绍了 Rust 类型系统的一些高级特性，了解了编写符合人机工程
学的 Rust 代码的各种特征，还了解了高级匹配模式的构造。最后，我们查看了在执行数据
序列化时效率极高的 serde 程序。在第 8 章中将介绍如何通过并发同时执行多个操作。

第 8 章
并发

当前的软件很少会被构造成按顺序执行任务，如今更重要的是开发人员能够编写出一次执行多个操作，并正确执行的程序。随着晶体管的尺寸越来越小，计算机架构师由于晶体管中的量子效应而无法进一步扩展 CPU 时钟频率，使人们更关注于构建采用多核的并发 CPU 架构。因此，开发人员需要编写支持高并发的应用程序，以保证晶体管的发展在遵循摩尔定律的同时额外获得程序性能的提升。

但是编写并发代码有一定难度，并且如果不能提供更好抽象的语言则会使情况变得更糟。Rust 试图在这一领域有所作为，以期构造出更好、更安全的代码。在本章中，我们将介绍在 Rust 中能够帮助开发人员编写高并发代码的概念和术语，使代码能够以一种安全的方式同时执行多个操作，从而轻松地构建他们的程序。

在本章中，我们将介绍以下主题。

- 程序执行模型。

- 并发及其缺陷。

- 作为并发执行单元的线程。

- Rust 如何提供线程安全性。

- Rust 中的并发基础知识。

- 其他用于处理并发的程序库。

8.1 程序执行模型

"不断发展的系统会增加其复杂性，除非采取措施优化它。"

——Meir Lehman

在 20 世纪 60 年代早期，多任务甚至没有出现之前，为计算机编写的程序被限制为顺序执行模型，计算机能够按时间顺序一个接一个地运行指令。这主要是由于硬件在此期间可以处理的指令数量有限。当从真空管转向晶体管，再过渡到集成芯片时，现代计算机使支持在程序中提供多个执行点成为可能。顺序编程模型的时代已经一去不复返了，因为它要求计算机必须等待当前指令执行完毕之后才能执行下一条指令。如今，能够同时准确无误地执行多个任务的计算机已经非常普遍。

当代的计算机能够模拟并发执行模型，其中的一堆指令可以在重叠的时间段内彼此独立执行。在这个模型中，除非它们需要共享或协调某些数据，否则指令不需要彼此等待，并且几乎可以同时运行。如果你分析某些当前流行的软件，那么会发现它会做很多同时发生的事情，如下面的例子所示。

- 即使应用程序在后台连接网络，桌面应用程序仍然可以继续正常工作。

- 某个游戏程序同时更新数千个实体的状态，可在后台播放音乐并保持一致的帧速率。

- 一个科学的、计算量庞大的程序会分割计算过程，以充分利用计算机硬件中的所有内核。

- Web 服务器一次处理多个请求以最大化吞吐量。

这些都是一些非常典型的例子，它们催生了开发人员将程序建模为并发过程的需求。并发真正的含义是什么？在 8.2 节中，我们将定义它。

8.2 并发

程序同时管理多个事务从而让人以为它们是同时发生的能力被称为并发，这种程序被称为并发程序。并发允许将一个问题分解为多个子问题，以这种方式构建的程序执行效率更高。在讨论并发时，我们经常会碰到一个被称为并行的术语，关键在于我们需要知道它们之间的差异，因为这些术语经常会被混用。并行是指每个任务在独立的 CPU 内核上同步运行，并且没有重叠的时间段。下图说明了并发和并行之间的区别：

换句话说，并发和构建同时管理多个事务的程序有关，而并行是指将该程序交给多个内核处理，以增加它在一定时间内完成的工作量。通过这个定义，可以发现正确地遵循并发规则后，程序能够更高效地使用 CPU；而并行可能并非在所有情况下都能付诸实践，如果你的程序并行运行，但只处理一个特定任务，那么吞吐量并不高。也就是说，当并发程序在多核硬件上运行时，我们能够两全其美。

通常，操作系统已经在底层提供了对并发的支持，而且开发人员主要针对编程语言提供的更高级别的抽象进行编程。除了底层支持之外，还有其他不同的并发方法。

8.2.1 并发方法

我们使用并发拆解程序的一部分以独立运行。有时，这些部分可能彼此依赖，并朝着共同的目标前进，或者它们可能是令人尴尬的并行，这个术语用于形容可能分解成独立的无状态任务的问题，例如，以并行的方式转换图像的每个像素。因此，采用的让程序实现并发的方法取决于我们利用并发的程度，以及我们试图解决的问题的性质。在本小节中，我们将讨论可用的并发方法。

以内核为基础

当前多任务处理已经非常普遍，如操作系统需要处理多个进程。因此，操作系统内核已经为用户提供了以下形式之一的原语来编写并发程序。

* **Processes**：在这种方法中，我们可以通过生成自己的独立副本来运行程序的不同部分。在 Linux 上，这可以通过调用 fork 系统来实现。要向生成的进程传递任何数据，可以使用各种进程间通信（Inter Process Communication，IPC）工具，例如管道和FIFO。

基于并发的进程为你提供了诸如故障隔离之类的功能，但也存在启动整个新进程的开销。在操作系统内存耗尽并终止进程之前，可以生成有限数量的进程。

在 Python 的多进程模块中可以看到基于进程的并发。

- **Threads**：底层的进程只是线程，具体来说就是主线程。进程可以启动或生成一个甚至多个线程。线程是最小的可调度执行单元。每个进程都是以一个主线程开始的。除此之外，它还可以使用操作系统提供的 API 生成其他线程。为了允许程序员使用线程，大多数程序语言都在其标准库中附带了线程 API。与进程相比，它们是轻量级的。线程与其父进程共享相同的地址空间，它们不需要在内核中的进程控制块拥有单独的条目，每次生成新进程时都会自动更新。在一个进程中管理其中的多个线程是一项挑战，因为与进程不同，它们与父进程和其他子线程共享地址空间，并且由于线程的调度由操作系统决定，我们不能依赖线程执行的顺序，以及它们从中读取或写入内存的顺序。当我们从单线程程序转到多线程程序时，这些操作会突然变得难以理解。

注意

线程和进程的实现在不同的操作系统之间有所不同。在 Linux 下，内核对它们的处理相同，不同之处在于线程在内核中没有自己的进程控制块条目，并且它们与其父进程和任何其他子线程共享地址空间。

用户级别

基于进程和线程的并发性受限于我们可以生成多少个进程或线程。更轻量级和更有效的替代方案是使用用户空间线程，通常也称绿色线程。它们最先出现在 Java 中，代码名称包含 "green"，因此该名称就沿用到现在。诸如 Go（goroutine）和 Erlang 也有绿色线程。使用绿色线程主要是为了减少基于进程和线程的并发带来的开销。绿色线程非常轻量级，生成新线程的开销和空间都比普通线程少。例如，在 Go 中，goroutine 只需要 4KB 的空间，而普通的线程需要 8MB 的空间。

用户空间线程会作为语言运行的一部分进行管理和调度。运行时是在运行每个程序时执行的任何额外启动或管理代码。这将是你的 GC 或线程调度器。在内部，用户空间线程是在原生的操作系统线程上实现的。Rust 在其 1.0 版本之前有绿色线程，但是在 Rust 发布稳定版之前它们就被移除了。包含绿色线程将违反 Rust 的 "承诺" 和运行时零成本原则。

用户空间的并发更高效，但是正确地付诸实践却难度很大。不过基于线程的并发是一种经过检验和测试的方法，并且由于多进程操作系统的出现而广受欢迎，因此它是实现并发的首选方法。大多数主流语言都提供了线程 API，允许用户创建线程，并方便地拆卸其余无关的代码以独立执行。

在程序中利用并发需要遵循多个步骤。首先，我们需要识别出任务中能够独立运行的部分。其次，我们需要找到协调线程的方法，这些线程被拆分为多个子任务一起实现共同的目标。在此过程中，线程可能还需要共享数据，并且需要同步才能访问或写入共享数据。在享受并发带来的所有好处的同时，开发者需要关注和面对一系列新的挑战和范式。在 8.2.2 小节中，我们将讨论并发的缺陷。

8.2.2　缺陷

并发的优点有很多，但它带来的复杂性和缺陷是我们必须处理的。编写并发程序代码时会遇到的一些问题如下所示。

- 条件竞争：由于线程是由操作系统调度的，所以我们对它以什么顺序执行，以及如何访问共享数据没有发言权。多线程代码中的常见用例是从多个线程中更新全局状态。这需要经过 3 个步骤——读取、修改、写入。如果这 3 个操作不是由线程原子执行的，那么我们最终可能会遇到条件竞争问题。

>
> **注意**
> 如果一组操作以不可分割的方式一起执行，那么它们是原子的。对于一组原子操作，不得在执行过程中抢先执行，它必须完全执行或根本不执行。

如果两个线程同时尝试更新内存位置上的某个值，它们可能最终会覆盖彼此的值，并且只会将其中一个更新记录写入内存，否则相应的值可能根本不会被更新。这是条件竞争的典型示例。这两个线程都在竞争更新值，而没有任何协调机制。这会导致其他问题，例如数据竞争。

- **数据竞争**：当多个线程尝试将数据写入内存的某个位置，并且当两个线程同时对上述位置执行写入时，将很难预测会写入哪些值，内存中的最终结果可能是垃圾值。数据竞争是条件竞争导致的，因为读取、修改、更新操作必须由线程原子执行，以确保任何线程读取或写入数据的一致性。

- **内存不安全性和未定义的行为**：竞争条件可能导致未定义的行为，请考虑如下伪代码：

```
// Thread A

Node get(List list) {
    if (list.head != NULL) {
        return list.head
    }
}

// Thread B
list.head = NULL
```

我们有两个线程 A 和 B，它们作用于链表。线程 A 尝试检索链表的头部。为了安全地执行此操作，它首先检查列表的头部是否为 NULL，再返回它。线程 B 将链表的头部设置为 NULL。这两者几乎是同时发生的，并且可能会被操作系统按照不同的顺序进行调度。例如，在其中一个执行实例时，线程 A 首先运行，并断言 list.head 不为 NULL。在此之后，线程 A 被操作系统挂起，然后线程 B 被安排运行。现在，线程 B 将 list.head 设置为 NULL，接下来，当线程 A 有机会运行时将尝试返回 list.head，它是一个 NULL 值。当读取 list.head 时，这将导致分段错误。在这种情况下，由于这些操作执行的顺序是随机的，因此可能发生内存不安全的问题。

前面提到的问题有一个通用的解决方案——同步或序列化对共享数据和代码进行访问，或者确保线程以原子方式运行关键的部分。这是通过同步原语（如互斥锁、信号量或条件变量）实现的。但是即使使用这些原语也可能导致其他问题，例如死锁。

死锁：除了条件竞争之外，线程面临的另一个问题是在保持锁定资源的同时缺乏资源。死锁是线程 A 持有资源 a 并正在等待资源 b 的情况，另一个线程 B 持有资源 b 并正在等待资源 a。下图描绘了这种情况：

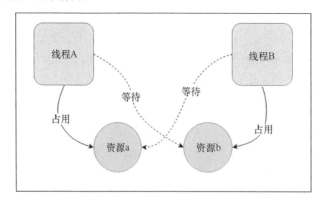

死锁很难被发现，但可以通过以正确的顺序获取锁来解决它们。在前面的情况下，如果线程 A 和线程 B 都尝试先锁定，我们可以确保正确地释放锁。

了解并发的优点和缺点之后，让我们通过 Rust 提供的 API 来编写并发程序。

8.3 Rust 中的并发

Rust 的并发原语依赖于本机的操作系统线程，它在标准库中的 std::thread 模块中提供了线程 API。在本节中，我们将从如何创建同时执行若干任务的线程着手讲解并发。在后续的内容中，我们将探讨线程之间如何共享数据。

8.3.1 线程基础

如前所述，每个程序都以一个主线程开始启动。要从程序中的任意位置创建独立的执行点，主线程可以生成一个新线程，该线程将成为其子线程，子线程可以进一步产生自己的线程。让我们看看在 Rust 中如何以最简单的方式通过线程实现应用程序的并发：

```
// thread_basics.rs

use std::thread;

fn main() {
    thread::spawn(|| {
        println!("Thread!");
        "Much concurrent, such wow!".to_string()
    });
    print!("Hello ");
}
```

在 main 函数中，我们会调用 thread 模块的 spawn 函数，该模块将一个无参数闭包作为参数。在这个闭包中，我们可以编写任何想要作为单独线程并发执行的代码。在闭包中，我们可以只是简单地输出一些文本并返回一个字符串。编译和运行此程序后，我们得到了以下输出结果：

```
$ rustc thread_basics.rs
$ ./thread_basics
Hello
```

很奇怪，我们看到 "Hello" 被输出，那么子线程中的 "println!("Thread!");" 语句到底发生了什么？对 spawn 的调用会创建线程并立即返回，线程开始并发执行而不会阻塞后面的指令。子线程是以分离状态创建的。在子线程有机会运行代码之前，程序抵达"print!("Hello");"语句时从 main 函数返回并退出。因此，子线程中的代码根本不会执行。为了允许子线程执行代码，我们需要等待子线程。为此，我们需要先将 spawn 返回的值分配给变量：

```
let child = thread::spawn(|| {
    print!("Thread!");
    String::from("Much concurrent, such wow!")
});
```

spawn 函数会返回一个 JoinHandle 类型的值，我们将其存放在变量 child 中。这种类型是子线程的句柄，可用于连接线程——换句话说就是等待它的终止。如果我们忽略线程的 JoinHandle 类型，就没有办法等待线程。继续解析我们的代码，从 main 函数退出之前在子线程上调用 join 方法：

```
let value = child.join().expect("Failed joining child thread");
```

调用 join 会阻塞当前线程，并在执行 join 调用之后的任何代码行之前等待子线程完成。它返回一个 Result 值。由于我们知道这个线程没有发生灾难性故障，可以调用 expect 方法来获取 Result 中的字符串。如果一个线程正在连接自身或者遇到死锁，那么连接线程可能会失败。在这种情况下，它会返回一个 Err 变量，其值会传递给处理错误的 panic! 宏，不过这种情况下返回的值是 Any 类型，必须将其转换为适当的类型。我们更新后的代码如下所示：

```
// thread_basics_join.rs

use std::thread;

fn main() {
    let child = thread::spawn(|| {
        println!("Thread!");
        String::from("Much concurrent, such wow!")
    });

    print!("Hello ");
    let value = child.join().expect("Failed joining child thread");
    println!("{}", value);
}
```

这是程序的输出结果：

```
$ ./thread_basics_join
Hello Thread!
Much concurrent, such wow!
```

我们编写了第一个并发的 hello world 程序。接下来让我们来探索 thread 模块的其他 API。

8.3.2 自定义线程

我们还可以通过设置其属性（例如名称或堆栈大小）来配置线程的 API。为此，我们使用了 thread 模块中的 Builder 类型。这是一个简单的程序，它使用 Builder 类型创建了一个线程：

```
// customize_threads.rs

use std::thread::Builder;

fn main() {
    let my_thread = Builder::new().name("Worker Thread".to_string())
                                  .stack_size(1024 * 4);
    let handle = my_thread.spawn(|| {
        panic!("Oops!");
    });
    let child_status = handle.unwrap().join();
    println!("Child status: {}", child_status);
}
```

在上述代码中，我们使用 Builder::new 方法，调用 name 和 stack_size 方法为线程分配名称和设置堆栈大小。然后我们在 my_thread 上调用 spawn，它使用构造器实例生成线程。这一次在闭包中，我们的 panic!宏带有 "Oops" 信息。以下是该程序的输出结果：

```
$ ./customize_threads
thread 'Worker Thread' panicked at 'Oops!', customize_threads.rs:9:9
note: Run with `RUST_BACKTRACE=1` for a backtrace.
Child status: Err(Any)
```

可以看到该线程与我们给它提供的名称相同，即 "Worker Thread"。此外，请注意 Any 类型返回的 "Child status" 消息。从线程中的 panic!宏调用返回的值将作为 Any 类型返回，并且必须转换为特定的类型。这些就是构造线程的基础知识。

但是前面代码示例中生成的线程并没有做太多事情。我们使用并发是为了解决可以分解成多个子任务的问题。在通常情况下，这些子任务彼此独立，例如并行地对图像的每个像素应用过滤器。在其他情况下，线程中运行的子任务可能希望协调访问某些共享数据。

它们也可能用于执行计算，其最终结果取决于线程之间计算结果的汇总。例如，以多线程的方式从数据块中下载文件，然后将其传递给父级管理器线程。其他问题可能取决于共享状态，例如 HTTP 客户端向必须更新数据库的服务器发送 POST 请求。这里的数据库状态是所有线程共享的。

这些是并发比较常见的应用场景，并且线程能够在彼此之间，以及其父线程之间共享或传递数据是非常重要的。

让我们继续前进，看看如何在子线程中访问父线程中的现有数据。

8.3.3 访问线程中的数据

不与父线程交互的子线程是非常少见的。让我们采用一种比较常见的应用模式，即使用多线程同时访问列表中的元素以执行某些计算。请考虑如下代码：

```
// thread_read.rs

use std::thread;

fn main() {
    let nums = vec![0, 1, 2, 3, 4];
    for n in 0..5 {
        thread::spawn(|| {
            println!("{}", nums[n]);
        });
    }
}
```

在上述代码中，我们的 vec 中包含 5 个数字，然后我们生成 5 个线程，其中每个线程都会访问 vec 中的数据。接下来让我们编译程序，得到以下错误提示信息：

上述错误提示信息很有趣，如果从借用的角度来考虑这些信息，这个错误就变得有意义了。nums 来自主线程，当我们生成一个线程时，它不能保证在父线程之前退出，并且有可能比父线程存续时间更长。当父线程返回时，nums 变量已经失效，它指向的 Vec 也会被释放。如果 Rust 允许前面的代码通过编译，那么子线程可能已经访问了主线程返回后包含一些垃圾值的 nums，并且可能导致分段错误。

如果你查阅了编译器的帮助信息，它会建议我们在闭包内移动或捕获 nums。这样一来主线程引用的 nums 变量将会被移动到闭包内部，并且会在主线程中失效。

这里使用关键字 move 从父线程中将值移动到其子线程中：

```rust
// thread_moves.rs

use std::thread;

fn main() {
    let my_str = String::from("Damn you borrow checker!");
    let _ = thread::spawn(move || {
        println!("In thread: {}", my_str);
    });
    println!("In main: {}", my_str);
}
```

在上述代码中，我们尝试再次访问 my_str，此操作将失败，并显示以下错误提示信息：

从前面的错误提示信息可以看出，使用关键字 move，即使我们只是从子线程中读取 my_str，该数据也不再有效。当然，我们还需要感谢编译器。如果子线程释放数据，并且我们从 main 函数中访问 my_str，那么我们将会访问一个已被释放的值。

如你所见，相同的所有权和借用规则也适用于多线程环境。这是其设计独具特色的地方之一，不需要额外的构造来强制执行正确的并发代码。但是，我们如何实现上述从线程访问数据的用例呢？因为线程可能比它们父级的生命周期更长，所以我们不能在线程中包含引用。相反，Rust 为我们提供了同步原语，它允许我们在线程之间安全地共享和传递数据。让我们来探索一下这些原语。它们通常根据需要分层组成，你只需要关心能够满足自己需要的部分即可。

8.4　线程的并发模型

我们使用线程的主要目的是执行可以拆分为多个子问题的任务,其中线程可能需要彼此通信或共享数据。现在,使用线程模型作为基础,用不同的方法来构建我们的程序并控制对共享数据的访问。并发模型指定多线程之间如何进行指令交互和数据共享,以及它们在时间和空间(这里指内存)上如何完成进度。

Rust 并不会倾向于使用任何固有的并发模型,允许开发者使用自己的模型,并根据需要使用第三方软件包来解决自己的问题。因此还有其他并发模型供用户选择,其中包括 actix 软件包中实现为程序库的 actor 模型,rayon 软件包实现的工作窃取(work stealing)并发模型。还包括 crossbeam 软件包实现的模型,它们允许并发线程从其父堆栈帧上共享数据,并保证在父堆栈被释放之前返回。

Rust 内置了两种流行的并发模型:通过同步共享数据和通过消息传递共享数据。

8.4.1　状态共享模型

通过共享状态将值传递给线程是最普遍的做法,并且实现此目的的同步原语存在于大多数主流语言中。同步原语是允许多个线程以线程安全的方式访问或操作值的类型或语言构造。Rust 还有许多同步原语可以包装类型以便使它们成为对线程安全的。

如前所述,我们无法共享多个线程中任何值的访问权限,我们需要共享所有权。在第 5 章中,我们介绍了 Rc 类型,它可以提供值的共享所有权。让我们尝试将此类型应用到之前的多线程读取数据的示例:

```
// thread_rc.rs

use std::thread;
use std::rc::Rc;

fn main() {
    let nums = Rc::new(vec![0, 1, 2, 3, 4]);
    let mut childs = vec![];
    for n in 0..5 {
        let ns = nums.clone();
        let c = thread::spawn(|| {
            println!("{}", ns[n]);
```

```
    });
    childs.push(c);
}

for c in childs {
    c.join().unwrap();
}
}
```

上述代码没能通过编译，我们得到了以下错误提示信息：

在这里 Rust 又再次帮助了我们。如前所述，Rc 类型并不是线程安全的，因为引用计数更新操作不是原子的。我们只能在单线程代码中使用 Rc 类型。如果我们想在多线程环境中共享相同类型的所有权，那么可以使用 Arc 类型，它和 Rc 类型类似，但是具有原子引用计数功能。

通过 Arc 类型共享所有权

可以在上述代码中应用多线程的 Arc 类型，如下所示：

```
// thread_arc.rs

use std::thread;
use std::sync::Arc;

fn main() {
    let nums = Arc::new(vec![0, 1, 2, 3, 4]);
    let mut childs = vec![];
    for n in 0..5 {
        let ns = Arc::clone(&nums);
        let c = thread::spawn(move || {
            println!("{}", ns[n]);
        });

        childs.push(c);
    }
```

```
    for c in childs {
        c.join().unwrap();
    }
}
```

在上述代码中，我们只是简单地将 vector 的包装器由 Rc 类型替换为 Arc 类型。另一个变化是，在我们从子线程引用 nums 之前，需要使用 Arc::clone()来复制它，这为我们提供了一个包含所有权的 Arc<Vec<i32>>值，该值引用相同的 Vec。通过这些变更，我们的程序将通过编译，提供对共享 Vec 的安全访问，并得到以下输出结果：

```
$ rustc thread_arc.rs
$ ./thread_arc
0
2
1
3
4
```

现在，多线程代码中的另一个用例是改变多线程中的共享值。接下来我们看看如何做到这一点。

修改线程中的共享数据

我们将看到一个示例程序，其中 5 个线程将数据推送到共享 Vec。以下程序将尝试执行相同的操作：

```
// thread_mut.rs

use std::thread;
use std::sync::Arc;

fn main() {
    let mut nums = Arc::new(vec![]);
    for n in 0..5 {
        let mut ns = nums.clone();
        thread::spawn(move || {
            nums.push(n);
        });
    }
}
```

现在我们有通过 Arc 包装的相同 nums，但是无法改变它，因为编译器给出了以下错误提示信息：

它不能正常运作是因为复制 Arc 分发了对内部值的不可变引用。要改变来自多线程的数据，我们需要使用一种提供共享可变性的类型，就像 RefCell 那样。但与 Rc 类似，RefCell 不能跨多个线程使用。

因此，我们需要使用它们的线程安全的变体，例如 Mutex 或 RwLock 包装器类型。接下来让我们来探讨它们。

8.4.2 互斥

当需要安全地对共享资源进行可变访问时，可以通过互斥来提供访问。互斥锁（mutex）是 mutual 和 exclusion 的缩写，是一种广泛使用的同步原语，用于确保一段代码一次只能有一个线程执行。通常，互斥锁是一个守护对象，线程获取该对象以保护要由多个线程共享或修改的数据。它的工作原理是通过锁定值来禁止一次访问多个线程中的值。如果其中一个线程对互斥锁类型执行了锁定，那么任何其他线程都不能运行相同的代码，直到持有该锁定的线程完成为止。

标准库中的 std::sync 模块包含 Mutex 类型，允许用户以线程安全的方式改变线程中的数据。

以下代码示例演示了如何在单个子线程中使用 Mutex 类型：

```rust
// mutex_basics.rs

use std::sync::Mutex;
use std::thread;

fn main() {
```

```
let m = Mutex::new(0);
let c = thread::spawn(move || {
    {
        *m.lock().unwrap() += 1;
    }
    let updated = *m.lock().unwrap();
    updated
});
let updated = c.join().unwrap();
println!("{:?}", updated);
}
```

上述代码能够按照预期正常运行。但是当多个线程尝试访问该值时，这将无效，因为 Mutex 类型不提供共享可变性。为了允许 Mutex 类型中的值支持在多线程环境下被修改，我们需要将它包装成 Arc 类型。接下来让我们看看如何做到这一点。

8.4.3　通过 Arc 和 Mutex 实现共享可变性

在单线程环境中探讨了 Mutex 的基础知识后，我们将重新讨论 8.4.2 小节中的示例。以下代码演示了在多线程环境下修改 Arc 类型包装后的 Mutex 值：

```
// arc_mutex.rs

use std::sync::{Arc, Mutex};
use std::thread;

fn main() {
    let vec = Arc::new(Mutex::new(vec![]));
    let mut childs = vec![];
    for i in 0..5 {
        let mut v = vec.clone();
        let t = thread::spawn(move || {
            let mut v = v.lock().unwrap();
            v.push(i);
        });
        childs.push(t);
    }

    for c in childs {
        c.join().unwrap();
    }

    println!("{:?}", vec);
}
```

在上述代码中，我们创建了一个 Mutex 值，然后生成一个线程。上述代码在你的计算机上的输出结果可能会略有不同。

在互斥锁上执行锁定将阻止其他线程调用锁定，直到锁定消失为止。因此，以一种细粒度的方式构造代码是很重要的。

编译并运行该代码将会得到以下输出结果：

```
$ rustc arc_mutex.rs
$ ./arc_mutex
Mutex { data: [0,1,2,3,4] }
```

还有一种与互斥锁类似的替代方法，即 RwLock 类型，它对类型的锁定更敏感，并且在读取比写入更频繁的情况下性能更好。接下来让我们对它进行探讨。

RwLock

互斥锁适用于大多数应用场景，但对于某些多线程环境，读取的发生频率高于写入的。在这种情况下，我们可以采用 RwLock 类型，它提供共享可变性，但可以在更细粒度上执行操作。RwLock 表示 Reader-Writer 锁。通过 RwLock，我们可以同时支持多个读取者，但在给定作用域内只允许一个写入者。这比互斥锁要好得多，互斥锁对线程所需的访问类型是未知的。

RwLock 公开了两种方法。

- read：提供对线程的读取访问权限；可以存在多个读取调用。

- write：提供对线程的独占访问，以便将数据写入包装类型；从 RwLock 实例到线程只允许有一个写入访问权限。

以下是一个示例，演示使用 RwLock 替代 Mutex：

```
// thread_rwlock.rs

use std::sync::RwLock;
use std::thread;

fn main() {
    let m = RwLock::new(5);
    let c = thread::spawn(move || {
        {
            *m.write().unwrap() += 1;
        }
```

```
        let updated = *m.read().unwrap();
        updated
    });
    let updated = c.join().unwrap();
    println!("{:?}", updated);
}
```

但是在某些操作系统（如 Linux）上 RwLock 会遇到写入者饥饿问题。这种情况是因为读取者不断访问共享资源，从而导致写入者线程永远没有机会访问共享资源。

8.4.4   通过消息传递进行通信

线程还可以通过被称为消息传递的更高级抽象来互相通信。这种线程通信模型避免了需要用户显式锁定的要求。

标准库中的 std::sync::mpsc 模块提供了一个无锁定的多生产者、单订阅者（消费者）队列，以此作为希望彼此通信的线程的共享消息队列。mpsc 模块标准库包含两种通道。

- channel：这是一个异步的无限缓冲通道。

- sync_channel：这是一个同步的有界缓冲通道。

通道可用于将数据从一个线程发送到另一个线程。我们先来看看异步通道。

异步通道

以下是一个简单的生产者-消费者系统的示例，其中主线程生成值 0,1,…,9，然后在新生成的线程输出它们：

```
// async_channels.rs

use std::thread;
use std::sync::mpsc::channel;

fn main() {
    let (tx, rx) = channel();
    let join_handle = thread::spawn(move || {
        while let Ok(n) = rx.recv() {
            println!("Received {}", n);
        }
    });

    for i in 0..10 {
        tx.send(i).unwrap();
```

```
    }

    join_handle.join().unwrap();
}
```

我们首先调用了 channel 方法，这将返回两个值 tx 和 rx。tx 是包含 Sender<T>类型的发送端，rx 是包含 Receiver<T>类型的接收端。它们的名字是约定俗成的，你也可以给它们设置其他任意名称。通常，你会看到代码库中采用这些名称，因为它们的构造非常简洁。

接下来，我们生成一个从 rx 端接收值的线程：

```
let join_handle = thread::spawn(move || {
    //在循环中持续接收值，直到 tx 失效
    while let Ok(n) = rx.recv() { // Note: `recv()` always blocks
        println!("Received {}", n);
    }
});
```

我们使用了 while let 循环。当 tx 被丢弃时，该循环将收到 Err。上述丢弃操作一般发生在 main 函数返回时。

在上述代码中，首先为了创建 mpsc 队列，会调用 channel 函数，它会返回 Sender<T>和 Receiver<T>。

Sender<T>是一种复制类型，这意味着它可以切换到多个线程中，允许它们将消息发送到共享队列。

多个生产者，单个消费者（Multi Producer, Single Consumer，MPSC）方法提供了多个作者，但只提供了一个读者。这两个函数都返回一对泛型：发送者和接收者。发送者可用于将新事物推入通道，而接收者可用于从通道获取内容。发送者实现了复制特征，而接收者没有。

使用默认的异步通道时，send 方法永远不会阻塞。这是因为通道缓冲区是无限的，所以总是会提供更多的空间。当然，它实际上并不是无限的，只是在概念上如此：如果你在没有收到任何数据的情况下向通道发送数千兆字节，那么系统可能会耗尽内存。

同步通道

同步通道有一个有界缓冲区，当它被填满时，send 方法会被阻塞，直到通道中出现更多空间。其他用法和异步通道类似：

```
// sync_channels.rs

use std::thread;
use std::sync::mpsc;

fn main() {
    let (tx, rx) = mpsc::sync_channel(1);
    let tx_clone = tx.clone();

    let _ = tx.send(0);

    thread::spawn(move || {
        let _ = tx.send(1);
    });

    thread::spawn(move || {
        let _ = tx_clone.send(2);
    });

    println!("Received {} via the channel", rx.recv().unwrap());
    println!("Received {} via the channel", rx.recv().unwrap());
    println!("Received {} via the channel", rx.recv().unwrap());
    println!("Received {:?} via the channel", rx.recv());
}
```

由上述代码可知，当同步通道的大小为 1 时，这意味着通道中不可能存在多个元素。在这种情况下，第一次发送请求之后的任何请求都会被阻塞。但是，在前面的代码中，我们的请求不会被阻塞（至少对于那些长请求是如此），因为两个发送线程在后台工作，主线程会在不被 send 调用阻塞的情况下接收信息。对于这两种通道类型，如果通道是空的，那么 recv 调用会返回 Err 值。

8.5 Rust 中的线程安全

在 8.4 节中，我们了解了编译器是如何阻止我们共享数据的。如果子线程可变地访问数据，那么它们会被移动，因为 Rust 不允许在父线程中使用它们，而子线程可能会释放它们，导致线程中的指针挂起继而取消引用。让我们来探讨线程安全的概念，以及 Rust 的类型系统是如何实现这一点的。

8.5.1　什么是线程安全

线程安全是一种类型或者一段代码的属性，当由多个线程执行或访问时，不会导致意外行为。它指的是这样一种思想，即数据对于读取是一致的，多个线程同时写入时，数据不会被损坏。

Rust 仅保护用户不会受到数据竞争问题的困扰。它的目标不是防止死锁，因为死锁很难被发现。它将借助第三方软件包来解决这个问题，例如 parking_lot 程序库。

Rust 有一种新颖的方法来防止数据竞争。大多数线程安全位都已经嵌入 spawn 函数的类型签名中。让我们来看看它的类型签名：

```
fn spawn<F, T>(f: F) -> JoinHandle<T>
    where F: FnOnce() -> T,
        F: Send + 'static,
        T: Send + 'static
```

这是一个看上去非常烦琐的类型签名。让我们对其中的内容进行逐一分析。

- spawn 是一个包含 F 和 T 的泛型函数，并且会接收一个参数 f，返回的泛型是 JoinHandle<T>。随后的 where 子句指定了多个特征边界。

- F:FnOnce() -> T：这表示 F 实现了一个只能被调用一次的闭包。换句话说，f 是一个闭包，通过值获取所有内容并移动从环境中引用的项。

- F:Send + 'static：这表示闭包必须是发送型（Send），并且必须具有'static 的生命周期，同时执行环境中闭包内引用的任何类型必须是发送型，必须在程序的整个生命周期内存活。

- T:Send + 'static：来自闭包的返回类型 T 必须实现 Send+'static 特征。

Send 是一种标记性特征。它只用于类型级标记，意味着可以安全地跨线程发送值；并且大多数类型都是发送型。未实现 Send 特征的类型是指针、引用等。此外，Send 是自动型特征或自动派生的特征。复合型数据类型，例如结构体，如果其中的所有字段都是 Send型，那么该结构体实现了 Send 特征。

8.5.2　线程安全的特征

线程安全的想法是，如果你有来自多个线程的数据，那么对该值的任何读取或写入操作都不会导致不一致的结果，即使是像 a+=1 这样简单的增量操作。更新值的问题在于它会大致转换为 3 步——加载（load）、增量（increment）及存储（store）。数据可以安全地被更新意味着它们是包装在安全类型（例如 Arc 和 Mutex）中的，以确保在程序中数据保持一致性。

在 Rust 中，你可以获得在线程中安全使用和引用类型的编译期保证。这些保证被实现为特征，即 Send 和 Sync 特征。

8.5.3   Send

Send 类型可以安全地发送到多个线程，这表明该类型是一种移动类型。非 Send 类型的是指针类型，例如&T，除非 T 是 Sync 类型。

Send 特征在标准库中的 std::marker 模块中具有以下类型签名：

```
pub unsafe auto trait Send { }
```

上述定义中需要特别留意的有 3 点：首先，它是不包含任何函数体或元素的标记特征；其次，它以 auto 关键字作为前缀，因为它适用于大多数类型的隐式实现；最后，它是一个不安全的特征，因为 Rust 希望开发者能够明确地选择，并确保它们的类型具有内置的同步线程安全。

8.5.4   Sync

Sync 特征具有类似的类型签名：

```
pub unsafe auto trait Sync { }
```

这表示实现此特征的类型可以安全地在线程之间共享。如果某些类型是 Sync 类型，那么指向它的引用，换句话说相关的&T 是 Send 类型。这意味着我们可以将对它的引用传递给多线程。

8.6   使用 actor 模型实现并发

另一种与消息传递模型非常相似的并发模型是 actor 模型。actor 模型目前受到 Erlang 的欢迎。Erlang 是一种在电信行业中非常流行的函数式编程语言，以其健壮性和天然的分布式特性而闻名。

actor 模型是一种概念模型，它使用名为 actors 的实体在类型层面实现并发。它于 1973

年由 Carl Eddie Hewitt 首次提出。它避免了对锁和同步的要求，并提供了一种向系统引入并发的更简洁方法。actor 模型由 3 部分组成。

- **Actor**：这是 actor 模型中的核心元素。每个 actor 都包含其地址，使用该地址我们可以将消息发送到某个 actor 和邮箱，这只是一个存储它收到的消息的队列。

- **FIFO**：队列通常是先进先出（First In First Out，FIFO）。actor 的地址是必需的，以便其他 actor 可以向其发送消息。超级 actor 能够创建其他子 actor 的子 actor。

- **Messages**：actor 之间仅通过消息进行通信，它们由 actor 异步处理。actix-web 框架为异步包装器中的同步操作提供了一个很好的包装器。

在 Rust 编译器中，我们实现了 actor 模型的 actix 程序库。该程序库使用的 tokio 和 futures 软件包将在第 12 章进行详细介绍。该程序库的核心对象是 Arbiter 类型，它只是一个简单的在底层生成事件循环的线程，并且提供 Addr 类型作为该事件循环的句柄。一旦创建该类型，我们就可以使用这个句柄向 actor 发送消息。

在 actix 中，actor 的创建遵循简单的步骤：创建一个类型，定义一个消息，并为 actor 类型实现消息的处理程序。完成创建后，我们可以将它添加到已经创建的某个仲裁器（arbiter）中。

每个 actor 都是在仲裁器中运行的。

当我们创建一个 actor 后，它不会马上执行。当我们将这些 actor 放入仲裁器线程后，它们才会开始执行。

为了让代码示例尽量简单，并演示在 actix 中如何构建 actor 和运行它们，我们将创建一个可以添加两个数字的 actor。让我们通过运行 cargo new actor_demo 命令创建一个新项目，并在 Cargo.toml 中设置如下依赖项：

```
# actor_demo/Cargo.toml

[dependencies]
actix = "0.7.9"
futures = "0.1.25"
tokio = "0.1.15"
```

我们的 main.rs 中包含如下代码：

```
// actor_demo/src/main.rs

use actix::prelude::*;
```

```
use tokio::timer::Delay;
use std::time::Duration;
use std::time::Instant;
use futures::future::Future;
use futures::future;

struct Add(u32, u32);

impl Message for Add {
    type Result = Result<u32, ()>;
}

struct Adder;

impl Actor for Adder {
    type Context = SyncContext<Self>;
}

impl Handler<Add> for Adder {
    type Result = Result<u32, ()>;

    fn handle(&mut self, msg: Add, _: &mut Self::Context) -> Self::Result {
        let sum = msg.0 + msg.0;
        println!("Computed: {} + {} = {}",msg.0, msg.1, sum);
        Ok(msg.0 + msg.1)
    }
}

fn main() {
    System::run(|| {
        let addr = SyncArbiter::start(3, || Adder);
        for n in 5..10 {
            addr.do_send(Add(n, n+1));
        }

        tokio::spawn(futures::lazy(|| {
            Delay::new(Instant::now() + Duration::from_secs(1)).then(|_| {
                System::current().stop();
                future::ok::<(),()>(())
            })
        }));
    });
}
```

在上述代码中，我们创建了一个名为 Adder 的 actor。该 actor 可以发送和接收 Add 类型的信息。这是一个元组结构，它封装了两个要添加的数字。为了让 Adder 接收和处理 Add 类型的信息，我们通过 Add 消息类型为参数化的 Adder 实现了 Handler 特征。在 Handler 实现中，我们输出正在执行的计算并返回给定数字的总和。

接下来，在 main 函数中，我们首先通过调用其接收闭包的 run 方法来创建一个系统级 actor。在闭包中，我们通过调用其 start 方法启动一个包含 3 个线程的 SyncArbiter；然后创建了 3 个准备接收消息的 actor。它返回的 Addr 类型是事件循环的句柄，以便我们可以将消息发送到 Adder 类型的 actor 实例。

然后我们向仲裁器地址 addr 发送了 5 条消息。由于 System::run 是一个一直在执行的父事件循环，因此我们生成一个未来计划以便在延迟 1 秒后停止系统 actor。可以忽略这部分代码的细节，因为它只是以异步方式关闭系统 actor。

接下来，让我们看看该程序的输出结果：

```
$ cargo run
Running `target/debug/actor_demo`
Computed: 5 + 6 = 10
Computed: 6 + 7 = 12
Computed: 7 + 8 = 14
Computed: 8 + 9 = 16
Computed: 9 + 10 = 18
```

与 actix 程序库类似，Rust 生态系统中还有其他程序库，它们实现了适用于不同用例的各种并发模型。

8.7 其他程序库

除了 actix 程序库之外，我们还有一个名为 rayon 的程序库。它是一个基于工作窃取算法的数据并行程序库，使编写并发代码变得非常简单。

值得一提的另一个程序库是 crossbeam，它允许用户编写多线程代码，可以从其父堆栈访问数据，并保证在其父堆栈帧消失之前终止。

parking_lot 是另一个程序库，它提供了比标准库中现存的并发原语效率更高的替代方案。如果你觉得标准库中的 Mutex 或 RwLock 的性能无法满足自己的需求，那么可以使用上述程序库来显著提升程序的执行效率。

8.8　小结

令人惊讶的是，在单线程环境中防止内存安全违规的相同所有权规则也适用于具有标记特征组合的多线程环境。Rust 具有简单、安全的人体工程学设计，可以在应用程序中集成一致性，并且运行成本低。在本章中，我们学习了如何使用 Rust 标准库提供的线程 API，并了解了复制和移动类型在并发环境中的工作方式。我们介绍了通道、原子引用计数、Arc，以及如何将 Arc 和 Mutex 搭配使用，并探讨了实现并发性的 actor 模型。

在第 9 章中，我们将深入探讨元编程，了解如何通过代码生成代码。

第 9 章
宏与元编程

元编程是改变你查看程序中指令和数据方式的一种技术。它允许你像处理任何其他数据那样通过指令生成新的代码。许多语言都支持元编程，例如 Lisp 的宏、C 的#define 构造及 Python 的元类。Rust 也是如此，它提供了多种形式实现元编程，我们将在本章详细探讨它们。

在本章中，我们将介绍以下主题。

- 什么是元编程。

- Rust 中的宏及其形式。

- 声明性宏、宏变量及类型。

- 重复构造。

- 过程宏。

- 宏的用例。

- 可用的宏程序库。

9.1 什么是元编程？

"Lisp 不是一种语言，它是一种建筑材料。"

——Alan Kay

无论使用何种语言构造的程序一般都包含两个实体：数据和操作数据的指令。通常程序的运行过程都涉及操纵数据。但是程序指令的问题在于，一旦你编写完毕，它们就像被刻在石头上一样，因此是不可塑的。如果我们将指令视为数据并使用代码生成新指令，那么程序的功能会更强大。元编程就是为此而生的。

元编程是一种编程技术，你可以编写能够生产新代码的代码。根据语言的不同，实现的方式有两种：在运行时或在编译期。运行时元编程可用于动态语言，例如 Python、JavaScript 及 Lisp。编译型语言不可能在运行时生成指令，因为这些语言会执行程序预编译。但是，你可以选择在编译期生成代码，这是 C 宏提供的代码。Rust 还提供编译期代码生成功能，它们比 C 宏的功能更强大、更健壮。

在很多语言中，元编程构造通常会用伞形术语宏表示。对某些语言来说，这是一种内置特性。而对另一些语言来说，它们会作为单独的编译阶段予以提供。通常，宏将任意代码序列作为输入，并输出可由语言编译或执行的有效代码和其他代码。宏的输入不需要是有效的语法，你可以自由地为宏输入定义语法。此外，调用宏的方式和定义它们的语法也因语言而异。例如，C 宏在预处理阶段工作，该阶段读取以#define 开头的标记，并在源文件添加到编译器之前展开它们。这里的展开意味着通过替换提供宏的输入来生成代码。另一方面，Lisp 提供了使用 defmacro 定义（宏本身）的类函数宏，它使用正在创建的宏名称和一个或多个参数，然后返回新的 Lisp 代码。

但是，C 宏和 Lisp 宏缺少被称为"卫生"的属性。它们是"不卫生"的，因为它们可以在扩展时捕获并干扰宏之外的代码，这可能导致在代码中的某些地方调用宏时出现意外的行为和逻辑错误。

为了演示"不卫生"这个问题，我们将以 C 宏为例。这些宏只是简单地使用变量替换来复制/粘贴代码，并且不能识别上下文。用 C 语言编写的宏由于能够引用在任意位置定义的变量，所以它们是"不卫生"的。例如，以下是在 C 语言中定义的 SWITCH 宏，它可以交换两个变量的值，但是在下列代码中则会修改其他变量的值：

```c
// c_macros.c

#include <stdio.h>

#define SWITCH(a, b) { temp = b; b = a; a = temp; }

int main() {
    int x=1;
    int y=2;
    int temp = 3;
    SWITCH(x, y);
```

```
    printf("x is now %d. y is now %d. temp is now %d\n", x, y, temp);
}
```

使用 gcc c_macros.c -o macro && ./macro 命令编译上述代码并运行后得到以下输出：

```
x is now 2. y is now 1. temp is now 2
```

在上面的代码中，除非在 SWITCH 宏中声明我们自己的 temp 变量，否则 main 函数中的原始 temp 变量会被 SWITCH 宏的扩展代码修改。这种"不卫生"的性质使得 C 宏不可靠且脆弱，除非采取特殊的预防措施，例如在宏中使用不同的临时变量名称，否则很容易造成混乱。

另外，Rust 宏是"卫生"的，并且比仅执行简单的字符串替换和扩展更具有识别上下文环境的能力。它们知道宏中引用的变量的作用域，并且不会隐藏已经在外部声明的任何标识符。考虑如下 Rust 程序，它试图实现之前使用的宏：

```
// c_macros_rust.rs

macro_rules! switch {
    ($a:expr, $b:expr) => {
        temp = $b; $b = $a; $a = temp;
    };
}

fn main() {
    let x = 1;
    let y = 2;
    let temp = 3;
    switch!(x, y);
}
```

在上述代码中，我们创建了一个名为 switch!的宏，然后在 main 函数中使用 x 和 y 对它进行了调用。我们将跳过解释宏定义的细节，本章后续的内容将会详细介绍它们。

不过让我们惊讶的是，上述代码无法通过编译，并出现以下错误提示信息：

根据上述错误提示信息可以知道，我们的 switch!宏对在 main 函数中声明的 temp 变量一无所知。如前所述，Rust 宏不会从执行环境中捕获变量，因为它与 C 宏的工作方式不同。即使它会，我们也将在修改处保存，因为程序中声明的 temp 是不可变的。

在我们开始编写更多这样的 Rust 宏之前，我们应该知道何时该为你的问题使用基于宏的解决方案。

9.2　Rust 宏的应用场景

使用宏的一个好处是它们不像函数那样急切地解析其参数，这是使用除函数之外的宏的动机之一。

注意
及早求值的意思是调用类似 foo(bar(2))这样的函数，将首先计算出 bar(2)的结果，然后将其传递给 foo。与此相反的是惰性求值，你将在迭代器中看到它。

一般的经验法则是，宏可以在函数无法提供所需解决方案的情况下使用，其中的代码具有相当的重复性，或者在需要检查类型结构体并在编译期生成代码的情况下使用宏。以实际应用场景为例，在很多情况下都会用到 Rust 宏，如下。

- 通过创建自定义领域特定语言（Domain-Specific Language，DSL）来扩展语言语法。
- 编写编译期序列化代码，就像 serde 那样。
- 将计算操作移动到编译期，从而减少运行时开销。
- 编写样板测试代码和自动化测试用例。
- 提供零成本日志记录抽象，例如 log 软件包。

同时应该谨慎地使用宏，它们会使代码难以维护和理解。这是因为它们是在元级别工作，所以没有多少开发人员会习惯使用它们。它们使代码更难理解，从可维护性的角度来看，可读性的优先级始终应该排在前面。此外，大量使用宏会导致性能损失，因为会产生大量重复的代码，这会影响 CPU 指令缓存。

9.3　Rust 中的宏及其类型

在程序编译为二进制目标文件之前，Rust 的宏可以完成代码生成。它们接收被称为标记树的输入，并在抽象语法树（Abstract Syntax Tree，AST）构造期间的第二次解析过程结束时进行扩展。这些是编译器世界的一些术语，所以我们需要对它们进行一些解释。要了解宏的工作原理，我们需要熟悉编译器如何处理源代码。这将有助于我们理解程序，理解宏如何处理其输入，以及当我们错误地使用它们时，它们给出的恰当的错误提示信息。我们将介绍与宏有关的内容。

首先，编译器逐字节地读取源代码，并将字符分组为有意义的块，这些块被称为令牌。这是由编译器的一个组件完成的，该组件通常被称为标记器。因此，表达式 a+3*6 会被转换为 "a" "+" "3" "*" "6"，这样的一系列标记。其他标记可以是关键字 fn、任何标识符、{}、()及赋值运算符 "=" 等。这些标记在宏的用语中被称为标记树。还有可以对其他标记进行分组的标记树，例如 "(" ")" "}" "{"。目前这个阶段，标记序列本身并没有传达如何处理和解释程序的任何含义。为此，我们需要一个解析器。

解析器将这个平坦的标记流转换为层次结构，以便引导编译器解析程序。标记树被传递给解析器，它将构造被称为抽象语法树的程序内存表示。例如，当 a 为 2 时，我们的标记序列 a+3*6（表达式）执行算术运算后的结果是 20。

但是编译器不知道如何正确地计算这个表达式，除非我们将运算符的优先级（即将*的优先级排在+前面）分开并使用树结构表示它们，如下图所示。

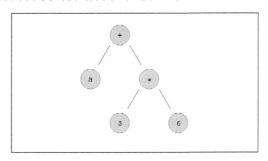

当我们将表达式表示为树结构以便在进行加法运算之前进行乘法运算时，就可以对此树进行后序遍历以正确计算表达式。那么，基于这个解释，我们的宏扩展适用于哪些场景呢？Rust 宏是在抽象语法树构造的第二阶段结束时解析的，这是进行名称解析的阶段。名称解析是在作用域中查找在表达式中定义的变量是否存在的阶段。在上述表达式中，将对变量 a 进行名称解析。如果我们前面的表达式中的某个变量被赋给一个宏调用的值，例如 "let a= foo!(2+0);"，那么解析器将在处理名称解析之前继续扩展宏。名称解析阶段将捕获程序中的错误，例如使用了某个未在作用域的变量，不过还有比这更复杂的情况。

这需要 Rust 宏能够识别上下文，并根据宏扩展相应的内容，它们只能出现在支持的位置，如语言的语法定义。例如，你不能在项目级别（即模块内部）编写 let 语句。

注意

语法定义了编写程序的有效方法，就像口语中的语法指导人们构造出有意义的句子一样。对那些好奇心较强的读者来说，Rust 的语法定义可以参考官方文档。

我们多次见过的一个宏的用例就是 println!宏。它被实现为一个宏，因为它允许 Rust 在编译时检查它的参数是否有效，以及传递给它的字符串插值变量的数目是否正确。使用宏来输出字符串的另一个好处是，它允许我们向 println!宏传递尽可能多的参数，如将其作为常规的函数予以实现，那么这将是不可能的。这是因为 Rust 不支持传递函数的可变参数。请考虑如下示例：

```
println("The result of 1 + 1 is {}", 1 + 1);
println!("The result of 1 + 1 is {}");
```

如前所述，第二种形式将在编译期报错，因为它缺少与格式化字符串匹配的参数，这是在编译期报告的。这种方式比 C 语言的 printf 函数更安全，因为 printf 可能导致内存漏洞，例如格式化字符串攻击。println!宏的另一个特性是，我们可以自定义想要在字符串中输出值的方式：

```
// print_formatting.rs

use std::collections::HashMap;

fn main() {
    let a = 3669732608;
    println!("{:p}", &a);
    println!("{:x}", a);

    // 美化输出
    let mut map = HashMap::new();
    map.insert("foo", "bar");
    println!("{:#?}", map);
}
```

在上述代码中，我们可以分别输出以"{:p}"和"{:x}"形式存储的值的内存地址和其十六进制表示形式。这些被称为格式声明符。我们可以在 println! 宏中使用格式声明符"{:#?}"

输出非基本类型的类 JSON 格式的值。让我们编译并运行之前的程序：

```
error[E0277]: the trait bound `{integer}: std::fmt::Pointer` is not
satisfied
 --> print_formatting.rs:7:22
  |
7 |     println!("{:p}", a);
  |                      ^ the trait `std::fmt::Pointer` is not implemented
for `{integer}`
```

这里我们得到一个错误提示信息。你可能已经注意到，在第一个 println!宏调用中，我们尝试使用"{:p}"声明符输出 a 的地址，但是我们采用的变量是一个数字，所以我们需要将诸如&a 之类的引用传递给格式声明符。通过此修改，上述程序将通过编译。所有这些字符串格式化和检查字符串差值的正确性的操作都发生在编译期，这要归功于宏是作为解析阶段的一部分进行实现的。

宏的类型

Rust 中有不同形式的宏，有些允许你像函数那样调用它，有些则允许你有条件地引用代码，具体情况取决于编译期条件。另一类宏允许你在编译时实现方法的特征。它们大致可以分为两种形式。

- **声明式宏**：这些是宏的最简单形式。它们是使用 macro_rules!宏创建的，其本身就是一个宏。它们提供与调用函数类似的功能，但是很容易通过名称末尾的!予以区分。它们是在项目中快速编写小型宏的首选方法。定义它们的语法与编写 match 表达式的方式非常相似。它们被称为声明式宏，这意味着你已经拥有了一个迷你型的 DSL，然后可以识别标记类型和重复构造，使用它们可以声明式地表达你想要生成的代码。你不需要考虑如何生成代码，因为 DSL 会替你代劳。

- **过程宏**：过程宏是宏的一种更高级形式，可以完全控制代码的操作和生成。这些宏没有任何 DSL 支持，并在某种意义上是程序性的，你必须为给定的标记树输入编写如何生成或转换代码的指令。其缺点是实现起来很复杂，需要对编译器的内部机制，以及程序如何在编译器的内存中表示有一些了解。macro_rules!宏可以在项目的任何位置定义，而过程宏需要通过将 Cargo.toml 文件中的属性设置为 proc-macro = true 来生成独立的软件包。

9.4　使用 macro_rules!创建宏

让我们首先使用 macro_rules!宏构造第 1 个声明式宏。Rust 中已经有了 println!宏，它用于将内容以标准格式输出。但是，它没有用于从标准输入读取输入的等效宏。

要从标准输入中读取内容，你必须编写如下代码：

```
let mut input = String::new();
io::stdin().read_line(&mut input).unwrap();
```

这些代码可以通过宏轻松地抽象出来。我们将该宏命名为 scanline!。以下代码展示了使用该宏的一些例子：

```
// first_macro.rs
fn main() {
    let mut input = String::new();
    scanline!(input);
    println!("{:?}", input);
}
```

我们希望能够创建一个 String 实例并将其传递给 scanline!宏。该宏处理从标准输入读取的所有细节。如果通过运行 rustc first_macro.rs 编译上述代码，将会得到以下错误提示信息：

```
error: cannot find macro `scanline!` in this scope
 --> first_macro.rs:5:5
  |
5 |     scanline!(input);
  |     ^^^^^^^^

error: aborting due to previous error
```

rustc 找不到 scanline!宏，因为我们还没有定义它，所以我们需要添加如下代码：

```
// first_macro.rs

use std::io::stdin;
// 一个方便的宏，用于将输入作为字符串读入缓冲区
macro_rules! scanline {
    ($x:expr) => ({
```

```
        stdin().read_line(&mut $x).unwrap();
        $x.trim();
    });
}
```

为了创建 scanline!宏，我们使用了 macro_rules!宏，其后跟了宏名称 scanline，然后紧
跟着的是一对花括号。在花括号内部，我们有类似的匹配规则。每个匹配规则由 3 个部分
组成。首先是模式匹配器，即($x:expr)，然后跟一个=>符号，最后是代码生成块，可以用
()、{}，甚至[]进行分隔。当有多个规则要匹配时，匹配规则必须以分号作为结束标志。

对于上述代码中的($x:expr)，括号中符号$位于左侧，右侧的部分是规则，其中$x 是一
个标记树变量，需要在冒号（:）后面指定一个类型，即 expr 标记树类型。它们的语法类似
于我们在函数中指定参数的语法。当我们调用 scanline!宏时，会将任意标记序列作为输入，
并在$x 中捕获，然后由右侧代码生成块中的相同变量引用。expr 标记类型意味着此宏只能
接收表达式。稍后我们将介绍 macro_rules!宏能够兼容的其他标记类型。在代码生成块中，
我们有多行代码用于生成代码，因此我们需要一个花括号，它可以用于解释多行表达式。
匹配规则以分号作为结束标志。如果我们只需生成一个行代码，那么可以省略花括号。我
们想要生成的代码如下所示：

```
io::stdin().read_line(&mut $x).unwrap();
```

请注意，read_line 接收的内容看起来不像某个标识符的正确可变引用，也就是说，它
是&mut $x。$x 会被替换为我们在调用时传递给宏的实际表达式。现在我们已经构造了第
一个宏，完整的代码如下所示：

```
// first_macro.rs
use std::io;
// 一个简便的宏，用于将输入作为字符串读入缓冲区
macro_rules! scanline {
    ($x:expr) => ({
        io::stdin().read_line(&mut $x).unwrap();
    });
}

fn main() {
    let mut input = String::new();
    scanline!(input);
    println!("I read: {:?}", input);
}
```

在 main 函数中，我们首先创建了字符串变量 input，它将用于储存来自用户的输入。接下来，我们调用了 scanline!宏，并将 input 变量传递给它。在该宏的内部，这会被引用为 $x，正如我们在前面定义中看到的那样。调用 scanline!宏之后，当编译器看到该调用时，会将它替换为如下内容：

```
io::stdin().read_line(&mut input).unwrap();
```

以下是使用标准输入的字符串"Alice"运行上述代码后的结果：

```
$ Alice
I read: "Alice\n"
```

代码生成后，编译器还会检查生成的代码是否有意义。例如，如果我们在调用 scanline!宏时传入了匹配规则但未曾考虑到的其他元素（例如，传递关键字 fn、scanline!(fn)），那么将会得到以下错误提示信息：

此外，假如我们传递一个表达式（例如 2，它也是一个 expr），它虽然是有效的，但是在宏的上下文中没有意义，那么 Rust 将捕获它，并报告如下错误提示信息：

这对开发者来说是非常方便的。现在，我们还可以为宏添加多个匹配规则。让我们添加一个空规则，以便涵盖这种情况，那就是我们只想 scanline!宏获得一个 String，从 stdin 读取然后返回这个字符串。要添加新规则，我们需要对代码做一些修改，如下所示：

```
// first_macro.rs

macro_rules! scanline {
```

```
    ($x:expr) => ({
        io::stdin().read_line(&mut $x).unwrap();
    });
    () => ({
        let mut s = String::new();
        stdin().read_line(&mut s).unwrap();
        s
    });
}
```

我们添加了一个空匹配规则，() => {}。在花括号中，我们生成了一堆代码，首先在 s 中创建了一个 String 实例，调用 read_line，然后传递给&mut；最后，我们将 s 返回给调用者。现在，我们可以在不预先分配字符串缓冲区的情况下调用 scanline!宏：

```
// first_macro.rs

fn main() {
    let mut input = String::new();
    scanline!(input);
    println!("Hi {}",input);
    let a = scanline!();
    println!("Hi {}", a);
}
```

同样需要注意的是，我们无法在函数之外的任何地方调用此宏。例如，在模块的根目录下调用 scanline!宏将失败，因为在 mod 中声明的 let 语句是无效的。

9.5 标准库中的内置宏

除了 println!宏之外，标准库中还有很多其他非常有用的宏，它们是通过 macro_rules!宏实现的。了解它们将有助于我们以更简洁的方式提供宏应用的解决方案和了解宏的应用场景，同时不牺牲可读性。

其中一些宏如下所示。

- dbg!：此宏允许你使用它们的值输出表达式的值。此宏会移动传递给它的任何内容，因此如果你只想提供对其类型的读取权限，那么需要传递对此宏的引用。它作为运行时表达式的跟踪宏会非常方便。

- compile_error!：此宏可用于在编译期从代码中报告错误。当你构建自己的宏，并希望向用户报告任何语法或语义错误时，这是一个方便的选择。

- concat!：此宏可以用来链接传递给它的任意数量的文字，并将链接的文字作为 &'static str 返回。

- env!：此宏用于检查编译期的环境变量。在很多语言中，从环境变量访问值主要是在运行时完成的。在 Rust 中，通过使用此宏，你可以在编译期解析环境变量。请注意，当找不到定义的变量时，此宏会引发灾难性故障。因此安全版本的宏是 option_env!。

- eprint!和 eprintln!：此宏与 println!类似，不过会将消息输出到标准异常流。

- include_bytes!：此宏可以作为一种将文件读取为字节数组的快捷方式，例如 &'static [u8; N]。给定的文件路径是相对于调用此宏的当前文件解析获得的。

- stringify!：如果希望获得类型或标记作为字符串的字面转换，那么此宏将会非常有用。当我们编写自己的过程宏时，将会用到它。

如果想要了解标准库中可用的所有宏，可以访问官方文档。

9.6　macro_rules!宏的标记类型

在我们构建更复杂的宏之前，熟悉 macro_rules!宏的有效输入类型将非常重要。因为 macro_rules!宏是在语法层面工作，它需要为用户提供这些句法元素的句柄，并区分宏可以包含哪些内容，以及如何与它们进行交互。

以下是一些重要的标记树类型，你可以将它们作为输入传递给宏。

- 代码块：这是一系列语句。我们在演示调试程序时已经使用过代码块。它匹配由花括号分隔的任何语句序列，例如我们之前使用的内容：

```
{ silly; things; }
```

该代码块包含两条语句，分别是 "silly;" 和 "things;"。

- expr：匹配任意表达式。如下。

  ➤ 1。

  ➤ x + 1。

  ➤ if x == 4 { 1 } else { 2 }。

- ident：匹配一个标识符。标识符是任何不是关键字（例如 if 和 let）的 Unicode 字符串。此外，单独的下画线字符在 Rust 中不是标识符。标识符的示例如下所示。

  ➢ x。

  ➢ long_identifier。

  ➢ SomeSortOfAStructType。

- item：匹配元素，模块级的内容可以被当作元素。它包括函数、use 声明及类型定义等。以下是一些示例。

  ➢ use std::io;。

  ➢ fn main() { println!("hello") }。

  ➢ const X: usize = 8;。

当然，这些内容不一定是单行的代码。main 函数可以是单个元素，即使它包含多行代码。

- meta：表示一个元项目。属性内的参数被称为元项，由元捕获。属性本身如下所示。

  ➢ #![foo]。

  ➢ #[baz]。

  ➢ #[foo(bar)]。

  ➢ #[foo(bar="baz")]。

- 元项是在括号内找到的内容。因此，对于前面的每个属性，相应的元项如下所示：

  ➢ foo。

  ➢ baz。

  ➢ foo(baz)。

  ➢ foo(bar="baz")。

- pat：这是一种模式。每个 match 表达式中的左侧都是模式，它们由 pat 捕获。这里有一些示例。

  ➢ 1。

  ➢ "x"。

  ➢ t。

> ➤ *t。

> ➤ Some(t)。

> ➤ 1 | 2 | 3。

> ➤ 1 ⋯ 3。

> ➤ _。

- path：匹配限定名称。路径是限定名称，即附加了命名空间的名称。它们与标识符非常相似，只是它们在名称中允许使用双冒号，因为这表示路径。以下是一些示例。

> ➤ foo。

> ➤ foo::bar。

> ➤ Foo。

> ➤ Foo::Bar::baz。

这是你需要捕获某种类型的路径，在后续生成的代码中使用它时会非常有用，例如使用路径对复杂类型进行别名化。

- stmt：这表示一条语句。stmt 除了能够接收更多模式以外，它和表达式类似。以下是一些示例。

> ➤ let x = 1。

> ➤ 1。

> ➤ foo。

> ➤ 1+2。

与第 1 个示例相反，expr 不会接收 let x = 1 这样的语句。

- tt：这是一个标记树，它由一系列其他标记构成。关键字 tt 会捕获单个标记树。标记树既可以由单个标记（例如 1、+、或者 foo bar）构成，也可以由()、[]、{}等符号包围的一系列标记构成。以下是一些示例。

> ➤ foo。

> ➤ { bar; if x == 2 { 3 } else { 4 }; baz }。

> ➤ { bar; if x == 2 (3) ulse } 4 {; baz }。

如你所见，标记树的内部包含的并不一定是具有语义的内容，只需要是一系列标记即可。具体而言，与此不匹配的是两个或多个未用括号括起来的标记（例如 1+2）。这是 macro_rules!可以捕获的最常见的代码或标记序列。

- ty：这表示一个 Rust 类型。关键字 ty 会捕获看起来像类型的东西。以下是一些示例。
  - u32。
  - u33。
  - String。

类型在宏展开阶段不需要进行语义检查，因此"u33"和"u32"一样可以接受。但是，一旦代码生成并进入语义分析阶段，就会对类型进行检查，给出错误提示信息："error: expected type, found 'u33'"。当生成用于创建函数的代码或在类型上实现特征的方法时，将使用此方法。

- vis：这表示可见性修饰符，它会捕获可见性修饰符 pub、pub（crate）等。当生成模块级代码并需要捕获已传递给宏的代码片段中的可见性修饰符时，这将非常有用。
- lifetime：表示生命周期，例如'a、'ctx、'foo 等。
- literal：可以是任何标记的文字，如字符串文字（例如"foo"）或标识符（例如 bar）。

9.7　宏中的重复

除了标记树类型之外，我们还需要一种方法来重复生成代码的特定部分。标准库中的一个实际示例是 vec!宏，它依赖重复呈现可变参数的假象，并允许你用以下任意一种方式创建 Vec：

```
vec![1, 2, 3];
vec![9, 8, 7, 6, 5, 4];
```

让我们来看看vec!宏是如何做到这一点的。以下是标准库中 vec 的 macro_rules!宏定义：

```
macro_rules! vec {
    ($elem:expr; $n:expr) => (
        $crate::vec::from_elem($elem, $n)
    );
    ($($x:expr),*) => (
        <[_]>::into_vec(box [$($x),*])
    );
```

```
    ($($x:expr,)*) => (vec![$($x),*])
}
```

我们先忽略=>右侧的细节，将重点放在左侧的最后两个匹配规则上，可以看到这些规则中新增的内容如下所示：

```
($($x:expr),*)
($($x:expr,)*)
```

重复模式的规则如下所示。

- **pattern**: $($var:type)*：注意其中的$()*，为了引用它们，我们称它们为重复器。另外，让我们将内部的($x:expr)表示为 X。重复器包含以下 3 种形式：
  - *表示重复零次或多次；
  - +表示重复至少一次或多次；
  - ?表示标记最多可以重复一次。

重复器还可以包含作为重复的一部分的额外文字字符。对于 vec!的情况，有一个逗号运算符，我们需要让它来区分宏调用时 Vec 中的每个元素。

在第 1 个匹配规则中，逗号在 X 之后。这可以支持像 vec![1, 2, 3,]这样的表达式。

在第 2 个匹配规则中，逗号在 X 中元素的后面。这属于比较典型的情况，并且会匹配诸如 1、2、3 这样的序列。在这里我们需要两个规则，因为第一个规则不能解析没有逗号"尾随"的情况，这是比较常见的。另外，vec!宏中的模式使用了*，这表明 vec!也支持调用该宏，+则不会。

现在，让我们看一下如何在代码生成块的右侧转发捕获的重复规则。在第 2 个匹配规则中，vec!宏只是使用相同的语法将它们转换为 Box 类型：

```
($($x:expr),*) => (<[_]>::into_vec(box [$($x),*]));
```

我们可以看到左侧的标记树变量声明和右侧的用法之间唯一的区别是右侧不包括标记变量的类型（expr）。第 3 个匹配规则只是捎带第 2 个匹配规则的代码生成块并调用vec![$($x),*]，从而更改逗号的位置并在此调用它。这意味着我们也可以在宏中调用宏，这是一个非常强大的特性。所有的这些都可以达到相当高的元级别，这使开发者可以让宏的维护变得尽量简单。

现在，让我们看看如何构建一个使用重复特性的宏。

9.8　宏的高级应用——为 HashMap 的初始化编写 DSL

了解了重复和标记树类型的知识，让我们使用重复特性在 macro_rules! 宏中构建一些实用的内容。在本节中，我们将构建一个暴露宏的程序，它使用户能够像下列代码那样创建 HashMap：

```
let my_map = map! {
    1 => 2,
    2 => 3
};
```

与手动调用 HashMap::new()，后跟一个或多个 insert 调用相比，这样更简洁和易读。让我们通过运行 cargo new macro_map --lib 命令创建一个新项目，然后为 macro_rules! 宏初始化一个代码块：

```
// macro_map/lib.rs

#[macro_export]
macro_rules! map {
    // todo
}
```

由于希望用户使用我们的宏，所以需要在宏定义上添加#[macro_export]属性。默认情况下，宏在模块中是私有的，与其他元素类似。我们将会调用自定义的 map! 宏，因为我们正在使用自己的语法来初始化 HashMap，所以将采用 k=>v 语法，其中 k 表示键，v 表示 HashMap 中的值。以下是我们在 map! 中的实现：

```
macro_rules! map {
    ( $( $k:expr => $v:expr ),* ) => {
        {
            let mut map = ::std::collections::HashMap::new();
            $(
                map.insert($k, $v);
            )*
            map
        }
    };
}
```

让我们对上述匹配规则进行解释。首先，我们将检查内部的内容，即($k:expr =>
$v:expr)。让我们将规则的这一部分用 Y 表示。Y 通过在键 k 和值 v 之间使用=>来捕获它
们，并将其类型指定为 expr。围绕着 Y，我们有($(Y),*)，表示重复 Y 零次或更多次，并用
逗号进行分隔。在花括号内匹配规则的右侧，我们首先创建了一个 HashMap 实例。然后，
我们编写重复器$()*，其中包含我们的 map.insert($k, $v)代码片段，它们将重复与我们的宏
输入相同的次数。

让我们快速地编写一个测试：

```
// macro_map/lib.rs

#[cfg(test)]
mod tests {
    #[test]
    fn test_map_macro() {
        let a = map! {
            "1" => 1,
            "2" => 2
        };

        assert_eq!(a["1"], 1);
        assert_eq!(a["2"], 2);
    }
}
```

通过运行 cargo test 命令，我们得到以下输出结果：

```
running 1 test
test tests::test_map_macro ... ok
```

我们的测试顺利通过。接下来我们就可以使用新鲜出炉的 map!宏以简捷的方式初始化
HashMap 了。

9.9 宏用例——编写测试

在为单元测试编写测试用例时，经常会用到宏。我们假设你正在编写 HTTP 客户端程
序库，并且希望在各种 HTTP 谓词（如 GET/POST）和不同的 URL 上测试该客户端程序。
编写测试的通常做法是为每种类型的请求和 URL 创建函数。但是，有一种更好的方法可以
做到这一点。通过宏，你可以构建一个小型 DSL 来执行测试以减少测试时间，这些测试是

可读的，也可以在编译期进行类型检查。为了证明这一点，我们运行 cargo new http_tester --lib 命令创建一个新的程序库项目，并在其中包含我们的宏定义。该宏实现了一种小型语言，旨在描述对 URL 的简单 HTTP GET/POST 测试。以下是该语言的示例：

```
http://duckduckgo.com GET => 200
http://httpbin.org/post POST => 200, "key" => "value"
```

第 1 行代码表示向 duckduckgo.com 发送了一个 GET 请求，并期望返回代码为 200（请求成功）。第 2 行代码表示向 httpbin.org 发送一个 POST 请求，以及带有自定义语法的表单参数"key"=>"value"，它还期望返回代码为 200。上述示例非常简单，但是足以满足我们演示上述宏的需要。

我们假定已经实现了该程序库，并将使用名为 reqwest 的 HTTP 请求库。我们将在 Cargo.toml 文件中添加对 reqwest 库的依赖：

```
# http_tester/Cargo.toml

[dependencies]
reqwest = "0.9.5"
```

以下是 lib.rs 的代码：

```rust
// http_tester/src/lib.rs

#[macro_export]
macro_rules! http_test {
    ($url:tt GET => $code:expr) => {
        let request = reqwest::get($url).unwrap();
        println!("Testing GET {} => {}", $url, $code);
        assert_eq!(request.status().as_u16(), $code);
    };
    ($url:tt POST => $code:expr, $($k:expr => $v:expr),*) => {
        let params = [$(($k, $v),)*];
        let client = reqwest::Client::new();
        let res = client.post($url)
            .form(&params)
            .send().unwrap();
        println!("Testing POST {} => {}", $url, $code);
        assert_eq!(res.status().as_u16(), $code);
    };
}

#[cfg(test)]
```

```
mod tests {
    #[test]
    fn test_http_verbs() {
        http_test!("http://duckduckgo.com" GET => 200);
        http_test!("http://httpbin.org/post" POST => 200, "hello" =>
"world", "foo" => "bar");
    }
}
```

在宏定义中，我们只是匹配规则，GET 和 POST 被视为字面标记。在匹配臂中，我们创建了请求客户端，并对输入返回的状态代码进行断言，该状态代码是提供给宏的。POST测试用例还有一个自定义语法，用于提供查询参数，例如"key"=>"value"，它在 params 变量中作为数组进行收集。然后将其传递给 reqwest::post 构造器方法的 form 方法。我们将在第 13 章深入介绍 Web 请求程序库的详细内容。

让我们运行 cargo test 命令，得到以下输出结果：

```
running 1 test
test tests::test_http_verbs ... ok
```

请花一点时间思考一下在这里使用宏的好处是什么。这也可以作为带#[test]注释的函数调用来实现，但是宏有一些额外的优点，即使最基本的形式也是如此。优点之一是在编译期检查 HTTP 谓词，使我们的测试更具说明性。如果我们尝试使用不在预期范围之内的测试用例（例如 HTTP DELETE）调用宏，那么将得到以下错误提示信息：

```
error: no rules expected the token `DELETE`
```

除了使用它们进行枚举测试用例之外，宏还用于根据某些外部环境状态（例如数据库表、时间及日期等）生成 Rust 代码。它们可以用于装饰具有自定义属性的结构体，在编译期为它们生成任意代码，或者创建新的 linter 插件以进行 Rust 编译器本身并不支持的其他静态分析。一个很好的例子是我们已经用过的 clippy lint 工具。宏还用于生成调用原生 C程序库的代码。我们将会在第 10 章对这一主题进行详细介绍。

9.10　练习

如果你已经感受到了宏的强大威力，那么这里有一些练习可供你尝试，以便你更深入地理解它们。

1. 编写一个接受以下语言的宏：

```
language = HELLO recipient;
recipient = <String>;
```

例如，以下字符串在此语言中的宏中可以被接受：

```
HELLO world!
HELLO Rustaceans!
```

尝试用宏生成代码，输出指向收件人的问候语。

2. 编写一个带任意数量元素的宏，并通过文本字符串输出无序的 HTML 列表，例如 html_list!([1, 2]) =><ul><li>1/<li><li>2</li></ul>。

9.11 过程宏

当代码生成逻辑变得复杂时，声明式宏可能会变得冗长、乏味，因为你需要使用自己的 DSL 编写逻辑来操作标记。有比使用 macro_rules!宏更好、更灵活的方法。对于复杂问题，你可以使用过程宏，因为它们更适合编写优秀的程序，它们适用于需要完全控制代码生成的情况。

过程宏实现为函数，这些函数接收宏输入作为标记流（TokenStream）类型，并在编译时进行相关转换后，将生成的代码作为标记流返回。要将函数标记为过程宏，我们需要使用#[proc_macro]属性对其进行注释。编写本书时，过程宏包含 3 种形式，按照它们的调用方式可以进行如下分类。

- **类函数过程宏**：它们在函数上使用#[proc_macro]属性。lazy_static 程序库中的 lazy_static!宏就采用了类函数过程宏。

- **类过程宏**：它们在函数上使用#[proc_macro_attribute]属性。wasm-bindgen 程序库中的#[wasm-bindgen]属性就采用类过程宏。

- **派生过程宏**：它们使用#[proc_macro_derive]属性。这些是大多数 Rust 软件包中最常见的宏，例如 serde 程序库。由于引入了它们的 RFC 的名称，它们有时也被称为派生宏或宏 1.1。

在编写本书时，过程宏 API 对标记流的处理功能非常有限，因此我们需要使用第三方的软件包，例如 syn 和 quote，以便将输入解析为 Rust 代码数据结构，然后可以根据你的代码生成需要进行分析。此外，需要将过程宏创建为具有 proc-macro = true 属性的单独程序库，该属性在 Cargo.toml 文件中指定。为了使用宏，我们可以通过在 Cargo.toml 中的依赖项下指定宏，从而像引用其他软件包那样引用宏，并使用 use 语句导入宏。

在这 3 种形式中，派生宏是最广泛采用的过程宏形式。接下来我们将深入探讨它们。

9.12　派生宏

我们已经知道可以在任何结构体、枚举或联合类型上编写#[derive(Copy, Debug)]属性来获取为其实现的 Copy 和 Debug 特征，但是这个自动派生特性仅适用于几个内置在编译器中的特征。对派生宏或者宏 1.1 来说，你可以在任何结构体、枚举或联合类型上派生用户自定义特征，从而减少开发者手动编写模板代码的数量。这可能看上去是一个不错的用例，但过程宏是最常见的应用形式，其中诸如 serde 和 diesel 这样高性能的程序库都采用了它。派生宏仅适用于结构体、枚举及联合等数据类型。创建用于在类型上实现特征的自定义派生宏需要以下步骤。

1. 首先，需要你的类型和要在类型上实现的特征。它们可以来自任何程序库，既可以是本地定义的，也可以是第三方软件包，前提是其中一个程序库必须由你来定义，因为它需要遵循孤儿规则。

2. 然后，我们需要通过 Cargo.toml 文件创建一个新的软件包，其中的 proc-macro 属性需要设置为 true。这样做是因为根据当前的实现，过程宏必须存在于它们自己的程序库中。不过，这种作为单独程序库的隔离措施在将来可能会发生变化。

3. 接下来，在程序库内部，我们需要创建一个用 proc_macro_derive 属性注释的函数。对于 proc_macro_derive 属性，我们将特征名称 Foo 作为参数传递。当我们在任何结构体、枚举及联合上编写#[derive(Foo)]属性时，会调用此函数。

提示

仅允许将具有 proc_macro_derive 属性的函数从此程序库中导出。

但是，我们在实际的代码中看到它之前，所有这些都有些模糊。所以，我们可构建一个自己的派生宏程序库。我们将要构建的宏能够把任何给定的结构体转换为键和值的动态映射，例如 BTreeMap<String, String>。选择 BTreeMap 只是为了获得对其中字段的有序迭代访问，而 HashMap 不支持这一点，不过你也可以使用 HashMap。

我们还将使用两个软件包，即 syn 和 quote，这允许我们将代码解析为一种简便的数据结构，以便我们检查和操作。我们将为这个项目创建 3 个软件包。首先，我们通过运行 cargo new into_map_demo 命令创建一个二进制软件包，它会调用我们的程序库软件包和派生宏软件包。以下是我们的 Cargo.toml 文件中的依赖项：

```
# into_map_demo/Cargo.toml

[dependencies]
into_map = { path = "into_map" }
into_map_derive = { path = "into_map_derive" }
```

上述 into_map 和 into_map_derive 软件包被指定为该软件包的本地路径依赖项。但是我们还没有这两个软件包，所以让我们运行下列命令在同一目录下创建它们。

- cargo new into_map：这个软件包将作为独立的库程序引入我们的特征中。
- cargo new into_map_derive：这是我们的派生宏软件包。

现在，让我们检查一下 main.rs，其中包含以下初始代码：

```
// into_map_demo/src/main.rs

use into_map_derive::IntoMap;

#[derive(IntoMap)]
struct User {
    name: String,
    id: usize,
    active: bool
}

fn main() {
    let my_bar = User { name: "Alice".to_string(), id: 35, active: false };
    let map = my_bar.into_map();
    println!("{:?}", map);
}
```

在上述代码中，我们的 User 结构体使用了#[derive(IntoMap)]属性。#[derive(IntoMap)]将调用来自 into_map_derive 软件包的过程宏。由于我们尚未实现 IntoMap 派生宏，因此无法编译代码。但是，这从用户的角度向我们展示了该如何使用该宏。接下来，让我们看看 into_map 软件包中的 lib.rs 文件中有些什么：

```
// into_map_demo/into_map/src/lib.rs

use std::collections::BTreeMap;

pub trait IntoMap {
    fn into_map(&self) -> BTreeMap<String, String>;
}
```

我们的 lib.rs 文件中只包含一个 IntoMap 特征定义，其中包含一个名为 into_map 的方法，该方法将一个 self 引用作为参数，并返回一个 BTreeMap<String, String>。我们希望通过派生宏为我们的 User 结构体派生 IntoMap 特征。

接下来让我们看看 into_map_derive 软件包。对于该软件包，我们的 Cargo.toml 文件指定了如下依赖项：

```
# into_map_demo/into_map_derive/src/Cargo.toml

[lib]
proc-macro = true

[dependencies]
syn = { version = "0.15.22", features = ["extra-traits"] }
quote = "0.6.10"
into_map = { path="../into_map" }
```

如前所述，我们在[lib]部分将 proc-macro 属性设置为 true。同时还用到了 syn 和 quote 软件包，因为它们可以帮助我们解析标记流实例中的 Rust 代码。syn 软件包创建一个名为 AST 的内存数据结构，它表示一段 Rust 代码。然后我们可以使用此结构来检查源代码，并以编程方式提取信息。quote 软件包是 syn 软件包的有益补充，它允许用户在其中的 quote! 中生成 Rust 代码，还允许用户替换 syn 数据类型中的值。我们还需要用到 into_map 软件包，通过它，我们将 Into_Map 特征引入宏定义的作用域。

我们希望此宏生成的代码如下所示：

```
impl IntoMap for User {
    fn into_map(&self) -> BTreeMap<String, String> {
        let mut map = BTreeMap::new();
        map.insert("name".to_string(), self.name.to_string());
        map.insert("id".to_string(), self.id.to_string());
        map.insert("active".to_string(), self.active.to_string());
        map
```

```
        }
    }
```

我们想在 User 结构体上实现 into_map 方法，不过希望它为我们自动实现该方法。对于包含大量字段的结构体，手动构造代码将会非常烦琐。在这种情况下，派生宏将会非常有用。接下来让我们考察一个实现。

在较高层面，into_map_derive 软件包的代码生成分为两个阶段。在第一阶段，我们遍历结构体的字段，并收集用于将元素插入 BTreeMap 的代码。生成的插入代码标记如下所示：

```
map.insert(field_name, field_value);
```

这将被收集到一个 vector 中。在第二阶段，我们获取所有生成的插入代码标记，并将它们扩展为另一个标记序列，这就是 User 结构体的 impl 代码块。

让我们首先来看看 lib.rs 中的实现：

```
// into_map_demo/into_map_derive/src/lib.rs

extern crate proc_macro;
use proc_macro::TokenStream;
use quote::quote;
use syn::{parse_macro_input, Data, DeriveInput, Fields};

#[proc_macro_derive(IntoMap)]
pub fn into_map_derive(input: TokenStream) -> TokenStream {
    let mut insert_tokens = vec![];
    let parsed_input: DeriveInput = parse_macro_input!(input);
    let struct_name = parsed_input.ident;
    match parsed_input.data {
        Data::Struct(s) => {
            if let Fields::Named(named_fields) = s.fields {
                let a = named_fields.named;
                for i in a {
                    let field = i.ident.unwrap();
                    let insert_token = quote! {
                        map.insert(
                            stringify!(#field).to_string(),
                            self.#field.to_string()
                        );
                    };
                    insert_tokens.push(insert_token);
                }
            }
        }
```

```
    }
        other => panic!("IntoMap is not yet implemented for: {:?}", other),
    }
```

上述代码看上去有点奇怪，让我们逐行对它们进行解释。首先，我们有附带#[proc_macro_derive(IntoMap)]属性的 into_map_derive 函数。不过我们可以给该函数指定其他名称。该函数接收标记流作为输入，这将是我们的 User 结构体声明。然后我们创建了 insert_tokens 列表，用于存储输入标记，这是实际代码生成的部分内容。稍后我们将会对它进行解释。

然后我们调用来自 syn 软件包的 parse_macro_input!宏，传递输入标记流。这使我们在 parsed_input 变量中获得一个 DeriveInput 实例。parsed_input 将我们的 User 结构体定义为标记数据结构。从那里，我们使用 parsed_input.ident 字段提取结构体名称。接下来，我们匹配 parsed_input.data 字段中的内容，该字段返回元素的种类：结构体、枚举或联合。

为了简化我们的实现，我们只为结构体实现了 IntoMap 特征，所以只有当我们的 parsed_input.data 字段值属于 Data::Struct(s)时才会匹配成功。其中的 s 表示一个结构体，Data::Struct(s)表示构成结构体定义的元素。我们对 s 包含哪些字段感兴趣，特别是一些具名字段，因此我们可以使用 if let 语句对其进行特定的匹配。在 if 代码块内，我们获得对该结构体所有字段的引用，然后遍历访问它们。对于每个字段，我们使用 quote 软件包中的 quote!宏为我们的 btree 映射生成插入代码：

```
map.insert(
    stringify!(#field).to_string(),
    self.#field.to_string()
);
insert_tokens.push(insert_token);
```

注意#field 符号，在 quote!宏中，我们可以在生成的代码中使用模板变量的值来替换它们。在这种情况下，#field 会被结构体中存在的任何字段替换。首先，我们使用 stringify!宏将#field 转换为字符串文字，它是 syn 软件包中的 Ident 类型。然后我们可以将这个生成的代码块推送到 insert_tokens 中。

接下来，我们将进入代码生成的最后阶段：

```
let tokens = quote! {
    use std::collections::BTreeMap;
    use into_map::IntoMap;

    impl IntoMap for #struct_name {
        /// 将给定结构体转换为动态映射
```

```
        fn into_map(&self) -> BTreeMap<String, String> {
            let mut map = BTreeMap::new();
            #(#insert_tokens)*
            map
        }
    }
};

proc_macro::TokenStream::from(tokens)
```

在这里，我们为结构体生成了最终的 impl 代码块。在 quote!宏内部，无论我们编写什么都会按照规则精确地生成，包括缩进和代码注释。首先，我们对 BTreeMap 类型和 IntoMap 特征进行导入。其次，我们有了 IntoMap 实现。在其中，我们创建相关的映射，并扩展了在代码生成的第一阶段收集的 insert_tokens 列表。在这里，外部的重复器#()*告知 quote!宏重复相同的代码零次或多次。对于可迭代访问的元素，例如 insert_tokens，将重复其中的所有元素，这将用于将结构体中的字段名称和字段值插入映射中的代码。最后，我们将整个实现代码存储到tokens变量中,并通过调用 TokenStream::from(tokens)将其作为标记流返回。让我们在 main.rs 中尝试调用该宏：

```
// into_map_demo/src/main.rs

use into_map_derive::IntoMap;

#[derive(IntoMap)]
struct User {
    name: String,
    id: usize,
    active: bool
}

fn main() {
    let my_bar = User { name: "Alice".to_string(), id: 35, active: false };
    let map = my_bar.into_map();
    println!("{:?}", map);
}
```

运行 cargo run 命令后，我们得到以下输出结果：

```
{"active": "false", "id": "35", "name": "Alice"}
```

由上述结果可知，该宏能够按照预期运行。接下来让我们看看该如何调试宏。

9.13 调试宏程序

在开发复杂的宏时,大多数情况下,你需要分析代码如何扩展为宏提供的输入。

虽然可以在你希望看到生成代码的位置使用 println!或 panic!宏,但是这是一种非常粗糙的调试方法。有一些更好的解决方案可供我们选择。Rust 社区为我们提供了一个名为 cargo-expand 的子命令。该子命令由 David Tonlay 开发,并且他是 syn 和 quote 软件包的作者。该命令会在内部调用夜间版编译器标志-Zunstable-options -- pretty=expanded,不过子命令的构造就是如此,它不需要你手动切换到夜间版编译器,因为它会自动完成切换。为了演示这个命令,我们将以 IntoMap 派生宏为例,分析它为我们生成的代码。通过切换目录,并运行 cargo expand 命令,我们得到以下输出结果:

如你所见,底部的 impl 代码块是由 IntoMap 派生宏产生的。cargo-expand 还支持美化输出和语法高亮输出结果。此命令是编写复杂宏程序的必备工具。

9.14 常用的过程宏软件包

由于过程宏可以作为独立的软件包进行分发,因此可以在 crates.io 上找到许多实用的宏软件包。通过它们可以大大减少为生成 Rust 代码而手动编写模板的工作量。其中一些如下所示。

- derive-new：该软件包为结构体提供了默认的全字段构造函数，并且支持自定义。

- derive-more：该软件包可以绕过这样的限制，即我们已经为类型包装了许多自动实现的特征，但是失去了为其创建自定义类型包装的能力。该软件包可以帮助我们提供相同的特征集，即使是在这种包装器类型上也是如此。

- lazy_static：该软件包提供了一个类函数的过程宏，其名为 lazy_static!，你可以在其中声明需要动态初始化类型的静态值。例如，你可以将配置对象声明为 HashMap，并可以跨代码库全局访问它。

9.15 小结

在本章中，我们介绍了 Rust 的元编程，并且研究了多种宏。最常用的宏是 macro_rules!，它是一个声明性宏。声明性宏在 AST 层面工作，这意味着它不支持任意扩展，但要求宏扩展在 AST 中格式良好。对于更复杂的用例，你可以使用过程宏来完全控制输入，并生成所需的代码。我们还研究了 cargo 子命令 cargo-expand 的应用。

宏确实是一种强大的工具，但不应该被深度依赖。只有当更常见的抽象机制（例如函数、特征及泛型）不足以解决相关的问题时，我们才可以考虑宏。此外，宏应用代码会使其对初学者的可读性降低，应该尽量避免。话虽如此，在编写测试用例条件时它们会非常有用，并且被开发人员广泛采用。

在第 10 章中，我们将看到 Rust 的另一面，即不安全的特性。如果你想使用不同的语言与 Rust 进行相互操作，那么这些特性虽然不太值得推荐却能不可避免地被实现。

第 10 章
不安全的 Rust 和外部函数接口

Rust 是一种具有两种模式的语言：安全模式（默认）和不安全模式。在安全模式下，你可以获得各种安全特性使你免受严重错误的影响，但有时你需要摆脱编译器提供的安全特性，并额外获得其他方面的控制。一种用例与其他语言（例如 C 语言）进行交互，这可能非常不安全。在本章中，你将了解 Rust 必须与其他语言交互时需要做哪些额外的工作，以及如何使用不安全模式来促成和明确此交互。

在本章中，我们将介绍以下主题。

- 安全模式和不安全模式。
- Rust 中的不安全操作。
- 外部函数接口，以及与 C 语言交互。
- 使用 PyO3 与 Python 交互。
- 使用 Neon 与 Node.js 交互。

10.1　安全与不安全

"你可以这么做，但是最好知道自己在做什么。"

——A Rustacean

当我们谈论编程语言安全性时，它是一个涵盖不同层次的属性。语言可以是内存安全、类型安全的，也可以是并发安全的。内存安全意味着程序不会写入禁用的内存地址，也不会访问无效的内存；类型安全意味着程序不允许用户为字符串变量分配数字，并且此检查会在编译期发生；并发安全意味着程序在执行多个线程时不会因为条件竞争而修改共享状态。如果一种语言自身提供所有这些层面的安全，那么它被认为是安全的。一般而言，如果在所有可能的程序执行和输入中，它能够提供正确的输出并且不会导致程序崩溃，同时不破坏其内部或外部的状态，那么该程序被认为是安全的。Rust 在安全模式下，的确如此。

不安全的程序是指在运行时破坏不变量或者触发未定义行为的程序。这些不安全的效果可能会在函数内部产生局部影响，也可能稍后作为程序的全局状态传播。其中一些是由程序员自身造成的，例如逻辑错误，而其中一些是由于采用的编译器产生的副作用造成的，还有一些是由语言规范本身造成的。不变量是在所有代码路径中执行程序期间必须始终为真的条件。最简单的例子是指向堆中某个对象的指针，它在某段代码中永远不应该为空。如果该不变量被破坏，那么依赖于该指针的代码可能会取消引用它并发生崩溃。诸如 C/C++ 这类语言和基于它们的语言都是不安全的，因为在编译器规范中有很多操作被归类为未定义的行为。未定义的行为是指当编译器规范没有指定在较低级别上发生了什么，而你可以随意假设任何事情都可能发生时程序中出现的情况。未定义行为的一个示例是使用未初始化的变量。请考虑如下 C 代码：

```c
// both_true_false.c

int main(void) {
    bool var;
    if (var) {
        fputs("var is true!\n");
    }
    if (!var) {
        fputs("var is false!\n");
    }
    return 0;
}
```

此程序的输出可能会因 C 编译器的设置而不同，因为使用未初始化的变量是未定义行为。在一些启用了优化的 C 编译器上，你可能会得到以下输出结果：

```
var is true
var is false
```

代码采用这样不可预测的执行路径是用户不希望在生产环境下看到的。C 语言中未定义行为的另一个例子是写入长度为 n 的数组之外。当写入在内存中发生 n+1 偏移时，程序可能会崩溃或修改任意内存地址。在最理想的情况下，程序会立即崩溃，你应该知道这一点。在最糟糕的情况下，程序将继续运行，但是会破坏代码的其他部分并给出错误的结果。C 语言中存在未定义行为的首要原因是允许编译器优化代码以提高性能，并假定某些特殊情况永远都不会发生，同时不为上述情况添加错误检查代码，从而避免带来与错误处理有关的开销。如果未定义行为可以转换为编译期错误，那将是件好事，但是在编译期检测其中的某些行为有时会变得非常占用资源，因此不这么做是为了让编译器实现更简单一些。

现在，当 Rust 必须与这些语言进行交互时，它几乎不了解函数调用，以及如何在这些语言的较低层面表示类型，并且因为未定义行为可能发生的位置是未知的，所以它会回避所有这些问题，而为我们提供一个特殊的 unsafe 代码块，用来与其他语言交互。在不安全模式下，你可以获得额外的一些功能，这些功能在 C/C++中被称为未定义的行为。不过"能力越大，责任也越大"。在代码中使用不安全代码的开发人员必须留意在 unsafe 代码块中执行的操作。当 Rust 处于不安全模式时，重担就落在了开发者身上。Rust 相信程序员能够确保相关的操作是安全的。

幸运的是，这种不安全特性是以一种非常受控的方式提供的，并且通过读取代码可以轻松识别，因为不安全的代码总是以关键字 unsafe 进行修饰或者以 unsafe 代码块的形式出现。这与 C 语言大不相同，因为其中很多内容都是不安全的。

现在需要重点强调一点，虽然 Rust 提供的保护能够让你的程序免受一些主要的不安全因素的影响，但是在某些情况下，即使你编写的程序是安全的 Rust 也爱莫能助，例如程序中出现逻辑错误的情况，如下。

- 程序使用浮点数表示货币，但是浮点数不够精确会导致舍入误差。这个错误在某种程度上可以预测（因为在相同的输入数据下，它总是以相同的方式表现出来），并且很容易修复。这是一个逻辑和实现错误，Rust 不提供此类错误的保护。

- 一个控制宇宙飞船的程序使用基元数字作为参数来计算距离指标。但是某个库可能会提供一个 API，其中距离的单位为公制单位，而用户可能使用英制单位并提供数字，从而导致无效的测量。1999 年，美国国家航空航天局发射的火星气候轨道探测者就发生了类似的错误，造成了近 1.25 亿美元的损失。Rust 不能确保用户免受此类错误的影响，但是借助类型系统抽象（例如枚举）和 newtype 模式，我们将不同的计量单位彼此隔离，并将 API 的外部限制为仅支持有效的操作，从而大大降低发生这类错误的可能性。

- 程序在没有采用适当锁定机制的情况下通过多线程写入共享数据。其错误表现为不可预测，并且发现它们可能非常困难，因为它是非确定性的。在这种情况下，Rust 通过其所有权规则和借用规则来确保用户避免遇到数据竞争问题，这些规则也适用于并发代码，但它无法为你检测死锁。

- 程序通过指针访问对象，在某些情况下，指针是空指针，这将导致程序崩溃。在安全模式下，Rust 能够确保用户免受空指针的影响。但是。在不安全模式下，程序员必须确保使用来自其他语言的指针执行的相关操作是安全的。

Rust 的不安全模式也会在如下情况中用到，当程序员比编译器更了解某些细节，并且他们的代码中出现一些比较棘手的问题时，因为编译期的所有权规则过于苛刻，从而带来一些障碍。例如，假定你需要将一个字节序列转换为 String 值，并且你已经知道 Vec<u8> 是一个有效的 UTF-8 序列。在这种情况下，你可以直接使用不安全的 String::from_utf_unchecked 方法来替代安全的 String::from_utf8 方法，从而避免 from_utf8 方法检查 UTF-8 有效性带来的额外开销，继而提升程序性能。此外，在进行底层嵌入式系统开发或者与任何操作系统内核接口程序交互时，你需要切换到不安全模式。但是，并非所有工作都会用到不安全模式，并且某些选择操作会被 Rust 编译器认为是不安全的，如下所示。

- 更新可变静态变量。
- 解引用原始指针，例如*const T 和* mut T。
- 调用不安全的函数。
- 从联合类型中读取值。
- 在 extern 代码块中调用某个声明的函数——该元素来自其他语言。

在上述情况下，某些内存安全规则已经放宽，但借用检查程序在这些操作中仍然处于激活状态，并且所有作用域和所有权规则仍然适用。关于 Rust 的官方文档区分了哪些是未定义的行为，哪些是不安全的行为。为了执行上述操作时轻松地区分这一点，Rust 要求用户使用关键字 unsafe。它只允许少数几个地方用 unsafe 关键字进行标记，如下所示。

- 函数和方法。
- 不安全的代码块表达式，例如 unsafe{}。
- 特征。
- 实现代码块。

10.1.1 不安全的函数和代码块

让我们看看不安全的函数和代码块，先从不安全的函数开始：

```
// unsafe_function.rs

fn get_value(i: *const i32) -> i32 {
    *i
}

fn main() {
    let foo = &1024 as *const i32;
    let _bar = get_value(foo);
}
```

我们定义了一个 get_value 函数，它接收一个指向 i32 值的指针，该函数只需直接返回指针指向值的解引用即可。在 main 函数中，我们将变量 foo 传递给 get_value，这是由 1024 转型为*const i32 后引用的 i32 值。如果我们尝试运行它，将会得到如下错误提示信息：

```
error[E0133]: dereference of raw pointer is unsafe and requires unsafe function
 or block
 --> unsafe_function.rs:4:5
  |
4 |     *i
  |     ^^ dereference of raw pointer
  |
  = note: raw pointers may be NULL, dangling or unaligned; they can violate ali
asing rules and cause data races: all of these are undefined behavior
```

如前所述，我们需要一个不安全的函数或代码块来解引用原始指针。让我们遵循第一条建议，并在函数前面添加关键字 unsafe：

```
unsafe fn get_value(i: *const i32) -> i32 {
    *i
}
```

现在，让我们再试一次：

```
error[E0133]: call to unsafe function is unsafe and requires unsafe function or
 block
 --> unsafe_function.rs:9:15
  |
9 |     let bar = get_value(foo);
  |               ^^^^^^^^^^^^^^^ call to unsafe function
  |
  = note: consult the function's documentation for information on how to avoid
undefined behavior
```

有趣的是我们摆脱了 get_value 函数中的错误，但是在 main 函数中执行相关调用时又出现了另一个错误。调用不安全的函数时需要我们将其包装在不安全的代码块中，这是因为除了 Rust 的不安全函数之外，有的不安全函数也可以在 extern 代码块中声明，但这是由其他语言构造的函数。这可能返回调用方期望的值，也可能返回完全错误的值。因此，在调用不安全函数时，我们需要用到 unsafe 代码块。将代码进行修改，以便在不安全的代码块中调用 get_value，如下所示：

```
fn main() {
    let foo = &1024 as *const i32;
    let bar = unsafe { get_value(foo) };
}
```

unsafe 代码块是表达式，所以我们需要删除 get_value 之后的分号，并将它移动到 unsafe 代码块之外，从而将 get_value 的返回值分配给 bar。经过这些修改，我们的程序顺利通过编译。

不安全函数的行为和普通函数类似，除了可以在其中执行上述操作，将函数声明为不安全的会让它不能像普通函数那样被调用。但是我们可以通过另一种方式构造 get_value 函数：

```
fn get_value(i: *const i32) -> i32 {
    unsafe {
        *i
    }
}
```

上述代码看上去和前面的类似，但包含一个重大的变化。我们将关键字 unsafe 从函数签名前面移动到了其内部的不安全代码块。该函数现在执行相同的不安全操作，但是被包装到一个看起来像普通安全函数的函数内部。现在，我们可以调用此函数，但不需要在调用端使用 unsafe 代码块。这种技术通常用来提供看上去安全的程序库接口，即使它们在内部会执行一些不安全的操作。显然，如果你这样做，那么应该特别留意不安全代码块的正确性。标准库中有相当多的 API 采用了这种将不安全的操作隐藏在 unsafe 代码块的范式，同时在表面上提供安全的 API。例如，String 类型的 insert 方法，给定索引 idx 处插入一个字符 ch，其定义如下所示：

```
pub fn insert(&mut self, idx: usize, ch: char) {
    assert!(self.is_char_boundary(idx));
    let mut bits = [0; 4];
    let bits = ch.encode_utf8(&mut bits).as_bytes();
    unsafe {
        self.insert_bytes(idx, bits);
    }
}
```

首先，如果传递给它的 idx 位于 UTF-8 编码的代码点序列的开头或结尾，它会执行断言。然后，它将传递给它的 ch 编码为字节序列。最后，它在一个不安全的代码块中调用不安全的方法 insert_bytes，并传入 idx 和 bits。

标准库中有很多这样的 API，并且具有类似的实现，它们在内部依赖于不安全的代码块，要么需要提升性能，要么需要对值的各个部分进行可变访问，这是因为所有权规则会对上述操作有所限制。

现在，如果我们调用前面片段中的 get_value 函数，并使用一个数字作为参数，然后将其转换为指针，那么你可以猜测将会发生什么：

```
unsafe_function(4 as *const i32);
```

运行上述代码后，得到以下输出结果：

这是一个很明显的分段错误提示信息。从上述信息得出的结论是，即使在表面看上去很安全，不安全的函数也可以在用户提供错误的值时被忽视或刻意误用。因此，如果需要从程序库中公开不安全的 API，那么其中操作的安全性取决于用户提供的参数，开发者应该清楚地说明这一点，以确保它们没有传递无效值并将函数标记为不安全的（unsafe），而不是在内部使用不安全的代码块（unsafe{}）。

不安全的代码块后面的安全包装器函数不应该真正暴露给调用方，而是将实现细节隐藏于程序库中，就像许多标准库 API 的实现那样。如果你不能确定在不安全的代码周围构造了安全的包装器，那么应该将该函数标记为不安全的。

10.1.2 不安全的特征和实现

除了函数之外，特征也可以标记为不安全的。需要不安全的特征的原因并不是很明显。首先使用不安全的特征的动机之一是标记无法发送到线程或在线程之间共享的类型。这是通过不安全的 Send 和 Sync 特征实现的，它们也是自动化特征，这意味着它们适用于标准库中的实现的大多数类型。但是，对于某些被明确地排除在外的类型，例如 Rc<T> 类型。Rc<T> 类型没有原子引用计数机制，如果要实现 Sync 特征并稍后在多个线程中使用，那么我们可能会在类型上得到错误的引用计数，这可能导致相关的内存过早释放和指针挂起。如果为自定义类型进行了适当的同步，那么不安全的 Send 和 Sync 使开发者只负责实现它。Send 和 Sync 被标记为不安全的，因为对于在多个线程中进行改变的情况，若对类型的行为没有明确语义的类型，实现它们是不正确的。

　　将特征标记为不安全的另一个动机是封装一系列类型可能具有未定义行为的操作。如前所述，特征本质上用于指定类型实现必须包含的契约。现在，假定你的类型中包含来自外部函数接口（Foreign Function Interface，FFI）边界的实体，即包含对 C 字符串引用的字段，并且有很多这种类型。在这种情况下，我们可以通过不安全的特征来抽象这些类型的行为，然后可以使用一个通用接口来获取实现该不安全特征的类型。以 Rust 标准库中的 Searcher 特征为例，它是 Pattern 特征的关联类型。Searcher 特征是一种不安全的特征，它抽象了从给定字节序列中搜索元素的概念。Searcher 的一个实现者是 CharSearcher 结构体。将其标记为不安全的可以消除 Pattern 特征在有效的 UTF-8 字节边界上检查有效性的负担，并在字符串匹配方面获得一些性能提升。

　　讨论过使用不安全特征的动机之后，让我们来看看如何定义和使用不安全的特征。将特征标记为不安全的并不会让你的方法也不安全。我们可以拥有安全方法的不安全特征，反之亦然。我们也可以拥有一个安全的特征，其中可能有不安全的方法，但这并不意味着特征是不安全的。不安全的特征和不安全的函数表示方式类似，只需在它们前面加上关键字 unsafe 即可：

```
// unsafe_trait_and_impl.rs

struct MyType;

unsafe trait UnsafeTrait {
    unsafe fn unsafe_func(&self);
    fn safe_func(&self) {
        println!("Things are fine here!");
    }
}

trait SafeTrait {
    unsafe fn look_before_you_call(&self);
}

unsafe impl UnsafeTrait for MyType {
    unsafe fn unsafe_func(&self) {
        println!("Highly unsafe");
    }
}

impl SafeTrait for MyType {
    unsafe fn look_before_you_call(&self) {
        println!("Something unsafe!");
    }
```

```
    }

fn main() {
    let my_type = MyType;
    my_type.safe_func();
    unsafe {
        my_type.look_before_you_call();
    }
}
```

在上述代码中，我们展示了不安全特征和方法的各种变体。首先，我们有两个特征声明：不安全的特征 UnsafeTrait 和安全的特征 SafeTrait。我们还有一个名为 MyType 的单元结构体，它实现了上述特征。如你所见，不安全的特征需要使用关键字 unsafe 作为前缀来实现 MyType，从而让实现者知道它们必须维护特征期望的"契约"。在 MyType 上的 SafeTrait 的第 2 个实现中，我们有一个需要在不安全代码块中调用的不安全方法，正如我们在 main 函数中看到的那样。

在接下来的内容中，我们将探讨一些语言，以及 Rust 如何与之交互。Rust 提供的用于在语言之间互相安全地通信的所有相关 API 和抽象都被通俗地称为外部函数接口（Foreign Function Interface，FFI）。作为标准库的一部分，Rust 为我们提供了内置的 FFI 抽象。基于这些的包装器程序库我们能够实现无缝的跨语言交互。

10.2　在 Rust 中调用 C 代码

首先，我们将探讨在 Rust 中调用 C 代码的示例。我们将创建一个新的二进制软件包，并从中调用在单独的 C 文件中定义的 C 函数。让我们通过运行 cargo new c_from_rust 命令来创建一个新项目。在该项目目录下，我们将添加 C 源代码，即 mystrlen.c 文件，其中包含如下代码：

```
// c_from_rust/mystrlen.c

unsigned int mystrlen(char *str) {
    unsigned int c;
    for (c = 0; *str != '\0'; c++, *str++);
    return c;
}
```

其中包含一个简单的函数 mystrlen，该函数会返回传递给它的字符串长度。我们希望从

Rust 调用 mystrlen，为此需要将此 C 源代码编译为静态库。在接下来的内容中有一个示例，其中我们会将动态库链接到共享库。我们将在Cargo.toml文件中将cc软件包作为依赖项构建：

```
# c_from_rust/Cargo.toml

[build-dependencies]
cc = "1.0"
```

通过正确的链接器标志，cc 软件包完成了将 C 源代码编译和链接为二进制文件的所有繁重工作。为了声明我们的构建命令，需要在软件包根目录下添加一个 build.rs 文件，其中包含以下内容：

```rust
// c_from_rust/build.rs

fn main() {
    cc::Build::new().file("mystrlen.c")
                    .static_flag(true)
                    .compile("mystrlen");
}
```

我们创建了一个新的构建实例，并在将静态对象文件的名称传递给 compile 方法之前传递了 C 源文件名，同时将静态标记设置为 true。在编译任何项目文件之前，Cargo 会运行 build.rs 中的相关内容。从 bulid.rs 运行代码时，cc 软件包会指定在 C 程序库中附加传统的 lib 前缀，因此编译生成的静态程序库位于 target/debug/build/c_from_rust-5c739ceca32833c2/out/libmystrlen.a。

现在，我们还需要告诉 Rust 存在 mystrlen 函数。这是通过 extern 代码来完成的，因为可以在其中指定来自其他语言的元素。我们的 main.rs 文件如下所示：

```rust
// c_from_rust/src/main.rs

use std::os::raw::{c_char, c_uint};
use std::ffi::CString;

extern "C" {
    fn mystrlen(str: *const c_char) -> c_uint;
}

fn main() {
    let c_string = CString::new("C From Rust").expect("failed");
    let count = unsafe {
        mystrlen(c_string.as_ptr())
```

```
    };
    println!("c_string's length is {}", count);
}
```

我们导入了一些来自 std::os::raw 模块的内容，其中包含与原始 C 类型兼容的类型，并且名称接近于它们的 C 语言中的对应的内容名称。对于数字类型，类型前面的单个字母表示该类型是无符号的。例如，无符号整数定义为 c_uint。在我们的 extern 模块的 mystrlen 声明中，将一个*const c_char 作为输入参数，它等效于 C 语言中的 char *，并返回一个 c_uint 作为输出。我们还从 std::ffi 模块导入了 CString 类型，因为我们需要一个与 C 语言兼容的字符串传递给 mystrlen 函数。std::ffi 模块包含很多实用程序和类型，可以轻松地进行跨语言交互。

如你所见，在 extern 代码块中，其关键字后面包含一个字符串"C"。这个"C"用于指定我们希望编译器的代码生成器是 C ABI（cdecl），以便函数调用完全遵循 C 语言的函数调用方式。应用程序二进制接口（Application Binary Interface，ABI）基本上是一组规则和约定，用于指定类型和函数在底层如何表示和操作。该函数调用约定是 ABI 规范的一个方面。这与 API 对程序库用户的意义非常相似。在函数的上下文中，API 用于指定可以从程序库调用的函数，而 ABI 用于指定调用函数的底层机制。调用约定规定了诸如函数参数是存储在寄存器中，还是存储在堆栈中，以及调用者是否应该在函数返回时清除寄存器/堆栈状态或者调用者等其他细节。我们也可以忽略指定它，因为 cdecl 是 Rust 对在 extern 模块中声明的元素的默认 ABI。cdecl 是一个调用约定，大多数 C 编译器都使用它进行函数调用。Rust 还支持其他 ABI，例如 fastcall、win64 等，这需要根据你所针对的平台而选择，并将其放在 extern 代码块之后。

在 main 函数中，我们使用了 std::ffi 模块中特定版本的 CString 字符串，因为 C 语言中的字符串是以空字符结尾的，而 Rust 中的字符串不是。CString 会执行所有相关的检查，为我们提供一个与 C 语言兼容的版本的字符串，这使我们的字符串中间不包含空字符，并且确保字符串是以空字符结尾的。ffi 模块主要包含两种字符串类型。

- std::ffi::CStr 表示一个类似于&str 的借用 C 字符串。它可以引用在 C 语言中创建的字符串。

- std::ffi::CString 表示与外部 C 函数兼容并且包含所有权的字符串。它通常用于将字符串从 Rust 代码传递到外部 C 函数。

因为我们想要将一个字符串从 Rust 端传递到我们刚刚定义的函数，所以这里使用了 CString 类型。接下来，我们在一个不安全的代码块中调用 mystrlen，将 c_string 作为指针传入。然后我们将输出字符串长度。现在，我们需要做的就是运行 cargo run 命令。以下是上述程序的输出结果：

```
→ c_from_rust git:(master) ✗ cargo run
   Finished dev [unoptimized + debuginfo] target(s) in 0.01s
    Running `target/debug/c_from_rust`
c_string's length is 11
```

cc 软件包能够自动识别需要调用的 C 编译器。我们的例子中，在 Ubuntu 上会自动调用 GCC 来链接 C 程序库。现在，这里需要做一些改进。首先，我们必须在一个不安全的代码块中调用该函数是很尴尬的，因为我们知道这个操作是安全的。而且该 C 程序实现是合理的，至少对于这个小功能是如此的。其次，如果 CString 创建失败，我们会感到沮丧。为了解决这个问题，我们可以创建一个安全的包装器函数。对最简单的形式来说，这只是意味着创建一个在不安全的代码内调用外部函数的函数：

```rust
fn safe_mystrlen(str: &str) -> Option<u32> {
    let c_string = match CString::new(str) {
        Ok(c) => c,
        Err(_) => return None
    };

    unsafe {
        Some(mystrlen(c_string.as_ptr()))
    }
}
```

现在我们的 safe_mystrlen 函数会返回 Option，如果 CString 创建失败，则返回 None，然后调用包含在不安全代码块中的 mystrlen，它会返回 Some。调用 safe_mystrlen 函数就像调用其他 Rust 函数一样。如果可能，建议为外部函数构造安全的包装器，注意不安全代码块中发生的所有异常都需要正确处理，以便程序库的用户不会在其代码中执行不安全的操作。

10.3　通过 C 语言调用 Rust 代码

如前所述，当 Rust 程序库使用 extern 代码块将其函数暴露给其他语言时，默认情况下它们会暴露 C 的应用程序二进制接口（Application Binary Interface，ABI）（cdecl）。因此，通过 C 语言调用 Rust 代码是无缝的。它们看起来就像普通的 C 函数一样。我们讨论一个通过 C 语言调用 Rust 代码的示例。为此，让我们运行 cargo new rust_from_c --lib 命令创建一个新的项目。在 Cargo.toml 文件中，我们有以下代码：

```
# rust_from_c/Cargo.toml

[package]
name = "rust_from_c"
version = "0.1.0"
authors = ["Rahul Sharma <creativcoders@gmail.com>"]
edition = "2018"

[lib]
name = "stringutils"
crate-type = ["cdylib"]
```

在[lib]下面，我们将软件包指定为 cdylib，这表明我们系统地生成一个动态加载的程序库，它在 Linux 中通常被称为共享对象文件（.so）。我们为 stringutils 库指定了一个显式名称，这将用于创建共享对象文件。

现在，让我们继续完善 lib.rs 中的实现代码：

```
// rust_from_c/src/lib.rs

use std::ffi::CStr;
use std::os::raw::c_char;

#[repr(C)]
pub enum Order {
    Gt,
    Lt,
    Eq
}

#[no_mangle]
pub extern "C" fn compare_str(a: *const c_char, b: *const c_char) -> Order
{
    let a = unsafe { CStr::from_ptr(a).to_bytes() };
    let b = unsafe { CStr::from_ptr(b).to_bytes() };
    if a > b {
        Order::Gt
    } else if a < b {
        Order::Lt
    } else {
        Order::Eq
    }
}
```

我们有一个函数 compare_str，在它前面添加 extern 关键字，将其暴露给 C 语言，然后为编译器指定"C"的应用程序二进制接口（Application Binary Interface，ABI）以生成相应的代码。我们还需要添加一个#[no_mangle]属性，因为 Rust 默认会在函数名称中添加随机字符，以防止类型名称和函数名称在模块和软件包之间发生冲突。这被称为名称改编。如果没有此属性，我们将无法通过 compare_str 调用相关的函数。我们的函数根据字典顺序来比较传递给它的两个 C 字符串，并返回一个枚举 Order，它有 3 个变体：Gt（大于）、Lt（小于）及 Eq（等于）。你可能已经注意到，枚举定义包含#[repr(C)]属性。因该枚举会被返回 C 语言端，所以我们希望它以 C 枚举的形式进行表示，repr 属性支持我们这样做。在 C 语言方面，我们将获得一个 uint_32 类型作为此函数的返回类型，因为枚举变量在 Rust 中是以 4 个字节表示的，在 C 语言中也是如此。请注意，在编写本书时，Rust 对具有关联数据的枚举的数据布局和 C 枚举是一样的。但是，未来可能存在一些变化。

现在，让我们创建一个名 mian.c 的文件，该文件会调用 Rust 暴露的函数：

```
// rust_from_c/main.c

#include <stdint.h>
#include <stdio.h>

int32_t compare_str(const char* value, const char* substr);

int main() {

    printf("%d\n", compare_str("amanda", "brian"));
    return 0;
}
```

我们声明了 compare_str 函数的原型，就像任何普通函数的原型声明一样。接下来，我们在 main 函数中调用 compare_str，传入两个字符串值。请注意，如果我们传递在堆上分配的字符串，还需要在 C 端释放它们。在这种情况下，我们传递了一个 C 字符串文本，它将传递给进程的数据段，因此我们不需要进行任何资源释放。现在，我们将创建一个简单的 Makefile 文件来构建 stringutils 软件包，并编译和链接 main.c 文件：

```
# rust_from_c/Makefile

main:
    cargo build
    gcc main.c -L ./target/debug -lstringutils -o main
```

现在可以运行 make 命令构建我们的软件包，然后将 LD_LIBRARY_PATH 设置为生成 libstringutils.so 文件的位置来运行 main 程序。接下来，我们可以这样运行 main：

```
$ export LD_LIBRARY_PATH=./target/debug
$ ./main
```

该程序的输出结果是 1，它是 Rust 端的 Order 枚举中 Lt 变体的值。从这个例子可以看出，当你从 C/C++或任何其他支持 Rust 的 ABI 接口的语言中调用 Rust 函数时，我们不能将特定于 Rust 的数据类型传递到 FFI 边界。例如，传递与数据相关联的 Option 和 Result 类型是没有意义的，因为 C 语言对它们一无所知，无法从中解析和提取值。在这种情况下，我们需要将原始值作为返回类型从函数传递到 C 端，或将我们的 Rust 类型转换为 C 语言可以理解的某种格式。

现在，考虑我们之前从 Rust 调用 C 代码的情况。在手动方式中，我们需要为已在头文件中声明的所有 API 编写外部声明。如果这些工作能够自动化完成就太好了，让我们看看该如何做。

10.4　在 Rust 使用外部 C/C++程序库

考虑到过去 30 年中编写的软件数目，很多系统软件都是用 C/C++编写的。你可能希望链接到通过 C/C++编写的现有程序库以供 Rust 使用，因为重写 Rust 中的所有内容（即使希望如此）对复杂项目来说是不现实的。但与此同时，为这些程序库手动编写 FFI 绑定也比较麻烦，并容易出错。幸运的是，有一些工具可以帮助我们自动完成对 C/C++程序库的绑定。对本示例来说，Rust 方面所需的代码比之前调用 Rust 的 C/C++代码的示例要简单得多，因为这一次我们会使用一个名为 bindgen 的便捷软件包，它可以自动生成对 C/C++的 FFI 绑定库。

如果想要集成包含大量 API 的复杂程序库，那么 bindgen 是比较适合的工具。手动编写这些绑定可能非常容易出错，但 bindgen 可通过自动化执行此过程来帮助我们。我们将使用该软件包为简单的 C 程序库 levenshtein.c 生成绑定，该程序主要用于查找两个字符串之间的最小编辑距离。编辑距离适用于多种应用，例如字符串模糊匹配、自然语言处理及拼写检查等。接下来，让我们通过运行 cargo new edit_distance --lib 命令创建新项目。

在使用 bindgen 之前，我们来安装一下依赖项，因为 bindgen 需要用到它们：

```
$ apt-get install llvm-3.9-dev libclang-3.9-dev clang-3.9
```

接下来，在 Cargo.toml 文件中，我们需要将 bindgen 和 cc 软件包添加为构建依赖项：

```
# edit_distance/Cargo.toml

[build-dependencies]
bindgen = "0.43.0"
cc = "1.0"
```

bindgen 软件包将用于根据 levenshtein.h 头文件生成绑定，cc 软件包将用于被我们的程序库编译为共享对象，以便我们可以在 Rust 中访问它。我们的程序库相关的文件位于项目根目录下的 lib 文件夹中。

接下来将创建我们的 build.rs 文件，它将在编译任何源文件之前运行。它会做两件事——首先，它将 levenshtein.c 文件编译为共享对象（.so）；其次，它将生成 levenshtein.h 文件中定义的 API 的绑定：

```
// edit_distance/build.rs

use std::path::PathBuf;

fn main() {
    println!("cargo:rustc-rerun-if-changed=.");
    println!("cargo:rustc-link-search=.");
    println!("cargo:rustc-link-lib=levenshtein");

    cc::Build::new()
        .file("lib/levenshtein.c")
        .out_dir(".")
        .compile("levenshtein.so");

    let bindings = bindgen::Builder::default()
        .header("lib/levenshtein.h")
        .generate()
        .expect("Unable to generate bindings");

    let out_path = PathBuf::from("./src/");
    bindings.write_to_file(out_path.join("bindings.rs")).expect("Couldn't
write bindings!");
}
```

在上述代码中，我们告诉 Cargo 程序库的搜索路径是当前目录，链接的程序库名称是 levenshtein。如果当前目录中的任何文件发生变化，我们还会告知 Cargo 程序库重新运行 build.rs 中的代码：

```
println!("cargo:rustc-rerun-if-changed=.");
```

```
println!("cargo:rustc-link-search=.");
println!("cargo:rustc-link-lib=levenshtein");
```

然后，通过创建一个新的 Build 实例为程序库创建一个编译管道，并为 file 方法提供适当的 C 源文件。我们还将输出目录设置为 out_dir，将程序库名称传递给 compile 方法：

```
cc::Build::new().file("lib/levenshtein.c")
                .out_dir(".")
                .compile("levenshtein");
```

接下来，我们创建一个 bindgen 构建实例，传递头文件的路径，调用 generate()，然后在调用 write_to_file 之前将其写入 bindings.rs 文件：

```
let bindings = bindgen::Builder::default().header("lib/levenshtein.h")
                                          .generate()
                                          .expect("Unable to generate
bindings");
```

现在，当我们运行 cargo build 命令后，将会在 src/.目录下生成一个 bindings.rs 文件。如前所述，对暴露 FFI 绑定的所有程序库来说，提供安全的包装器是一种比较好的做法。所以我们将会在 src/lib.rs 中创建一个名为 levenshtein_safe 的函数，用于包装 bindings.rs 中的不安全函数：

```
// edit_distance/src/lib.rs

mod bindings;

use crate::bindings::levenshtein;
use std::ffi::CString;

pub fn levenshtein_safe(a: &str, b: &str) -> u32 {
    let a = CString::new(a).unwrap();
    let b = CString::new(b).unwrap();
    let distance = unsafe { levenshtein(a.as_ptr(), b.as_ptr()) };
    distance
}
```

我们从 bindings.rs 导入不安全的函数，将它们包装到 levenshtein_safe 函数中，并在不安全代码块中调用我们的 levenshtein 函数，传递与 C 语言兼容的字符串。这时候应该对我们的 levenshtein_safe 函数进行一些测试。我们将在软件包根目录下的 examples/目录中创建一个 basic.rs 文件，其中包含以下代码：

```
// edit_distance/examples/basic.rs

use edit_distance::levenshtein_safe;

fn main() {
    let a = "foo";
    let b = "fooo";
    assert_eq!(1, levenshtein_safe(a, b));
}
```

我们可以通过 cargo run --example basic 命令来运行它，并且应该不会看到断言失败，因为 levenshtein_safe 调用返回的值应该是 1。目前对于这类软件包，推荐的命名约定是在其末尾添加 sys 后缀，因为其中只包含 FFI 绑定。crates.io 上的大多数软件包都遵循这一约定。这是一次关于如何使用 bindgen 自动化跨语言交互的旋风之旅。如果你想要自动化反向的 FFI 绑定，例如在 C 语言中使用 Rust 程序库，那么在 GitHub 上还有一个名为 cbindgen 的等效软件包，它可以为 Rust 软件包生成 C 头文件。例如 Webrender 使用此软件包来将其 API 暴露给其他语言。鉴于 C 语言的历史遗留问题，而它是编程语言中的通用语言，Rust 为其提供了一流的支持。许多其他语言也会调用 C 语言，这意味着可以从以 C 语言为目标的其他语言调用你的 Rust 代码。接下来让我们探讨一下 Rust 与其他语言的交互。

10.5 使用 PyO3 构造原生 Python 扩展

在本节中，我们将探讨如何使用 Python 调用 Rust 代码。Python 社区一直是原生模块的重度用户，例如 NumPy、Lxml、OpenCV 等，并且其中大多数的底层实现都是由 C/C++ 完成的。使用 Rust 作为原生 C/C++模块的替代方案，对许多 Python 项目的性能和安全性都是一个主要优势。为了方便演示，我们将创建一个在 Rust 中实现的原生 Python 模块。其中会采用 PyO3，这是一个非常流行的项目，它为 Python 解析器提供 Rust 绑定，并隐藏了所有底层细节，从而提供非常直观的 API。该项目在 GitHub 上。它支持 Python 2 和 Python 3 版本。PyO3 是快速演进的版本，撰写本书时它只支持夜间版 Rust，所以我们将使用特定版本的 PyO3，即 0.4.1 版本，以及特定夜间版的 Rust 编译器。

让我们通过运行 cargo new word_suffix --lib 命令创建一个新项目。该程序库会暴露一个名为 word_suffix 的 Python 模块，它包含一个函数 find_words，接收以逗号分隔的单词字符串，然后返回该文本中以给定后缀结尾的所有单词。一旦构建了该模块，我们就可以像普通的 Python 模块那样导入此模块。

在进行代码实现之前，我们需要为此项目切换到特定夜间版的 Rust 编译器，即 rustc 1.30.0-nightly（33b923fd4 2018-08-18）。我们可以通过在当前目录（word_suffix/）中运行 rustup override set nightly-2018-08-19 来覆盖编译器以使用特定的夜间版。

首先，我们将在 Cargo.toml 文件中指定依赖项：

```
# word_suffix/Cargo.toml

[package]
name = "word_suffix"
version = "0.1.0"
authors = ["Rahul Sharma <creativcoders@gmail.com>"]

[dependencies]
pyo3 = "0.4"

[lib]
crate-type = ["cdylib"]
```

这里我们将 pyo3 作为唯一的依赖项予以添加。如你所见，在[lib]部分中，我们将 crate-type 指定为 cdylib，这意味着生成的程序库类似于 C 共享库（Linux 中的.so），Python 已经知道该如何调用它。现在，让我们在 lib.rs 中添加代码实现：

```
// word_suffix/src/lib.rs

//!在 Rust 中演示一个 Python 模块,
//!用于提取以逗号分隔的单词串中指定后缀结尾的单词

#[macro_use]
extern crate pyo3;
use pyo3::prelude::*;

/// 这是一个用 Rust 实现的 Python 模块
#[pymodinit]
fn word_suffix(_py: Python, module: &PyModule) -> PyResult<()> {
    module.add_function(wrap_function!(find_words))?;
    Ok(())
}

#[pyfunction]
fn find_words(src: &str, suffix: &str) -> PyResult<Vec<String>> {
    let mut v = vec![];
    let filtered = src.split(",").filter_map(|s| {
```

```
        let trimmed = s.trim();
        if trimmed.ends_with(&suffix) {
            Some(trimmed.to_owned())
        } else {
            None
        }
    });
    for s in filtered {
        v.push(s);
    }
    Ok(v)
}
```

首先，我们导入了 pyo3 软件包，以及 prelude 模块与 Python 相关的所有类型。然后，我们定义了一个 word_suffix 函数，并用#[pymodinit]属性注释它。这就构成了我们的 Python 模块，可以向其中导入任意后缀为.py 的文件。该函数会接收两个参数，第 1 个参数是 Python，这是 pyo3 中大多数 Python 相关操作所需的标记类型，用于指定特定操作修改 Python 解析器的状态。第 2 个参数是 PyModule 实例，它表示一个 Python 模块对象。通过这个实例，我们将调用 add_function 函数，从而将 find_words 函数封装到 wrap_function!宏中。wrap_function!宏对提供的 Rust 函数进行一些操作，将其转换为 Python 兼容的函数。

接下来是 find_words 函数，它是该程序的重点。我们使用#[pyfunction]属性对其进行包装，它会对函数的参数和返回类型执行转换，以便与 Python 函数兼容。find_words 函数的代码实现非常简单。首先，创建一个 vec 集合，v 用于保存已过滤的单词列表。然后，通过拆分"，"来过滤 src 字符串，之后对其进行过滤和映射操作。Split(",")调用会返回一个迭代器，我们在该迭代器上调用 filter_map 方法，此方法接收一个包含拆分字符 s 的闭包作为参数。首先通过调用 s.trim()将 s 中的所有空格删除，然后检查它是否以我们提供的字符为后缀结束。如果是这样，它将会转换成一个包含所有权的 String，并包装到 Some 中返回；否则，它会返回 None。最后迭代器遍历访问所有已过滤的单词（如果有的话），将它们推送到 v 中然后返回。

解释过上述代码之后，就该构建 Python 模块了。为此，我们有 pyo3-pack，它是来自 pyo3 项目的另一款工具，可以自动化完成构造原生 Python 模块的整个过程。此工具还能将构建的软件包发布到 Python 软件包索引（Python Package Index，PyPI）网站上。为了安装 pyo3-pack，需要执行 cargo install pyo3-pack 命令。现在，我们可以将软件包生成为 Python 的 wheel 格式（.whl），之后可以使用 pyo3-pack develp 对其进行本地安装。在此之前，我们需要 Python 处于虚拟环境，因为 pyo3-pack develop 命令需要。

可以通过运行如下代码来创建我们的虚拟环境：

```
virtualenv -p /usr/bin/python3.5 test_word_suffix
```

这里我们使用的是 Python 3.5。此后需要运行如下代码来激活运行环境：

```
source test_word_suffix/bin/activate
```

如果你没有安装 pip3 或者 virtualenv，那么可以运行下列代码来安装它们：

```
sudo apt-get install python3-pip
sudo pip3 install virtualenv
```

接下来可以使用的 pyo3-pack develop 分别为 Python 2 和 Python 3，构建 wheel 文件，并在虚拟环境中对其进行本地安装。

我们可以在 word_suffix 目录中创建一个简单的 main.py 文件，并导入该模块，以便查看是否可以使用该模块：

```
# word_suffix/main.py

import word_suffix

print(word_suffix.find_words("Baz,Jazz,Mash,Splash,Squash", "sh"))
```

执行 python main.py 命令之后，我们得到以下输出结果：

结果看上去还不错，不过这是一个非常简单的例子。对于复杂的用例，你还需要了解更多的细节。要了解与之有关的详情，可以访问 pyo3 网站上的帮助信息。

10.6 在 Rust 中为 Node.js 创建原生扩展

有时，Node.js 运行时其上的 JavaScript 性能并不一定能满足用户需要，因此开发者可以使用其他低级语言来创建原生的 Node.js 模块。通常，C/C++会被用作实现这些原生模块的编程语言。Rust 也可以通过我们在 C 语言和 Python 中看到的 FFI 抽象来创建原生的 Node.js 模块。在本节中，我们将探讨这些 FFI 抽象的高级包装器，它被称为 neon 项目，这是由 Mozilla 基金会的 Dave Herman 创建的。

neon 项目包含一组工具和胶水代码，能够帮助 Node.js 开发者提高开发效率，允许他们在 Rust 中编写原生的 Node.js 模块，并在他们的 JavaScript 代码中无缝集成。该项目的部分程序是由 JavaScript 构建的：在 neon-cli 软件包中有一个名为 neon 的命令行工具，还有一个 JavaScript 兼容库，以及一个 Rust 端兼容库。Node.js 本身对加载原生模块提供了良好的支持，并且 neon 会使用上述相同的支持技术。

在接下来的示例中，我们将在 Rust 中构建一个 Node.js 模块作为 npm 软件包，公开一个可以计算一大块文本中给定单词出现次数的函数。然后，我们将导入此软件包，并在 main.js 文件中测试上述公开的函数。此示例需要安装 Node.js（v11.0.0）及其软件包管理器 npm（6.4.1）。如果你没有安装 Node.js 和 npm，还需要搭建相应的运行环境。

安装完成后，需要运行以下命令使用 npm 安装 neon-cli：

```
npm install --global neon-cli
```

由于我们希望全局可以使用此工具在任何地方创建新项目，因此传递了--global 标记给它。neon-cli 工具用于创建包含 neon 支持框架的 Node.js 项目。安装完成后，我们通过运行 neon new native_counter 来创建项目，它会提示项目的基本信息，如下图所示：

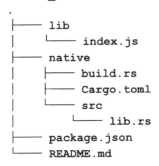

这是此命令为我们创建的目录结构：

```
native_counter tree
.
├── lib
│   └── index.js
├── native
│   ├── build.rs
│   ├── Cargo.toml
│   └── src
│       └── lib.rs
├── package.json
└── README.md
```

　　neon 为我们创建的项目结构与通常使用 lib 目录和 package.json 的 npm 软件包结构相同。除了 Node.js 软件包结构之外，它还为我们在原生目录中创建了一个 cargo 项目，其中包含以下初始代码。让我们来看看这个目录中的内容是什么，先从 Cargo.toml 文件开始：

```
# native_counter/native/Cargo.toml

[package]
name = "native_counter"
version = "0.1.0"
authors = ["Rahul Sharma <creativcoders@gmail.com>"]
license = "MIT"
build = "build.rs"
exclude = ["artifacts.json", "index.node"]

[lib]
name = "native_counter"
crate-type = ["dylib"]

[build-dependencies]
neon-build = "0.2.0"

[dependencies]
neon = "0.2.0"
```

　　值得注意的是[lib]部分，它将软件包的类型指定为 dylib，这意味着我们需要使用 Rust 创建一个共享程序库。在项目根目录下还有一个自动生成的 build.rs 文件，它可以通过调用其中的 neon_build::setup() 来完成一些初始环境配置。接下来，我们将删除 lib.rs 文件中的现有代码并添加以下代码：

```
// native_counter/native/src/lib.rs

#[macro_use]
extern crate neon;

use neon::prelude::*;

fn count_words(mut cx: FunctionContext) -> JsResult<JsNumber> {
    let text = cx.argument::<JsString>(0)?.value();
    let word = cx.argument::<JsString>(1)?.value();
    Ok(cx.number(text.split(" ").filter(|s| s == &word).count() as f64))
}

register_module!(mut m, {
    m.export_function("count_words", count_words)?;
```

```
    Ok(())
});
```

首先，我们导入了 neon 软件包，然后导入了 prelude 模块中的宏和所有元素。接下来，我们定义了一个函数 count_words，它会接收一个 FunctionContext 实例作为参数。它包含 JavaScript 中被调用的活动函数的相关信息，例如参数列表、参数长度、this 绑定，以及其他细节。我们希望调用方将两个参数传递给 count_words 函数——首先是文本，其次是文本中要搜索的单词。我们可通过调用 cx 实例上的参数方法并将相应的索引传递给它来提取这些值，还使用 turbofish 运算符来要求它给出 JsString 类型的值。在返回的 JsString 实例上，我们调用 value 方法以获取 Rust 的 String 值。

在完成参数提取之后，我们使用空格对文本进行分割，并在迭代器链上调用 count() 方法以在统计匹配单词出现的次数之前过滤包含给定单词的文本块：

```
text.split(" ").filter(|s| s == &word).count()
```

count() 方法会返回 usize。但是其会将 uszie 转换为 f64，因为在 cx 上的 number 方法上绑定的是 Into<f64> 特征。上述操作完成后，将通过调用 cx.number() 来包装该表达式，它创建了一个兼容 JavaScript 的 JsNumber 类型。count_words 方法返回一个 JsResult<JsNumber> 类型，因为访问参数可能会失败，并且即使返回正确的 JavaScript 类型也可能会失败。JsResult 类型中的错误变体表示从 JavaScript 端抛出的任意异常。

接下来将使用 register_module! 宏注册 count_words 函数。此宏会获取 ModuleContext 实例的可变引用 m。在此实例中，我们通过调用 export_function 函数导出函数，将函数名称作为字符串传递，将实际的函数类型作为第二个参数传递。

以下是我们更新 index.js 文件后的内容：

```
// native_counter/lib/index.js

var word_counter = require('../native');
module.exports = word_counter.count_words;
```

由于 index.js 是 npm 的根入口，我们需要引用上述原生模块，并且必须使用 module.exports 直接在根目录下导出函数。接下来就可以使用如下代码构建我们的模块：

```
neon build
```

构建完成后，我们可以通过在 native_counter 目录下创建一个简单的 main.js 文件来测试它，其中包含以下代码：

```
// native_counter/main.js
```

```
var count_words_func = require('.');
var wc = count_words_func("A test text to test native module", "test");
console.log(wc);
```

我们将通过运行如下代码来执行此文件：

```
node main.js
```

它给我们的输出结果是 2。现在我们探讨 Rust 与其他语言交互的精彩之旅就结束了。事实证明，Rust 在这种交互中非常流畅。在其他语言不能识别 Rust 的复杂数据类型的情况下交互存在粗糙的边界，但这是可以理解的，因为每种语言的具体实现存在不同。

10.7 小结

Rust 为我们提供了方便的 FFI 抽象，可以与不同的语句进行交互，并且对 C 语言提供了一流的支持，因为它为标记为 extern 的函数公开了 C ABI（cdecl）。因此，它适用于很多 C/C++库的绑定。其中一个突出的例子是 SpiderMonkey JavaScript 引擎，它是用 C++实现的，用于 Servo 项目。Servo 引擎通过 bindgen 软件包生成绑定来调用 C++。

但是，当我们进行跨语言交互时，一种语言的语言构造和数据表示不需要与另一种语言的匹配。因此，我们需要在 Rust 代码中添加额外的注释和不安全的代码块，以便编译器了解我们的意图。我们在使用#[repr(C)]属性时就会看到这一点。外部函数接口与 Rust 的很多其他特性一样是零成本的，这意味着链接到其他语言的代码时会产生最小的运行时成本。我们还探讨了 Python 和 Node.js，它们为这些低级 FFI 抽象提供了很好的包装器。对于没有这种包装器的语言，通过 Rust 标准库提供的裸 FFI API，也能够实现与其他语言的交互。

到本章为止，我们的内容已经涵盖了 Rust 的核心主题，我们希望读者能够尽快掌握该语言的核心特性。接下来的内容将涵盖 Rust 框架和相关软件包的案例研究，并将重点放在 Rust 的实际项目应用上。

第 11 章
日志

在软件开发生命周期中，日志记录是一项重要但又容易被忽视的实践。它经常被整合为一种事后的想法，用于处理无效的状态和随着时间的推移在软件系统中累积的错误结果。任何中等规模的项目都应该在开发的最初阶段提供日志记录的支持。

在本章中，我们将了解应用程序中日志记录的重要性，日志记录框架的需求，如何处理日志记录，以及 Rust 生态系统中可用的软件包，从而让程序员能够在他们的应用程序中使用日志记录的强大特性。

在本章中，我们将介绍以下主题。

- Rust 日志记录及其重要性。

- 日志记录框架的需求。

- 日志记录框架及其特性。

- Rust 中的日志记录软件包。

11.1 日志记录及其重要性

"一般而言，程序应该惜字如金。"

——Kernighan and Plauger

在讨论日志记录的重要性之前，让我们先了解一下这个术语的定义，以便更好地了解它的内容。日志记录是将应用程序运行期间的活动记录到任何输出的实践，其中单个记录被称为事件日志，或简称日志。它通常与描述事件发生时间的时间戳相关联。事件可以是在内部或外部改变程序状态的任何事件。日志可以帮助你随时了解应用程序的运行时行为，或者在调试错误时获取有关应用程序的更多内容。它们还可以用于为某些商业目的生成分析报告。也就是说，应用程序日志记录的效用主要取决于应用程序和用户的需求。

在没有集成任何日志记录功能的应用程序中，我们对其运行时的行为了解有限。可以在 Linux 中使用外部的实用程序（例如 htop）来监控我们的程序，并提供其有限的内部信息。

程序运行时的信息在调试时非常有用，或者也可以用于运行时性能分析。对于程序中某些灾难性的故障，我们可以通过程序运行时的信息了解程序崩溃时代码运行的位置，至少程序崩溃时将留下堆栈跟踪，从而提供程序出错位置的一些上下文。然而，有一类错误和事件不会立即出问题，但后续会变成致命的错误，尤其是在长时间运行的系统中。在这种情况下，事件日志可以帮助你缩小查找程序问题的范围。这就体现了为程序添加日志记录功能的重要性。

从日志记录中获益并且需要依赖事件日志的包括 Web 服务、网络服务器、流媒体服务器及类似的长期运行系统。在这类系统中，当单个事件日志随时间推移而与后续日志相结合，被日志聚合服务收取并进行分析，就可以提供对系统有意义的统计信息。

对于购物网站这类商业应用程序，你可以利用日志分析来获得商业洞察，从而实现更好的销售业绩。在网络服务器中，你可以找到有用的活动日志来跟踪针对服务器的恶意访问，例如分布式拒绝服务攻击（Distributed Denial of Service，DDoS）。开发者可以从收集的 API 请求日志中获取请求-响应延迟来评估其 Web API 端点的性能。

日志还可以作为重要的调试上下文环境的工具，可以最大限度地缩短调试会话期间执行关键因素分析所需的时间，以便开发者有时间修复在实际的生产环境中出现的问题。

有时，日志记录是执行此操作的唯一方法，因为调试器并非总会奏效或兼容。在分布式系统和多线程应用程序中通常就会碰到这种情况。任何在这些系统中进行了大量开发的人员都非常清楚，为什么日志记录是软件开发流程的重要组成部分。

能够从应用程序日志记录中获益良多的用户大致有 3 类。

- **系统管理员**：他们需要监视服务器日志中的任何故障，例如硬盘崩溃或网络故障。

- **开发人员**：在开发过程中，将日志集成到项目中有助于缩短开发时间，后续还可以深入了解用户与应用程序的交互方式。

- **网络安全团队**：在远程服务器遭受任何攻击的情况下，安全人员都可以从日志记录中获益，因为他们可以通过跟踪被攻击服务器记录的事件日志来了解攻击是如何执行的。

日志作为软件开发实践中的一个功能组件，能够长期提供巨大的价值。在系统中集成日志需要专门的框架，我们将在 11.2 节中详细讨论。

11.2 日志记录框架的需求

我们现在已经知道日志的重要性，接下来的问题是如何在应用程序中集成日志功能？让应用程序记录事件的最简单、最直接的方法是在所需位置的代码中放置一堆 print 语句。通过这种方式，我们可以轻松地将事件日志记录到终端控制台的标准输出中，从而完成我们的工作，但这并不能满足某些用户的需求。在很多情况下，我们还希望日志能够在以后的某个时间点能继续进行分析。因此如果我们想要将 print 语句的输出收集到文件中，那么必须寻找其他方法，例如使用 Shell 脚本输出重定向工具将输出传递给文件，这基本上是使用一组不同的工具将日志从应用程序输出到不同的目标。事实证明，这种方法存在局限性。

当不希望记录某个特定模块，却无法将其过滤或者关闭 print 语句时，你必须将其注释掉或者删除它们，并重新部署相关的服务。另一个限制是，当日志记录命令越来越多时，你必须编写和维护 Shell 脚本以收集更多输出的日志，所有这些很快就会变得笨拙且难以维护。使用 print 语句是一种快速但糟糕的日志记录实践，并且不是一种可扩展的解决方案。我们需要一个更好、可定制的应用程序日志记录框架。可扩展且更清晰的方案是使用专用的记录器（logger）来消除所有这些限制，这就是日志记录框架存在的原因。除了基本的日志记录需求之外，这些框架还提供了其他功能，例如达到特定文件大小时进行日志文件轮换，设置日志记录频率，每个模块的粒度日志配置等。

11.3 日志记录框架及其特性

主流语言提供各种各样的日志记录框架。值得留意的日志记录框架包括来自 Java 的 Log4j、C#的 Serilog 和 Node.js 的 Bunyan。从这些框架广受青睐，以及它们的应用场景来看，日志记录框架应该为用户提供的功能有相似之处。以下是日志记录框架应该具有的最理想特性。

- **快速**：日志记录框架必须确保它们在记录日志时不会执行开销昂贵的操作，并且应该尽可能少地使用 CPU 时钟周期进行高效处理。例如在 Java 中，如果你的日志语句中包含大量进行 to_string()调用的对象，以便将其插入日志消息中，那么这是一项开销昂贵的操作。这被认为是 Java 中的低效实践。

- **可配置的输出**：仅将消息记录输出到标准输出是非常局限的。它仅会保留到 Shell 会话，你需要手动将日志复制/粘贴到文件以供后续使用。日志记录框架应该能够支持多个输出，例如文件，甚至是网络套接字。

- **日志分级**：使得日志记录框架从基于 print 语句的日志记录中脱颖而出的一个特性，它能够控制日志记录的内容和时间。

    这通常通过日志分级的概念来实现。日志分级是一个可配置的过滤器，通常实现为在将日志输出发送到任何地方之前检查其类型。分级通常按照以下顺序排列，从最高优先级到最低优先级。

    - ➢ **错误**：此级别适用于记录关键事件，以及可能导致应用程序无效输出的事件。

    - ➢ **警告**：此级别适用于你已经执行评估的事件，以及希望知道何时发生时，如果它们频繁发生，则采取相应措施。

    - ➢ **信息**：此级别可用于正常事件，例如输出应用程序版本、用户登录及连接成功等消息。

    - ➢ **调试**：顾名思义，此级别用于处理调试。它可用于监视变量的值，以及在调试时在不同的代码路径中操作它们。

    - ➢ **跟踪**：当你希望逐行执行算法或编写的某个特定函数时，将采用此级别。

带参数和返回值的方法调用是可以作为跟踪日志的。

其中的一些名称可能在框架之间略有不同，但它们所代表的优先级大致相同。在主流的日志记录框架中，这些级别由记录器在其初始化期间设置，在后续进行任何日志记录操作时都会检查设置的级别并进行相关的日志过滤。例如，Logger 对象的 Logger.set_level（INFO）调用将允许记录使用信息以上级别的所有日志，同时忽略调试和跟踪日志。

- **日志过滤**：它通常很容易只记录代码中的特定位置，并根据事件的严重性/重要性来关闭其他日志。

- **日志轮换**：当日志记录输出到文件时，很明显的长期的日志记录操作将会填满硬盘空间。日志记录框架应该提供限制日志文件大小的功能，并允许删除较旧的日志文件。

- **异步日志记录**：主线程上的日志记录调用可能会阻塞其他代码的运行。即使高效的记录器尽可能少地占用资源，它仍然会在实际代码之间阻塞 I/O 调用。因此，用户希望将大多数日志记录调用转移到专用的记录器线程。

- **日志消息属性**：值得一提的另一件事是发送到日志记录 API 的日志消息属性。日志框架至少应该提供一些属性来记录消息。

  - ➢　**时间戳**：事件发生的时间。

  - ➢　**日志级别**：消息的重要性级别，例如错误、警告、信息及调试等。

  - ➢　**事件位置**：事件在源代码中发生的位置。

  - ➢　**消息**：描述发生实际事件的消息。

根据这些特性，日志记录框架在处理日志记录方面存在一些差异。接下来让我们对它们进行探讨。

11.4　日志记录方法

在应用程序中集成日志记录功能时，我们需要确定记录哪些信息，以及信息应该具有多大粒度。如果日志信息太多，我们就无法在这些大量且繁复的信息中找到有价值的内容；如果日志信息太少，就有可能错过某个重要事件。我们还需要考虑如何组织日志信息，以便日后更容易搜索和分析。这些问题导致日志记录大致分为两类：非结构化日志记录和结构化日志记录。

11.4.1　非结构化日志记录

处理日志的常见做法是将事件记录作为纯文本字符串，并将所需的任意字段值推送到日志消息中，方法是将这些字段值转换为字符串。这种日志记录形式被称为非结构化日志记录，因为日志消息中的信息没有任何预定义的结构或顺序。非结构化日志记录适用于大多数用例，但它也有缺点。

在收集日志消息之后，与它们共同的用例能够在稍后的时间点搜索特定的事件。但是，从日志集合中检索非结构化的日志可能会很麻烦。非结构化日志记录的问题在于，它们没有任何可预测的格式，并且对日志聚合服务来说，使用简单的文本匹配查询所有原始日志消息会非常耗费资源。你需要编写匹配大量文本的正则表达式，或者在命令行用 grep 来获取特定事件。随着日志数量的增加，这种方法最终会成为从日志文件中获取有用信息的瓶颈。另一种方法是记录具有预定义结构的消息，因此就有了结构化日志记录。

11.4.2　结构化日志记录

结构化日志记录是非结构化日志记录的可扩展、更好的替代方案。顾名思义，结构化日志记录定义了日志消息的结构和格式，并且每个日志消息都确保具有此格式。这样做的好处是，日志聚合服务很容易构建索引，并向用户呈现任何特定事件，而不用管它们具有多少消息。结构化日志记录框架有很多，例如 C#的 Serilog，它为结构化日志记录提供了支持。这些框架提供了一个基于插件的日志输出抽象，其名为 Sink。Sink 表示发送日志的目标位置。Sink 可以是你的终端、文件、数据库或日志聚合服务，例如 logstash。

结构化日志记录框架知道如何序列化某个对象，并且能够以适当的方式执行此操作。它们还可以通过提供分层的日志输出来自动格式化日志消息，这取决于日志是从哪个组件发出的。结构化日志记录的不足在于，将它集成到应用程序可能需要花费一些时间，因为你必须事先确定日志的层次结构和格式。

在结构化日志记录和非结构化日志记录之间进行选择时，通常需要进行一番权衡。日志量大的复杂项目可以从结构化日志中获益，因为它们可以从模块中获取语义和高效地搜索日志。而小型到中型的项目可以使用非结构化日志记录。最终，由应用程序的需求来决定如何在其中集成日志记录功能。在下一节中，我们将探讨非结构化日志记录软件包，以及 Rust 中的结构化日志记录软件包，你可以通过它们为程序记录事件。

11.5　Rust 中的日志记录

Rust 拥有很多灵活、可扩展的日志记录解决方案。与其他语言中常见的日志记录生态系统一样，此处的日志记录生态系统分为两个部分。

- **日志记录外观**：此部分由 log 软件包实现，并提供与实现无关的日志记录 API。其他框架在某些对象上将日志 API 实现为函数或方法的同时，log 软件包为我们提供基于宏的日志记录 API，这些日志记录 API 按日志级别进行分类，以便将日志记录输出到预配置的目标上。

- **日志记录实现**：这些是社区开发的软件包，可以根据输出的位置和事件发生的方式提供实际的日志记录实现。有许多这样的软件包，例如 env_logger、imple_logger、log4rs 及 fern。我们马上就会介绍其中的几款软件包。属于此类别的软件包仅提供二进制软件包，即可执行文件。

如果日志记录 API 和日志记录输出的底层机制之间是分离的，开发人员就不需要在代码中更改其日志语句，并可以根据需要轻松地切换基本的日志记录实现。

11.5.1　log——为 Rust 日志记录提供外观

　　log 软件包来自 GitHub 上的 rust-lang nursery 组织，它由社区管理。它提供了单独的宏来记录不同的日志级别，例如 error!、warn!、info!、debug! 及 trace!，并按照优先级从高到低的顺序进行排列。这些宏是该软件包用户的主要交互点。它们在内部会调用此软件包的 log! 宏，以便执行所有日志记录操作，例如检查日志级别和格式化日志消息。此软件包的核心组件是其他后端软件包实现的 log 特征。该特征定义了记录器所需的操作，并具有其他 API，例如检查是否启用了日志记录或刷新任何已缓存的日志。

　　log 软件包还提供了一个名为 STATIC_MAX_LEVEL 的最大日志级别常量，可以在编译期于项目范围内配置。通过此常量，你可以使用 cargo 特性标记来设置应用程序的日志级别，这允许对应用程序及其所有依赖项的日志进行编译期过滤。这些层面的过滤器可以分别在 Cargo.toml 中设置，用于调试版和发布版程序：max_level_<LEVEL>（调试版）和 release_max_level_<LEVEL>（发布版）。在二进制项目中，你可以使用编译期日志级别指定 log 程序库的依赖关系，如下所示：

```
[dependencies]
log = "0.4.6", features = ["release_max_level_error", "max_level_debug"] }
```

　　将此常量设置为所需的值是一种很好的做法，因为默认情况下，该级别设置是 Off。它还允许日志宏优化掉禁用级别的任何日志调用。程序库应该只链接到 log 软件包，而不是链接到任何日志记录器实现的软件包，因为二进制软件包应该控制日志记录的内容和如何进行日志记录。仅在你的应用程序中使用此软件包不会产生任何日志输出，因为你需要用到诸如 env_logger 或 log4rs 的日志记录软件包。

　　为了了解 log 软件包的实际效用，我们将通过 cargo new user_auth --lib 命令创建一个程序库，并在 Cargo.toml 文件中将 log 软件包添加为依赖项：

```
# user_auth/Cargo.toml

[dependencies]
log = "0.4.6"
```

　　该程序将模拟用户登录 API。我们的 lib.rs 文件包含一个 User 结构体，它有一个名为 sign_in 的方法：

```
// user_auth/lib.rs

use log::{info, error};

pub struct User {
    name: String,
    pass: String
}

impl User {
    pub fn new(name: &str, pass: &str) -> Self {
        User {name: name.to_string(), pass: pass.to_string()}
    }

    pub fn sign_in(&self, pass: &str) {
        if pass != self.pass {
            info!("Signing in user: {}", self.name);
        } else {
            error!("Login failed for user: {}", self.name);
        }
    }
}
```

在 sign_in 方法中，我们有一些用于表示用户登录成功还是失败的日志调用。我们将使用此软件包和创建的 User 示例调用 sign_in 方法的二进制软件包。由于引用的 log 软件包自身不会产生任何日志输出，我们将使用 env_logger 作为此示例的日志记录后端。让我们来探讨一下 env_logger。

11.5.2　env_logger

env_logger 是一个简单的日志记录实现，它允许你通过环境变量 RUST_LOG 将日志记录输出到 stdout 或 stderr。此环境变量的值是逗号分隔的记录器字符串，对应模块名称和日志级别。为了演示 env_logger 的应用，我们将通过运行 cargo new env_logger_demo 命令并指定 log、env_logger 及我们在上一小节创建的 user_auth 库的依赖关系来创建一个新的二进制软件包。以下是我们的 Cargo.toml 文件：

```
# env_logger_demo/Cargo.toml

[dependencies]
env_logger = "0.6.0"
user_auth = { path = "../user_auth" }
log = { version = "0.4.6", features = ["release_max_level_error",
```

```
"max_level_trace"] }
```

以下是我们的 main.rs 文件：

```
// env_logger_demo/src/main.rs

use log::debug;

use user_auth::User;

fn main() {
    env_logger::init();
    debug!("env logger demo started");
    let user = User::new("bob", "super_sekret");
    user.sign_in("super_secret");
    user.sign_in("super_sekret");
}
```

我们创建了 User 实例并调用 sign_in 方法，将我们的密码作为参数传入。第 1 次尝试登录失败，将记录为一个错误事件。我们可以通过设置 RSUT_LOG 环境变量来运行它，然后运行 cargo run 命令：

```
RUST_LOG=user_auth=info,env_logger_demo=info cargo run
```

我们将 user_auth 软件包的日志记录级别设置为 info 及以上级别，而将来自 env_logger_demo 软件包的日志记录设为 debug 及以上级别。

运行程序后得到以下输出结果：

RUST_LOG 接受 RUST_LOG=path::to_module=log_level[,]模式，其中 path::to_module 用于指定记录器，并且应该是以软件包名称为基础的任何模块的路径。log_level 是日志软件包中定义的任何日志级别。最后的[,]表示我们可以将这些记录器规范中的任意一个用逗号进行分隔。

运行上述程序的另一种方法是使用标准库 env 模块中的 set_var 方法在代码中设置环境变量：

```
std::env::set_var("RUST_LOG", "user_auth=info,env_logger_demo=info cargo
run");
env_logger::init();
```

这将生成与前面代码相同的输出。接下来，我们来看一个更复杂、高度可配置的日志
软件包。

11.5.3　log4rs

顾名思义，log4rs 软件包的灵感来自 Java 的 Log4j 库。此软件包比 env_logger 强大得
多，并允许用户通过 YAML 文件进行细粒度的记录器配置。

我们将创建两个软件包来演示通过 log4rs 集成日志记录功能。一个是程序库 cargo new
my_lib --lib，另一个是我们的二进制软件包 cargo new my_app，它会引用 my_lib。Cargo 工
作区目录是 log4rs_demo，其中包含上述两个软件包。

我们的 my_lib 软件包的 lib.rs 文件包含以下内容：

```
// log4rs_demo/my_lib/lib.rs

use log::debug;

pub struct Config;
impl Config {
    pub fn load_global_config() {
        debug!("Configuration files loaded");
    }
}
```

它有一个名为 Config 的结构体，包含一个名为 load_global_config 的简单方法，它在
debug 级别记录日志消息。接下来，我们的 my_app 软件包中的 main.rs 文件中将包含以下
内容：

```
// log4rs_demo/my_app/src/main.rs

use log::error;

use my_lib::Config;

fn main() {
    log4rs::init_file("config/log4rs.yaml", Default::default()).unwrap();
    error!("Sample app v{}", env!("CARGO_PKG_VERSION"));
```

```
        Config::load_global_config();
}
```

在上述代码中,我们通过 init_file 方法初始化 log4rs 记录器,并将路径传递给 log4rs.yaml 配置文件。接下来,我们记录了一条简单的错误提示信息,从而输出应用程序版本。然后我们调用 load_global_config 方法,它会记录另一条消息。以下是 log4rs.yaml 配置文件中的内容:

```
# log4rs_demo/config/log4rs.yaml

refresh_rate: 5 seconds

root:
  level: error
  appenders:
    - stdout
appenders:
  stdout:
    kind: console
  my_lib_append:
    kind: file
    path: "log/my_lib.log"
    encoder:
      pattern: "{d} - {m}{n}"

loggers:
  my_lib:
    level: debug
  appenders:
    - my_lib_append
```

让我们对上述文件进行详细解释。第一行中的 refresh_rate 指定 log4rs 在此之后重新加载配置文件以说明对相关文件所做的任何更改的时间间隔。这意味着我们可以修改 YAML 文件和 log4rs 中的任何值,从而为我们动态地重新配置日志记录器。然后,我们有根记录器,它是所有记录器的父记录器。我们将日志默认级别指定为错误,将输出源(appenders)设置为 stdout,其详细定义在随后的代码行中。

接下来,我们到了输出源部分,输出源表示日志的输出目标。我们指定两个输出源:stdout 表示控制台类型,my_lib_append 表示一个文件输出端,它包含有关文件路径和后续编码器部分使用的日志模式的信息。

接下来是日志记录器,我们可以根据软件包和模块的级别来定义日志记录器。我们定义了一个名为 my_lib 的日志记录器，它用于适配 my_lib 软件包，其日志级别为 debug，输出源为 my_lib_append。这意味着来自 my_lib 软件包的任何日志都会转到 my_lib.log 文件，因为这是由输出源 my_lib_append 指定的。

通过在 log4rs_demo 目录下运行 cargo run 命令，我们得到以下输出结果：

```
→ log4rs_demo git:(master) X cargo run
    Finished dev [unoptimized + debuginfo] target(s) in 0.04s
     Running `target/debug/my_app`
2018-11-26T03:52:52.052338058+05:30 ERROR my_app - Sample app v0.1.0
2018-11-26T03:52:52.052507189+05:30 DEBUG my_lib - Configuration files loaded
```

以上是对 log4rs 的简要介绍。如果你希望了解配置这些日志的更新信息，可以访问帮助文档。

11.5.4　使用 slog 进行结构化日志记录

上述所有软件包都非常有用，是大多数相关用例的理想选择，但它们不支持结构化日志记录。在本小节中，我们将看到如何使用 slog 软件包将结构化日志记录集成到应用程序中，slog 软件包是 Rust 生态系统中为数不多的、流行的结构化日志记录软件包。对于这个演示，我们将通过运行 cargo new slog_demo 命令创建一个新项目，它会模拟一个射击游戏。

在我们的 Cargo.toml 文件中需要以下依赖项：

```
# slog_demo/Cargo.toml

[dependencies]
rand = "0.5.5"
slog = "2.4.1"
slog-async = "2.3.0"
slog-json = "2.2.0"
```

slog 软件包对模块之间存在大量交互的中大型项目非常适合，因为它有助于整合详细日志以进行长期的事件监控。它的工作原理是在应用程序中提供分层和可组合的日志记录配置，并支持语义事件记录。在熟练使用该软件包之前，你需要注意其中两个重要的概念：记录器和排水管（drain）。记录器对象用于记录事件，而排水管是一个抽象，用于指定日志消息的位置以及它们如何送达目标。这可以是你的标准输出、文件，或者网络套接字。排水管类似于 C#中的 Serilog 框架中被称为 Sink 的东西。我们的示例将基于其动作来模拟简单的游戏实体的游戏事件。这些实体在游戏中具有父子关系，我们可以使用 slog 软件包中的结构化日志配置很容易地在其中附加分层日志记录功能。当看到代码时，我们将了解到这一点。在根级别，我们有 Game 实例，可以将其定义为根记录器，以便在我们的日志消息中提供基础上下文，例如游戏名称和版本。因此，我们将创建一个附加到 Game 实例的根记录器。接下来我们有 Player 和 Enemy 类型，它们是 Game 的子实体。这些会成为根记录器的子记录器。然后，我们为敌人（enemy）和玩家（player）提供武器（weapon），这又成为玩家和敌人记录器的子记录器。如你所见，slog 软件包的配置比我们之前看到的软件包更复杂。

除了作为基础的 slog 软件包之外，我们的示例中还将使用如下软件包。

- slog-async：提供异步日志记录，将日志记录调用与主线程分离。
- slog-json：将消息以 JSON 格式输出到任何写入器（writer）的管道。

本示例中我们将会使用 stdout()作为写入器实例。

以下是我们的 main.rs 文件：

```
// slog_demo/main.rs

#[macro_use]
extern crate slog;

mod enemy;
mod player;
mod weapon;

use rand::Rng;
use std::thread;
use slog::Drain;
use slog::Logger;
use slog_async::Async;
use std::time::Duration;
use crate::player::Player;
use crate::enemy::Enemy;

pub trait PlayingCharacter {
    fn shoot(&self);
}

struct Game {
    logger: Logger,
    player: Player,
    enemy: Enemy
}

impl Game {
```

```
    fn simulate(&mut self) {
        info!(self.logger, "Launching game!");
        let enemy_or_player: Vec<&dyn PlayingCharacter> = vec![&self.enemy,
&self.player];
        loop {
            let mut rng = rand::thread_rng();
            let a = rng.gen_range(500, 1000);
            thread::sleep(Duration::from_millis(a));
            let player = enemy_or_player[{
                if a % 2 == 0 {1} else {0}
            }];
            player.shoot();
        }
    }
}
```

在上述代码中,我们有一堆 use 语句,之后是我们的 PlayingCharacter 特征,这是由我们的 Player 和 Enemy 结构体予以实现的。我们的 Game 结构体有一个 simulate 方法,它只是简单地执行循环和随机休眠,以便随机地选择玩家或敌人,再调用它们的 shoot 方法。接下来让我们看看 main.rs 文件:

```
// slog_demo/src/main.rs

fn main() {
    let drain = slog_json::Json::new(std::io::stdout()).add_default_keys()
                                                        .build()
                                                        .fuse();
    let async_drain = Async::new(drain).build().fuse();
    let game_info = format!("v{}", env!("CARGO_PKG_VERSION"));
    let root_log_context = o!("Super Cool Game" => game_info);
    let root_logger = Logger::root(async_drain, root_log_context);
    let mut game = Game { logger: root_logger.clone(),
                          player: Player::new(&root_logger, "Bob"),
                          enemy: Enemy::new(&root_logger, "Malice") };
    game.simulate()
}
```

在 main 函数中,我们首先使用 slog_json::Json 创建了变量 drain,它可以将消息记录为 JSON 对象;然后将其传递给另一种管道 Async,它会将所有日志调用转移到单独的线程。然后,我们通过使用简便的 o!宏传递日志消息的初始上下文来创建 root_logger。在该宏中,我们只需使用环境变量 CARGO_PKG_VERSION 输出游戏的名称和版本。接下来,我们的 Game 结构体会接收根记录器以及 enemy 和 player 实例。对于 Player 和 Enemy 实例,我们可以传递一个引用给 root_logger，使用它们创建其子记录器。然后，我们在 game 实例上调用 simulate 方法。

以下是 player.rs 中的代码：

```
// slog_demo/src/player.rs

use slog::Logger;

use weapon::PlasmaCannon;
use PlayingCharacter;

pub struct Player {
    name: String,
    logger: Logger,
    weapon: PlasmaCannon
}

impl Player {
    pub fn new(logger: &Logger, name: &str) -> Self {
        let player_log = logger.new(o!("Player" => format!("{}", name)));
        let weapon_log = player_log.new(o!("PlasmaCannon" => "M435"));
        Self {
            name: name.to_string(),
            logger: player_log,
            weapon: PlasmaCannon(weapon_log),
        }
    }
}
```

在这里，我们的 Player 上的 new 方法获取了根记录器，它将自己的上下文添加到 o! 宏。我们还为 weapon 创建了一个记录器，并将 player 的记录器传递给它，它会在其中添加自己的信息，例如武器的 ID。最后，我们返回经过配置的 Player 实例：

```
impl PlayingCharacter for Player {
    fn shoot(&self) {
        info!(self.logger, "{} shooting with {}", self.name, self.weapon);
        self.weapon.fire();
    }
}
```

我们还为 Player 实现了 PlayingCharacter 特征。

接下来是 enemy.rs 文件，它与我们在 player.rs 中声明的内容大致相同：

```
// slog_demo/src/enemy.rs

use weapon::RailGun;
use PlayingCharacter;
use slog::Logger;

pub struct Enemy {
    name: String,
    logger: Logger,
    weapon: RailGun
}

impl Enemy {
    pub fn new(logger: &Logger, name: &str) -> Self {
        let enemy_log = logger.new(o!("Enemy" => format!("{}", name)));
        let weapon_log = enemy_log.new(o!("RailGun" => "S12"));
        Self {
            name: name.to_string(),
            logger: enemy_log,
            weapon: RailGun(weapon_log)
        }
    }
}

impl PlayingCharacter for Enemy {
    fn shoot(&self) {
        warn!(self.logger, "{} shooting with {}", self.name, self.weapon);
        self.weapon.fire();
    }
}
```

然后是我们的 weapon.rs 文件，其中包含 enemy 和 player 实例使用的武器：

```
// slog_demo/src/weapon.rs

use slog::Logger;
use std::fmt;

#[derive(Debug)]
pub struct PlasmaCannon(pub Logger);

impl PlasmaCannon {
    pub fn fire(&self) {
        info!(self.0, "Pew Pew !!");
```

```
        }
    }

    #[derive(Debug)]
    pub struct RailGun(pub Logger);

    impl RailGun {
        pub fn fire(&self) {
            info!(self.0, "Swoosh !!");
        }
    }

    impl fmt::Display for PlasmaCannon {
        fn fmt(&self, f: &mut fmt::Formatter) -> fmt::Result {
            write!(f, stringify!(PlasmaCannon))
        }
    }

    impl fmt::Display for RailGun {
        fn fmt(&self, f: &mut fmt::Formatter) -> fmt::Result {
            write!(f, stringify!(RailGun))
        }
    }
```

这就是我们的模拟游戏所需的一切。现在我们可以通过 cargo run 命令来运行它。以下是该程序的输出结果：

```
→ slog_demo git:(master) ✗ cargo run
    Finished dev [unoptimized + debuginfo] target(s) in 0.03s
     Running  target/debug/slog_demo
{"msg":"Launching game!","level":"INFO","ts":"2018-11-25T01:38:11.037367223+05:30","Super Cool Game":"v0.1.0"}
{"msg":"Enemy shooting with RailGun","level":"WARN","ts":"2018-11-25T01:38:11.913014535+05:30","Enemy":"Malice","Super Cool Game":"v0.1.0"}
{"msg":"Swoosh !!","level":"INFO","ts":"2018-11-25T01:38:11.913264517+05:30","RailGun":"S12","Enemy":"Malice","Super Cool Game":"v0.1.0"}
{"msg":"Enemy shooting with RailGun","level":"WARN","ts":"2018-11-25T01:38:12.642179832+05:30","Enemy":"Malice","Super Cool Game":"v0.1.0"}
{"msg":"Swoosh !!","level":"INFO","ts":"2018-11-25T01:38:12.642374457+05:30","RailGun":"S12","Enemy":"Malice","Super Cool Game":"v0.1.0"}
{"msg":"Enemy shooting with RailGun","level":"WARN","ts":"2018-11-25T01:38:13.445342834+05:30","Enemy":"Malice","Super Cool Game":"v0.1.0"}
{"msg":"Swoosh !!","level":"INFO","ts":"2018-11-25T01:38:13.445551682+05:30","RailGun":"S12","Enemy":"Malice","Super Cool Game":"v0.1.0"}
```

如你所见，我们的 game 实体会发送日志消息，然后在 slog 软件包及其管道的帮助下将其格式化为 JSON 并输出。与我们之前使用的 JSON 管道类似，Rust 社区为 slog 这样的软件包构造了很多类似的管道。

我们可以通过某个管道直接将日志消息输出到日志聚合服务，该服务知道如何处理

JSON 数据，并轻松地将它们编入索引以便高效地检索日志。slog 的可插拔性和可组合性使其从其他日志记录方案中脱颖而出。通过该示例，我们即将结束 Rust 日志记录之旅。但是，还有很多其他更有趣的日志框架可供你探索。

11.6　小结

在本章中，我们了解了日志记录功能在软件开发中的重要性及其应用，其中包括选择日志记录框架时需要查找的显著特征。我们还了解了非结构化和结构化日志记录，以及它们的优缺点，并探索了 Rust 日志记录生态系统中可用的软件包，以便将日志记录功能集成到我们的应用程序中。

第 12 章将讨论网络编程，我们将讨论 Rust 提供的内置工具和软件包，从而创建能够相互通信的高级应用程序。

第 12 章
Rust 与网络编程

在本章中，我们将了解 Rust 的网络编程功能。首先将通过构建一个简单的 Redis 复制来探讨标准库中的现有网络原语。这将有助于我们熟悉默认的同步网络 I/O 模型及其局限性。

接下来，我们将解释在大规模处理网络 I/O 时，异步操作是一种更好的方法。在此过程中，我们将了解 Rust 生态系统提供的用于构建异步网络应用程序的抽象，并重构我们的 Redis 服务器，以使其使用第三方软件包进行异步操作。

在本章中，我们将介绍以下主题。

- 网络编程简介。

- 同步网络 I/O。

- 构建同步 Redis 服务器。

- 异步网络 I/O。

- futures 和 tokio 软件包简介。

12.1 网络编程简介

"程序和诗差不多，你先得把它写出来。"

——E. W. Dijkstra

使用机器构建可以通过互联网相互通信的媒介是一项复杂的任务。这需要不同的设备通过互联网进行通信、运行不同的操作系统、不同版本的应用程序，并且它们需要一组约定的规则来相互交换信息。这些通信规则被称为网络协议，设备彼此之间发送的消息被称为网络数据包。

为了分离各方面的关注度，例如可靠性、可发现性及封装性，这些协议被分成若干层，其中较高层协议堆叠在较低层协议之上。每个网络数据包由来自这些层的信息组成。当前的操作系统已经附带了网络协议堆栈的实现。在此实现中，每层都为其上方的层提供支持。

在最底层，我们有物理层和数据链路层协议，用于指定数据包如何在互联网节点之间通过电缆进行传输，以及它们如何进出计算机网卡。在此之上，我们有 IP 层，它采用称为 IP 地址的唯一 ID 来识别互联网上的节点。在 IP 层之上，我们有传输层，它采用一种为互联网上的两个进程之间提供点对点传输的协议。此层存在传输控制协议（Transmission Control Protocol，TCP）和用户数据报协议（User Datagram Protocol，UDP）等协议。在传输层之上，我们有应用层，它采用例如 HTTP 和文件传输协议（File Transfer Protocol，FTP）的协议，这两者用于构建大量的应用程序。它允许更高级别的通信，例如在移动设备上运行的聊天应用程序。整个协议栈协同工作，以促进在计算机上运行的应用程序之间的复杂交互，从而在互联网上传播。

随着越来越多的设备通过互联网连接和共享信息，分布式应用程序架构开始激增，并诞生了两种模型：分散模型，通常也称对等模型；以及集中模型，它也被称为客户端-服务端模型。其中后者更常见。本章的重点将放在构建网络应用程序的客户端-服务端模型上，特别是传输层。

在主流操作系统中，网络堆栈的传输层为开发者提供了一系列 API，其名为套接字（socket）。它包括一组接口，用于在两个进程之间建立通信连接。套接字允许你在本地或远程两个进程之间传递数据，而无须开发者了解底层的网络协议。

Socket API 源于伯克利软件发行版（Berkley Software Distribution，BSD）的 Linux，这是第一个在 1983 年提供带有 Socket API 网络堆栈实现的操作系统。它作为当前主流操作系统中网络堆栈的参考实现。在类 UNIX 操作系统中，套接字遵循相同的理念，即一切都是文件，并公开文件描述符 API。这意味着可以像文件一样从套接字中读取和写入数据。

注意

套接字是文件描述符（整数），它指向内核管理的进程描述符表。描述符表包含文件描述符到文件条目结构的映射，该文件条目结构包含发送到套接字的数据的实际缓冲区。

Socket API 主要用于 TCP/IP 层。在这一层，我们创建的套接字按不同级别进行分类。

- **协议**：根据协议，我们可以有 TCP 套接字或 UDP 套接字。TCP 是一种包含状态的流协议，提供能够以可靠的方式传递消息的能力，而 UDP 是一种无状态且不可靠的协议。

- **通信类型**：根据我们是与本地计算机还是远程计算机上的进程通信，可以使用互联网套接字或者 UNIX 域套接字。互联网套接字用于在远程计算机上的进程之间交换信息。它由 IP 地址和端口构成的元组表示。想要远程通信的两个进程必须使用 IP 套接字。UNIX 域套接字用于本地计算机上运行的进程之间的通信。这里，它采用文件系统路径，而不是一对 IP 地址端口。例如，数据库会采用 UNIX 域套接字来公开连接端点。

- **I/O 模型**：根据如何读取和写入套接字数据，我们可以创建两种套接字：阻塞套接字和非阻塞套接字。

现在我们已经了解了不少与套接字有关的信息，接下来让我们探讨一下客户端—服务端模型。在这种网络模型中，设置两台计算机互相通信一般会遵循如下流程：服务器创建套接字并在指定协议（可以是 TCP 或 UDP）之前将其绑定到一对 IP 地址端口上；然后开始侦听来自客户端的连接。另外，客户端创建一个连接套接字并连接到给定的 IP 地址和端口。在 UNIX 中，进程可以使用套接字系统创建套接字。此调用返回一个文件描述符，程序可以使用该文件描述符对客户端或服务器进行读写调用。

Rust 在标准库中为我们提供了 net 模块。这包含传输层的上述网络单元。对于 TCP 通信，我们有 TcpStream 和 TcpListener 类型。对于 UDP 通信，我们有 UdpSocket 类型。net 模块还提供了用于正确表示 v4 和 v6 版本 IP 地址的数据类型。

构建可靠的网络应用程序需要考虑若干因素。如果你允许在消息交换时丢失少量数据包，则可以使用 UDP 套接字，但如果无法忍受丢包或希望按顺序传递消息，则必须使用 TCP 套接字。UDP 传输速度很快但出现得较晚，能够满足需要最小延迟传输数据包，但允许丢失少量数据包的情况。例如视频聊天应用程序使用 UDP，聊天过程中某些数据帧从视频流中丢失，其影响也不大。UDP 适用于能够容忍无交付保证的情况。本章将重点讨论 TCP 套接字，因为它是大多数需要可靠交付的网络应用程序最常采用的协议。

另一个需要考虑的因素是，应用程序为客户提供的服务的质量和效率。从技术角度来看，这又转变为套接字 I/O 模型的选择问题。

> **注意**
> I/O 是 Input/Output 的首字母缩写，是一个表意宽泛的短语，在这种情况下，它仅表示在套接字上读取和写入字节。

在阻塞和非阻塞套接字之间进行选择会改变其体系结构、编写代码的方式，以及如何扩展到客户端。阻塞套接字为用户提供的是同步 I/O 模型，而非阻塞套接字为用户提供的是异步 I/O 模型。在实现 Socket API 的平台上，例如 UNIX，默认情况下会在阻塞模式下创建套接字。这要求主流的网络堆栈上默认的 I/O 模型是同步模型。接下来，让我们探讨一下这两种模型。

12.2　同步网络 I/O

如前所述，默认情况下会在阻塞模式创建套接字。处于阻塞模式的服务器是同步的，因为套接字上的每个读写调用都会阻塞，并等它完成相关操作。如果另一个客户端尝试连接到服务器，则需等到服务器完成前一个客户端的请求之后才能响应。也就是说，在 TCP 读取和写入缓冲区已满之前，应用程序会阻止相应的 I/O 操作，并且任何新的客户端连接必须等到缓冲区为空并再次填满为止。

> **注意**
> 除了应用程序维护其自身的任何缓冲区以外，TCP 实现在内核级别包含它自己的读写缓冲区。

Rust 的标准库网络原语为套接字提供相同的同步 API。要了解这个模型的实际应用，我们将不局限于实现一个 echo 服务器，接下来我们会构建一个 Redis 的精简版本。Redis 是一种数据结构服务器，通常用作内存数据存储。Redis 客户端和服务器使用 Redis 序列化协议（REdis Serialization Protocol，RESP），这是一种简单的基于行的协议。虽然该协议与 TCP 或 UDP 无关，但 Redis 实现主要采用 TCP。TCP 是一种基于流的有状态协议，服务器和客户端无法识别从套接字读取多少字节以构造协议消息。为了说明这一点，大多数协议都遵循这种模式，即采用长度字节，然后使用相同长度的有效载荷字节。

RESP 中的消息类似于 TCP 中大多数基于行的协议，初始字节是标记字节，后跟有效载荷的长度，然后是有效载荷自身。消息以终止标记字节结束。RESP 支持各种消息，包括简单字符串、整数、数组及批量字符串等。RESP 中的消息以\r\n 字节序列结束。例如，从服务器到客户端的成功消息被编码并发送为+OK\r\n。+表示成功回复，然后是字符串。该命令以\r\n 结尾。要指示查询失败，Redis 服务器将回复-Nil\r\n。

get 和 set 之类的命令会作为批量字符串数组发送。例如，get foo 命令将按如下方式发送：

```
*2\r\n$3\r\nget\r\n$3\r\nfoo\r\n
```

在上述消息中，*2 表示我们有一个包含两个命令的数组，并且由\r\n 分隔。接下来，$3 表示我们有一个长度为 3 的字符串，例如 get 命令后的字符串 foo，该命令以\r\n 结尾。这是 RESP 的基础知识。不必担心解析 RESP 消息的底层细节，因为我们将使用一个名为 resp 的软件包分支来将客户端传入的字节流解析为有效的 RESP 消息。

构建同步 Redis 服务器

为了让这个例子浅显易懂，我们的 Redis 复制版将是一个非常小的 RESP 协议子集，并且只能处理 SET 和 GET 调用。我们将使用 Redis 官方软件包附带的官方 redis-cli 对我们的服务器进行查询。要使用 redis-cli，我们可以通过运行 apt-get install redis-server 命令在 Ubuntu 系统上安装它。

让我们通过运行 cargo new rudis_sync 命令创建一个新项目，并在我们的 Cargo.toml 文件中添加如下依赖项：

```
rudis_sync/Cargo.toml

[dependencies]
lazy_static = "1.2.0"
resp = { git = "https://github.com/creativcoder/resp" }
```

我们将项目命名为 rudis_sync，并且会用到以下两个软件包。

- lazy_static：将使用它来存储我们的内存数据库。
- resp：这是托管在我们的 GitHub 版本库上的 resp 的复刻。我们将使用它来解析来自客户端的字节流。

为了让实现更容易理解，rudis_sync 包含非常少的错误处理集成。完成代码测试后，我们鼓励你集成更好的错误处理策略。

让我们先从 main.rs 文件中的内容开始：

```
// rudis_sync/src/main.rs

use lazy_static::lazy_static;
use resp::Decoder;
use std::collections::HashMap;
use std::env;
use std::io::{BufReader, Write};
use std::net::Shutdown;
use std::net::{TcpListener, TcpStream};
use std::sync::Mutex;
use std::thread;

mod commands;
use crate::commands::process_client_request;

type STORE = Mutex<HashMap<String, String>>;

lazy_static! {
    static ref RUDIS_DB: STORE = Mutex::new(HashMap::new());
}

fn main() {
    let addr = env::args()
        .skip(1)
        .next()
        .unwrap_or("127.0.0.1:6378".to_owned());
    let listener = TcpListener::bind(&addr).unwrap();
    println!("rudis_sync listening on {} ...", addr);

    for stream in listener.incoming() {
        let stream = stream.unwrap();
        println!("New connection from: {:?}", stream);
        handle_client(stream);
    }
}
```

我们有一堆导入代码，然后是一个在 lazy_static!宏中声明的内存 RUDIS_DB，其类型为 HashMap。我们使用它作为内存数据库来存储客户端发送的键/值对。在 main 函数中，我们使用用户提供的参数在 addr 中创建一个监听地址，或者使用 127.0.0.0:6378 作为默认值。然后，通过调用关联的 bind 方法创建一个 TcpListener 实例，并传递 addr。

这将创建一个 TCP 侦听套接字。稍后，我们在 listener 上调用 incoming 方法，然后返回新客户端连接的迭代器。针对 TcpStream 类型（客户端套接字）的每个客户端连接 steam，我们调用 handle_client 方法传入 stream。

在同一文件中，handle_client 函数负责解析从客户端发送的查询，这些查询将是 GET 或 SET 查询之一：

```
// rudis_sync/src/main.rs

fn handle_client(stream: TcpStream) {
    let mut stream = BufReader::new(stream);
    let decoder = Decoder::new(&mut stream).decode();
    match decoder {
        Ok(v) => {
            let reply = process_client_request(v);
            stream.get_mut().write_all(&reply).unwrap();
        }
        Err(e) => {
            println!("Invalid command: {:?}", e);
            let _ = stream.get_mut().shutdown(Shutdown::Both);
        }
    };
}
```

handle_client 函数在 steam 变量中接收客户端 TcpStream 套接字。我们将客户端 stream 包装到 BufReader 中，然后将其作为可变引用传递给 resp 软件包的 Decoder::new 方法。Decoder 会从 stream 中读取字节以创建 RESP 的 Value 类型。然后有一个匹配代码块来检查我们的解码是否成功。如果失败，将输出一条错误提示信息，并通过调用 shutdown()关闭套接字，然后使用 Shutdown::Both 值关闭客户端套接字连接的读取和写入部分。shutdown 方法需要一个可变引用，所以在此之前调用 get_mut()。在实际的实现中，用户显然需要优雅地处理此错误。

如果解码成功，将会调用 process_client_request，它会返回 reply 来响应客户端的请求。

我们通过在客户端 stream 上调用 write_all 将 reply 写入客户端。process_client_request 函数在 command.rs 中的定义如下所示：

```
// rudis_sync/src/commands.rs

use crate::RUDIS_DB;
use resp::Value;

pub fn process_client_request(decoded_msg: Value) -> Vec<u8> {
```

```
        let reply = if let Value::Array(v) = decoded_msg {
            match &v[0] {
                Value::Bulk(ref s) if s == "GET" || s == "get" =>
handle_get(v),
                Value::Bulk(ref s) if s == "SET" || s == "set" =>
handle_set(v),
                other => unimplemented!("{:?} is not supported as of now",
other),
            }
        } else {
            Err(Value::Error("Invalid Command".to_string()))
        };

        match reply {
            Ok(r) | Err(r) => r.encode(),
        }
    }
```

此函数获取已解码的 Value，并将其与已解析的查询进行匹配。在上述的实现中，我们希望客户端发送一系列字符串数字，以便我们能够适配 Value 的变体 Value::Array，使用 if let 语句并将数组存储到 v 中。如果在 if 分支中对 Array 值进行匹配，那么将获取该数组并匹配 v 中的第一个条目，这将是我们的命令类型，即 GET 或 SET。这也是一个 Value::Bulk 变体，它将命令包装成字符串。

我们将对内部字符串的引用视为 s，并且仅当字符串包含的值为 GET 或 SET 时才匹配。在值为 GET 的情况下，我们调用 handle_get，传递数组 v；在值为 SET 的情况下，我们调用 handle_set。在 else 分支中，我们只使用 Invalid Command 作为描述信息向客户端发送 Value::Error 作为回复。

两个分支返回的值将分配给变量 reply，然后匹配内部类型 r，并通过调用其上的 encode 方法转换为 Vec<u8>，最后从函数返回。

我们的 handle_set 和 handle_get 函数在同一文件中定义如下：

```
// rudis_sync/src/commands.rs

use crate::RUDIS_DB;
use resp::Value;

pub fn handle_get(v: Vec<Value>) -> Result<Value, Value> {
    let v = v.iter().skip(1).collect::<Vec<_>>();
    if v.is_empty() {
```

```
        return Err(Value::Error("Expected 1 argument for GET
command".to_string()))
    }
    let db_ref = RUDIS_DB.lock().unwrap();
    let reply = if let Value::Bulk(ref s) = &v[0] {
        db_ref.get(s).map(|e|
Value::Bulk(e.to_string())).unwrap_or(Value::Null)
    } else {
        Value::Null
    };
    Ok(reply)
}

pub fn handle_set(v: Vec<Value>) -> Result<Value, Value> {
    let v = v.iter().skip(1).collect::<Vec<_>>();
    if v.is_empty() || v.len() < 2 {
        return Err(Value::Error("Expected 2 arguments for SET
command".to_string()))
    }
    match (&v[0], &v[1]) {
        (Value::Bulk(k), Value::Bulk(v)) => {
            let _ = RUDIS_DB
                .lock()
                .unwrap()
                .insert(k.to_string(), v.to_string());
        }
        _ => unimplemented!("SET not implemented for {:?}", v),
    }
    Ok(Value::String("OK".to_string()))
}
```

在 handle_get()中，我们首先检查 GET 命令在查询中是否包含相应的键，并在查询失败时显示错误提示信息。接下来匹配 v[0]，这是 GET 命令的关键，并检查它是否存在于我们的数据库中。如果它存在，我们使用映射组合器将其包装到 Value::Bulk，否则我们返回一个 Value::NULL：

```
db_ref.get(s).map(|e| Value::Bulk(e.to_string())).unwrap_or(Value::Null)
```

然后我们将它存储在变量 reply 中，并将其作为 Result 类型返回，即 Ok(reply)。

类似的事情还会在 handle_set 中发生，如果没有为 SET 命令提供足够的参数，就会退出程序。接下来，我们使用&v[0]和&v[1]匹配相应的键和值，并将其插入 RUDIS_DB 中。作为 SET 查询的确认，我们用 OK 进行回复。

回到 process_client_request 函数，一旦我们创建了回复字节，就会匹配 Result 类型，并通过调用 encode() 将它们转换为 Vec<u8>，然后将其写入客户端。经过上述解释，接下来该使用官方的 redis-cli 工具对客户端进行测试。我们将通过调用 redis-cli -p 6378 来运行它：

在上述会话中，我们使用 rudis_sync 的预期回复执行了一些 GET 和 SET 查询。另外，以下是 rudis_server 新连接的输出日志：

但我们服务器的问题在于，用户必须等待初始客户端完成服务。为了证明这一点，将在处理新客户端连接的 for 循环中引入一些延迟：

```
for stream in listener.incoming() {
    let stream = stream.unwrap();
    println!("New connection from: {:?}", stream);
    handle_client(stream);
    thread::sleep(Duration::from_millis(3000));
}
```

sleep 调用用于模拟处理请求过程中的延迟。为了查看延迟，我们几乎同时启动两个客户端，其中一个客户端发送 SET 请求，另一个客户端使用同一密钥发送 GET 请求。这是我们的第 1 个客户端，它执行 SET 请求：

这是我们的第 2 个客户端，它使用同一密钥对 foo 执行 GET 请求：

如你所见，第 2 个客户端必须等待接近 3 秒才能获得第 2 个 GET 回复。

由于其性质，当需要同时处理超过 10000 个客户端请求时，同步模式会出现瓶颈，每个客户端会占用不同的处理时间。要解决这个问题，通常需要生成一个线程来处理每个客户端连接。每当建立新的客户端连接时，我们生成一个新线程从主线程转移 handle_client 调用，从而允许主线程接收其他客户端连接。我们可以通过在 main 函数中修改一行代码来实现这一点，如下所示：

```
for stream in listener.incoming() {
    let stream = stream.unwrap();
    println!("New connection from: {:?}", stream);
    thread::spawn(|| handle_client(stream));
}
```

这消除了服务器的阻塞性质，但每次收到新的客户端连接时会产生构造新线程的开销。首先，产生新线程需要一些开销，其次，线程之间的上下文切换增加了另外的开销。

如你所见，我们的 rudid_sync 服务器能够按照预期工作，但它很快就会遇到我们的硬件能够处理线程数量的瓶颈。这种处理连接的线程模型运作良好，直到互联网开始普及，越来越多的用户接入互联网成为常态。而今天的情况有所不同，我们需要能够处理数百万个请求的高效服务器。事实证明，我们可以在更基础的层面解决客户端日益增加的问题，即采用非阻塞套接字，接下来让我们探讨它们。

12.3　异步网络 I/O

正如我们在 rudis_sync 服务器实现中看到的那样，同步 I/O 模型可能是在给定时间内处理多个客户端的主要瓶颈，必须使用线程处理更多的客户端。但是，有一种更好的方法来扩展我们的服务器。我们可以让套接字是非阻塞的，而不是应对套接字的阻塞性质。对于非阻塞套接字，其上的任何读取、写入或连接操作都会立刻返回。也就是说，无论操作成功与否，如果读写的缓冲区部分被填充，它们不会阻塞调用代码。这就是异步 I/O 模型——没有客户端需要等待请求完成，而是稍后通知请求成功与否。

与线程相比，异步 I/O 模型非常高效，但它增加了代码的复杂性。在此模型中，因为套接字上的初次读取或写入调用不太可能成功，我们需要稍后再次尝试相同的操作。在套接字上重试的操作被称为轮询。我们需要不时地轮询套接字以查看是否可以完成相关的读取/写入/连接操作，并且还需要保持当前读取或写入的字节数的状态。当有大量传入套接字连接时，使用非阻塞套接字需要处理轮询和状态维护，这很快就会成为一个复杂的状态机。除此之外，轮询是一种非常低效的操作，即使我们的套接字上没有产生任何事件，不过我们有更好的解决方案。

在基于 UNIX 的平台上，套接字上的轮询机制是通过 poll 和 select 系统调用完成的，这些调用在所有 UNIX 操作系统上都是兼容的。除此之外，Linux 还有一个更好的 epoll API。它们可以告诉我们套接字何时可以读取或写入，而不是自己轮询套接字，因为这是一种低效的操作。在 poll 和 select 对每个请求的套接字运行 for 循环的情况下，epoll 通过运行时间 $O(1)$ 来通知用户新的套接字事件。

异步 I/O 模型允许用户处理比同步 I/O 模型规模更大的套接字，因为我们在小型数据块上执行操作，并能够快速切换以响应其他客户端的请求。另一个优点是我们不需要生产新的线程，因为这一切都发生在一个线程中。

为了使用非阻塞套接字编写异步网络应用程序，我们的 Rust 生态系统提供了一个高质量的软件包。

12.3.1　Rust 中的异步抽象

异步网络 I/O 有很多优点，但是以原始形式对它们进行编程是很困难的。幸运的是，Rust 为我们提供了第三方软件包形式的便捷抽象，用于处理异步 I/O。当处理非阻塞套接字和底层套接字轮询机制时，它为开发人员简化了大多数复杂状态机的处理。可供用户选择的两个底层抽象软件包是 futures 和 mio。让我们对它们进行简要介绍。

mio

使用非阻塞套接字时，我们需要一种方法来检索套接字是否已准备好执行所需的操作。当我们有数千或更多套接字要管理时，情况可能会更糟。我们可以采用非常低效的方式循环检查套接字状态，并在准备好以后执行操作。但是有更好的方法可以做到这一点。在 UNIX 中，我们可以进行 poll 系统调用，你可以为其提供监控目标事件的文件描述符列表。然后它被 select 系统调用取代，这让情况得到了一些改善。但是，select 和 poll 都不具有可扩展性，因为它们基本上是针对底层的循环访问，并且随着越来越多的套接字添加到其监视列表中，迭代时间呈线性增长。

在 Linux 下出现了 epoll，它是当前最高效的文件描述符多路复用 API。大多数想要进行异步 I/O 的网络和应用程序都会采用它。其他平台也有类似的抽象，例如 macOS 和 BSD 中的 kqueue。在 Windows 下，我们有 IO 完成端口（IO Completion Port，IOCP）。

mio 为我们提供了这些底层机制的高度抽象，它可以为上述所有 I/O 复用 API 提供跨平台、高效的接口。mio 是一款底层软件包，它提供了一种为 socket 事件设置反应器的便捷方法。它的网络原语和标准库类型相似，例如 TcpStream 类型，不过默认情况下它是非阻塞的。

futures

mio 杂要式的套接字轮询状态机用起来并不是很方便。为了提供可供应用程序开发人员使用的高级 API，我们有 futures 软件包。它提供了一个名为 Future 的特征，这是该软件包的核心组成部分。future 表示一种不能立即有效的算法思路，但可能在后续生效。让我们来看看 Future 特征的类型签名，以了解更多的相关信息：

```
pub trait Future {
    type Item;
    type Error;
    fn poll(&mut self) -> Poll<Self::Item, Self::Error>;
}
```

Future 是一种关联的类型特征，它定义了两种类型：Item 类型表示 Future 将解析的值，Error 类型表示操作失败时的错误类型。它们与标准库中的 Result 类型非常相似，但是没有立即得到结果的原因是不会马上执行相关计算。

Future 值自身不能用于构建异步应用程序，你需要将某种反应器和事件循环来推进 future 完成。根据设计，让它们成功获取值或操作失败并出现错误的唯一方法是轮询它们，此操作由被称为 poll 的单个请求方法表示。poll 函数指定了应该如何完成 future 过程。future 也可以由几件事情组合而成，从而一个接一个地链接起来。为了推进 future，我们需要一个反应器和事件循环实现，这是由 tokio 软件包提供的。

tokio

我们的 tokio 软件包整合了上述两种抽象，以及工作窃取调度程序、事件循环和计时器实现，它提供了一个运行时来驱动 future 完成。通过 tokio 框架，你可以生成多个 future 并让它们同时运行。

tokio 的诞生为构建协议无关的、强大的、高性能的异步网络应用程序提供了一种解决方案，同时提供了所有网络应用程序中常见的通用模式抽象。tokio 软件包在技术上是一种运行时，由一个线程池、事件循环，基于 mio 的 I/O 事件的反应器组成。对于"运行时"，我们的意思是使用 tokio 开发的 Web 应用程序都会将上述组件作为应用程序的一部分运行。

tokio 框架中的 future 是在一个任务中运行的。一个任务类似于用户空间线程或绿色线程，执行程序负责调度执行任务。

当 future 没有任何数据要解析，或者在 TcpStream 客户端读取正在等待到达套接字的数据时，它将返回 NoReady 状态。但是在执行此操作时，还需要向反应器注册感兴趣的内容，以便能够再次获知服务器上的任何新数据。

当创建 future 时，无须执行任何其他操作。对于 future 定义的工作任务，必须提交给
执行程序完成。在 tokio 中，任务是可以执行 future 的用户级线程。在 poll 方法的实现中，
任务必须安排自己稍后执行轮询，以防相关工作停滞。为此，它必须将其任务处理程序传
递给反应器线程。在 Linux 中，反应器是 mio 软件包。

12.3.2　构建异步的 Redis 服务器

现在我们已经了解了 Rust 生态系统提供的异步 I/O 解决方案，现在是时候重新审视前
面的 Redis 服务器实现了。我们将使用 tokio 和 futures 软件包将 rudis_sync 服务器移植到支
持异步的版本。与任何异步代码一样，我们刚开始接触 futures 和 tokio 会有一些不适应，
并且可能需要一段时间才能习惯其 API。但是，这里我们尽量用简单、易懂的示例进行说
明。让我们通过运行 cargo new rudis_async 来创建一个新项目，并在 Cargo.toml 文件中添
加以下依赖项：

```
# rudis_async/Cargo.toml

[dependencies]
tokio = "0.1.13"
futures = "0.1.25"
lazy_static = "1.2.0"
resp = { git = "https://github.com/creativcoder/resp" }
tokio-codec = "0.1.1"
bytes = "0.4.11"
```

这里我们会用到的一系列软件包如下所示。

- futures：为处理异步代码提供更清晰的抽象。

- tokio：封装 mio 并提供一个运行异步代码的运行时。

- lazy_static：允许我们创建一个可修改的动态全局变量。

- resp：一个可以解析 Redis 协议消息的软件包。

- tokio-codec：它允许用户将来自网络的字节流转换为给定类型，并根据指定的编码
  解码器将其解析为明确的消息。编码解码器将字节流转换为 tokio 生态系统中被称
  为帧（frame）的明文消息。

- bytes：与 tokio 编码解码器一起使用，可以有效地将字节流转换为给定的帧。

我们在 main.rs 中的初始代码遵循类似的结构：

```
// rudis_async/src/main.rs

mod codec;
use crate::codec::RespCodec;

use lazy_static::lazy_static;
use std::collections::HashMap;
use std::net::SocketAddr;
use std::sync::Mutex;
use tokio::net::TcpListener;
use tokio::net::TcpStream;
use tokio::prelude::*;
use tokio_codec::Decoder;
use std::env;

mod commands;
use crate::commands::process_client_request;

lazy_static! {
    static ref RUDIS_DB: Mutex<HashMap<String, String>> =
Mutex::new(HashMap::new());
}
```

我们在 lazy_static!宏中有一堆导入的软件包和相同的 RUDIS_DB。然后来看我们的 main 函数：

```
// rudis_async/main.rs

fn main() -> Result<(), Box<std::error::Error>> {
    let addr = env::args()
        .skip(1)
        .next()
        .unwrap_or("127.0.0.1:6378".to_owned());
    let addr = addr.parse::<SocketAddr>()?;

    let listener = TcpListener::bind(&addr)?;
    println!("rudis_async listening on: {}", addr);

    let server_future = listener
        .incoming()
        .map_err(|e| println!("failed to accept socket; error = {:?}", e))
        .for_each(handle_client);

    tokio::run(server_future);
```

```
        Ok(())
    }
```

　　我们解析作为参数传入的字符串或使用默认地址 127.0.0.1:6378，然后使用 addr 创建一个新的 TcpListener 实例。这会在 listener 中返回一个 future。通过在其上调用 incoming 方法，接收一个闭包，之后调用 for_each，并在其上调用 handle_client 方法，从而将上述元素链接为一个 future。它会存放在 server_future 中。最后我们调用 tokio::run 并将 server_future 传递给它。

　　这将创建一个 tokio 主任务，并用于调度 future 的执行。在同一文件中，我们的 handle_client 函数定义如下所示：

```
// rudis_async/src/main.rs

fn handle_client(client: TcpStream) -> Result<(), ()> {
    let (tx, rx) = RespCodec.framed(client).split();
    let reply = rx.and_then(process_client_request);
    let task = tx.send_all(reply).then(|res| {
        if let Err(e) = res {
            eprintln!("failed to process connection; error = {:?}", e);
        }
        Ok(())
    });

    tokio::spawn(task);
    Ok(())
}
```

　　在 handle_client 中，我们首先将 TcpStream 分成 writer(tx)和 reader(rx)两部分，通过调用 RespCodec 的 framed 方法并将 client 连接作为参数传递，之后根据上述结果调用 RudisFrame 的 framed 方法将流转换为帧的 future。接下来，我们在其上调用 split 方法，这会将帧分别转换为 Stream 和 Sink 的 future，从而为我们提供了 tx 和 rx，用于读取和写入客户端套接字。不过我们阅读至此，得到了解码的消息。当我们向 tx 写入任何内容时，写入的内容是已编码的字节序列。

　　在 rx 上，我们调用 and_then 方法，并将 process_client_request 函数作为参数传入，该函数将 future 解析为已解码的帧。然后我们使用另一半写入器 tx，调用 send_all 进行回复。之后通过调用 tokio::spawn 生成 future 任务。

　　在我们的 codec.rs 文件中，我们定义了 RudisFrame，其中实现了 tokio-codec 软件包中的 Encoder 和 Decoder 特征：

```
// rudis_async/src/codec.rs

use std::io;
use bytes::BytesMut;
use tokio_codec::{Decoder, Encoder};
use resp::{Value, Decoder as RespDecoder};
use std::io::BufReader;
use std::str;

pub struct RespCodec;

impl Encoder for RespCodec {
    type Item = Vec<u8>;
    type Error = io::Error;

    fn encode(&mut self, msg: Vec<u8>, buf: &mut BytesMut) ->
io::Result<()> {
        buf.reserve(msg.len());
        buf.extend(msg);
        Ok(())
    }
}

impl Decoder for RespCodec {
    type Item = Value;
    type Error = io::Error;

    fn decode(&mut self, buf: &mut BytesMut) -> io::Result<Option<Value>> {
        let s = if let Some(n) = buf.iter().rposition(|b| *b == b'\n') {
            let client_query = buf.split_to(n + 1);
            match str::from_utf8(&client_query.as_ref()) {
                Ok(s) => s.to_string(),
                Err(_) => return Err(io::Error::new(io::ErrorKind::Other,
"invalid string")),
            }
        } else {
            return Ok(None);
        };

        if let Ok(v) = RespDecoder::new(&mut
BufReader::new(s.as_bytes())).decode() {
            Ok(Some(v))
        } else {
```

```
            Ok(None)
        }
    }
}
```

Decoder 实现规定如何将传入的字节解析为 resp::Value 类型，而 Encoder 特征指定如何将 resp::Value 编码为客户端的字节流。

我们的 comman.rs 文件实现与之前的相同，所以我们将跳过它。接下来，让我们通过运行 cargo run 命令来启动我们的新服务器：

```
   Running `target/debug/rudis_async`
rudis_async listening on: 127.0.0.1:6378
```

对于官方的 redis-cli 客户端，可以通过运行以下命令来连接到我们的服务器：

```
$ redis-cli -p 6378
```

这是针对 rudis_async 服务器运行 redis-cli 的会话：

```
→ rudis_async git:(master) ✗ redis-cli -p 6378
127.0.0.1:6378> set foo bar
OK
127.0.0.1:6378> get foo
bar
```

12.4　小结

Rust 功能完备，适合为网络应用程序提供更高的性能、质量和安全性。虽然内置的元素非常适合构建同步应用程序模型，但对异步 I/O 模型，Rust 也提供了丰富的第三方软件包，其中包含详细文档说明的 API，可帮助用户构建高性能应用程序。

在第 13 章中，我们将深入了解网络协议堆栈，并学习如何使用 Rust 构建 Web 应用程序。

第 13 章
用 Rust 构建 Web 应用程序

在本章中，我们将探索使用 Rust 构建 Web 应用程序。在使用它构建 Web 应用程序时，我们将了解静态类型系统的优点和编译语言的执行速度，还将探索 Rust 的强类型的 HTTP 程序库，并构建一个 URL 缩短器作为练习。接下来，我们将了解非常流行的 actix-web 框架，并用它构建一个书签 API 服务器。

在本章中，我们将介绍以下主题。

- Rust 中的 Web 应用。

- 使用 hyper 软件包构建短网址应用。

- Web 框架的需求。

- actix-web 框架简介。

- 使用 actix-web 框架构建 HTTP Rest API。

13.1 Rust 中的 Web 应用

"程序最重要的属性在于它是否满足了用户的需求"。

——C. A. R. Hoare

很少有低级语言能够支持开发者使用它编写 Web 应用程序，同时提供动态语言所具有的高级人机工程学特性。Rust 诞生之后，这种情况大有改观。使用 Rust 开发 Web 应用程序类似于 Ruby 或 Python 等动态语言的开发体验，因为它具有高级抽象。

不过用动态语言开发的 Web 应用程序只能让你止步于此。许多开发者发现，当他们的代码库的代码达到 10000 行时，就会有动态语言的脆弱性。你所做的每一个细微改动都需要进行测试，以便了解应用程序的哪些部分会受到影响。而随着应用程序规模的增长，它在测试和更新方面的体验会变得非常糟糕。

使用 Rust 等静态类型语言构建 Web 应用程序的开发体验会好很多。在这里，你可以对代码进行编译期检查，从而大幅度减少编写单元测试的工作量，它还没有语言运行时（例如解释器）的开销，就像动态语言中运行 GC 的应用程序那样。使用静态类型语言编写的 Web 应用程序可以编译为单个静态二进制文件，从而使用最少的设置进行部署。此外，你可以从类型系统获得速度和准确性的保证，并且在代码重构期间编译器能够提供诸多建议。Rust 为你提供所有这些保证，以及和动态语言类似的开发体验。

Web 应用程序主要基于应用层协议并使用 HTTP。HTTP 是一种无状态协议，其中每条消息都来自客户端或服务器的请求或响应。HTTP 中的消息由首部和有效载荷组成。首部提供 HTTP 消息类型的上下文，例如其来源或有效载荷的长度，而有效载荷包含实际的数据。HTTP 是一种基于文本的协议，我们通常会使用程序库来完成将字符串解析为正确的 HTTP 消息的繁重工作。这些程序库还用于在它们之上构建高级抽象，例如 Web 框架。

为了在 Rust 中使用 HTTP，我们有 hyper 软件包，后续章节将会对它进行详细阐述。

13.2　用 hyper 进行 HTTP 通信

hyper 软件包可以解析 HTTP 消息，并且具有优雅的设计、侧重于强类型的 API。它被设计为原始 HTTP 请求类型安全的抽象，而不是像常见的 HTTP 程序库那样：将所有内容描述为字符串。Hyper 中的 HTTP 状态代码被定义为枚举，例如 StatusCode 类型。几乎所有可以强类型化的内容都是如此，例如 HTTP 方法、MIME 类型及 HTTP 首部等。

hyper 将客户端和服务器端功能拆分为单独的模块。客户端允许你使用可配置的请求主体、首部及其他底层配置来构建和发送 HTTP 请求。服务器端允许你打开侦听套接字，并将请求处理程序附加给它。但是，它不包括任何请求路由处理程序实现——这些留给 Web 框架处理。它旨在构建更高级 Web 框架的基础软件包。它在底层使用相同的 tokio 和 futures 异步抽象，因此非常高效。

hyper 的核心是 Service 特征概念：

```
pub trait Service {
    type ReqBody: Payload;
```

```
    type ResBody: Payload;
    type Error: Into<Box<dyn StdError + Send + Sync>>;
    type Future: Future<Item = Response<Self::ResBody>, Error =
Self::Error>;
    fn call(&mut self, req: Request<Self::ReqBody>) -> Self::Future;
}
```

Service 特征表示一种类型，它处理从任何客户端发送的 HTTP 请求，并返回 Response 响应，这是一个 future。该类型需要实现该特征核心 API 的是 call 方法，它接受一个泛型 Body 上参数化的 Request，并结合解析为 Response 的 future，该 Response 通过关联类型 ResBody 进行参数化。我们不需要手动实现此特征，因为 hyper 包含一系列可以为用户实现 Service 特征的工厂方法。你只需提供一个接收 HTTP 请求并返回响应的函数即可。

在 13.2.1 小节中，我们将探讨 hyper 软件包中的客户端和服务器端 API。让我们先从构建一个短网址服务器来探索服务器端 API。

13.2.1　hyper 服务器端 API——构建一个短网址服务

在本小节中，我们将构建一个短网址服务器，并公开一个/shorten 端点，此端点接收 POST 请求，其主体包含要缩短的 URL 网址。让我们通过运行 cargo new hyperurl 命令创建一个新项目，其中的 Cargo.toml 文件包含以下依赖项：

```
# hyperurl/Cargo.toml

[dependencies]
hyper = "0.12.17"
serde_json = "1.0.33"
futures = "0.1.25"
lazy_static = "1.2.0"
rust-crypto = "0.2.36"
log = "0.4"
pretty_env_logger = "0.3"
```

我们将该 URL 短网址服务器命名为 hyperurl。URL 短网址服务是一种为给定 URL 创建较短的 URL 的服务。当你有一个较长的 URL 时，与某人分享它会变得很烦琐。目前存在很多 URL 短网址服务，例如 bit.ly。Twitter 经常在推文中使用短网址，以便节省空间。

这是我们在 main.rs 中的初始实现：

```
// hyperurl/src/main.rs
```

```
use log::{info, error};
use std::env;

use hyper::Server;
use hyper::service::service_fn;

use hyper::rt::{self, Future};

mod shortener;
mod service;
use crate::service::url_service;

fn main() {
    env::set_var("RUST_LOG","hyperurl=info");
    pretty_env_logger::init();

    let addr = "127.0.0.1:3002".parse().unwrap();
    let server = Server::bind(&addr)
        .server(|| service_fn(url_service))
        .map_err(|e| error!("server error: {}", e));
    info!("URL shortener listening on http://{}", addr);
    rt::run(server);
}
```

在 main 函数中，我们创建了一个 Server 实例，并将其绑定到回送地址和端口的字符串
"127.0.0.1:3002"。这将返回一个构造器实例，在该实例上调用 server，然后传入实现 Service
特征的函数 url_service。函数 url_service 将 Request 映射到 Response 的 future。service_fn
是具有以下签名的工厂函数：

```
pub fn service_fn<F, R, S>(f: F) -> ServiceFn<F, R> where
    F: Fn(Request<R>) -> S,
    S: IntoFuture,
```

如你所见，F 必须是一个 Fn 闭包。

我们的函数 url_service 实现了 Service 特征。接下来，让我们看看 service.rs 中的代码：

```
// hyperurl/src/service.rs

use std::sync::RwLock;
use std::collections::HashMap;
use std::sync::{Arc};
use std::str;
use hyper::Request;
```

```
use hyper::{Body, Response};
use hyper::rt::{Future, Stream};

use lazy_static::lazy_static;

use crate::shortener::shorten_url;

type UrlDb = Arc<RwLock<HashMap<String, String>>>;
type BoxFut = Box<Future<Item = Response<Body>, Error = hyper::Error> +
Send>;

lazy_static! {
    static ref SHORT_URLS: UrlDb = Arc::new(RwLock::new(HashMap::new()));
}

pub(crate) fn url_service(req: Request<Body>) -> BoxFut {
    let reply = req.into_body().concat2().map(move |chunk| {
        let c = chunk.iter().cloned().collect::<Vec<u8>>();
        let url_to_shorten = str::from_utf8(&c).unwrap();
        let shortened_url = shorten_url(url_to_shorten);
        SHORT_URLS.write().unwrap().insert(shortened_url,
url_to_shorten.to_string());
        let a = &*SHORT_URLS.read().unwrap();
        Response::new(Body::from(format!("{:#?}", a)))
    });
    Box::new(reply)
}
```

该模块公开了一个函数 url_service，它实现了 Service 特征。

我们的 url_service 方法通过获取 Request<Body> 类型的请求来实现 call 方法，并返回 Box 类型的 future。

接下来是我们的 shortener 模块：

```
// hyperurl/src/shortener.rs

use crypto::digest::Digest;
use crypto::sha2::Sha256;

pub(crate) fn shorten_url(url: &str) -> String {
    let mut sha = Sha256::new();
    sha.input_str(url);
    let mut s = sha.result_str();
    s.truncate(5);
```

```
    format!("https://u.rl/{}", s)
}
```

我们的 shorten_url 函数将 URL 缩短为&str。然后它计算 URL 的 Sha-256 的哈希值并将其截断为长度为 5 的字符串。这显然不是真正的 URL 缩短功能的处理过程，也不是可扩展的解决方案，但是它方便我们演示代码。

让我们来看看它的细节：

```
    Running `target/debug/hyperurl`
INFO  hyperurl > hyperurl is listening at 127.0.0.1:3002
```

我们的服务器正在运行，此时可以通过 curl 向其发送 POST 请求。另一种方法是通过构建命令行客户端将 URL 发送给此短网址服务器。

虽然 Hyper 被推荐用于复杂的 HTTP 应用程序，但每次创建处理程序服务，注册并在运行时运行它都非常麻烦。通常，为了构建一些小型的工具应用，有时需要发送几个 GET 请求的命令行应用程序，这样做就有点小题大作了。幸运的是，我们还有一个名为 reqwest 的软件包，它是一个支持自定义的 hyper 包装器。顾名思义，它的设计灵感来自 Python 的 Requests 库。我们将使用它来构建发送 URL 缩短请求的 hyperurl 客户端。

13.2.2　作为客户端的 hyper——构建一个 URL 短网址客户端

现在我们已经准备好 URL 缩短服务，接下来让我们来探讨一下 hyper 的客户端。虽然可以构建一个可以用来缩短 URL 的 Web UI，但我们会为了保持简单而构建一个 CLI 工具，CLI 可以用于传递任何需要缩短的 URL。作为响应，我们将从 hyperurl 服务器获取缩短的 URL。

虽然建议使用 hyper 来构建复杂的 Web 应用程序，但每次需要创建处理程序服务时，注册并在运行时实例中运行它，都会涉及很多配置。在构建较小的工具（例如需要发送一些 GET 请求的 CLI 应用程序）时，所有这些步骤都会变得过于繁复。幸运的是，hyper 上有一个方便的包装器，其名为 reqwest，它抽象了 hyper 的客户端 API。顾名思义，它的灵感来自 Python 的 Requests 库。

让我们通过运行 cargo new shorten 命令来创建一个新的项目，其 Cargo.toml 文件中的依赖项如下所示：

```
# shorten/Cargo.toml

[dependencies]
quicli = "0.4"
structopt = "0.2"
```

```
reqwest = "0.9"
serde = "1"
```

为了构建 CLI 工具，我们将使用 quicli 框架，它是一系列有助于构建 CLI 工具的高质量软件包。structopt 软件包与 quicli 搭配使用，而 serde 软件包会被 structopt 软件包调用来生成派生宏。要向我们的 hyperurl 服务器发送 POST 请求，将会使用 reqwest 软件包。

我们的 main.rs 文件中包含以下代码：

```rust
// shorten/src/main.rs

use quicli::prelude::*;
use structopt::StructOpt;

const CONN_ADDR: &str = "127.0.0.1:3002";

/// 这是一个使用 hyperurl 来缩短网址的小型 CLI 工具
/// url 短网址服务
#[derive(Debug, StructOpt)]
struct Cli {
    /// 要缩短的 url
    #[structopt(long = "url", short = "u")]
    url: String,
    // 为该 CLI 工具配置日志 #[structopt(flatten)]
    #[structopt(flatten)]
    verbosity: Verbosity,
}

fn main() -> CliResult {
    let args = Cli::from_args();
    println!("Shortening: {}", args.url);
    let client = reqwest::Client::new();
    let mut res = client
        .post(&format!("http://{}/shorten", CONN_ADDR))
        .body(args.url)
        .send()?;
    let a: String = res.text().unwrap();
    println!("http://{}", a);
    Ok(())
}
```

在 hyperurl 服务器仍在运行的情况下，我们将打开一个新的终端窗口，并通过 cargo run -- --url https://rust-lang.org 命令调用短网址服务：

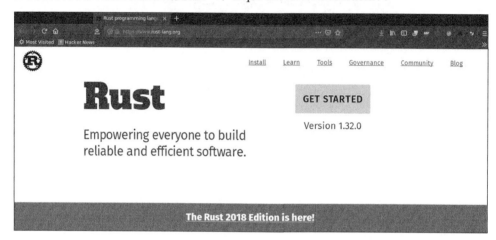

让我们转到带有短网址的浏览器，即 http://127.0.0.1:3002/abf27。

在探索了 hyper 之后，让我们继续深入了解相关的知识。在 13.2.3 小节中，我们将探讨 actix-web，这是一个基于 actix 软件包中的 actor 模型实现的快速 Web 应用程序框架。首先让我们讨论一下为何需要 Web 框架。

13.2.3   Web 框架

在我们开始介绍 actix-web 之前，首先需要了解一下为何需要使用 Web 框架。众所周知，网络是一个复杂的、不断发展的空间，编写 Web 应用程序时需要注意很多细节，例如设置路由规则和身份验证策略。最重要的是，随着应用程序的发展，如果不采用 Web 框架，用户就必须重复实现某些最佳实践和类似的模式。

每次想要构建 Web 应用程序时，重复构造 Web 应用程序的这些基本属性是相当烦琐的。一个具体的例子是当你在应用该程序时提供不同的路由。在从头开始构建的 Web 应用程序中，你必须从请求中解析资源路径，对其进行一些匹配，并根据请求进行操作。Web 框架通过提供 DSL 来自动匹配路由和路由处理程序，以允许用户以更简洁的方式配置路由规则。Web 框架还抽象了构建 Web 应用程序的所有最佳实践、常见模式及习惯用法，并为开发人员提供了一个良好的基础，使他们能够专注于业务逻辑，而不是为已经解决过的问题重新构建解决方案。

Rust 社区已经出现了很多实用的 Web 框架，例如最近出现的 Tower、Tide、Rocket、actix-web 及 Gotham 等。在编写本书时，功能最丰富且最活跃的框架是 Rocket 和 actix-web。

虽然 Rocket 非常简洁并且是一个优秀的框架，但它需要用到夜间版 Rust 编译器。不过这一限制很快就会被解除，因为 Rocket 所依赖的 API 会变得稳定。目前它的直接竞争对手是 actix-web，它运行在稳定版的 Rust 上面，并且非常接近 Rocket 框架提供的人机交互接口。接下来，我们将介绍 actix-web。

13.3　actix-web 基础知识

actix-web 框架是建立在 actix 软件包实现的 actor 模型的基础上的，我们在第 8 章已经介绍过它们。actix-web 宣传自己是一款小巧、快速、实用的 HTTP Web 框架。它主要是一个异步框架，其内部依赖于 tokio 和 futures 软件包，但也提供了一个同步 API，这两个 API 可以无缝地组合到一起使用。

通过 actix-web 编写的任何 Web 应用程序的入口点是 App 结构体。在 App 实例上，我们可以配置各种路由处理程序和中间件，还可以使用需要在请求响应中维护的任何状态来初始化应用程序。App 上提供的路由处理程序实现了 Handler 特征，它们只是将请求映射到响应的简单函数。它们还能包括请求过滤器，这可以基于谓词禁止某些用户访问特定的路径。

actix-web 内部会生成许多工作线程，每个线程都有自己的 tokio 运行时。

上述内容是一些基础知识，接下来直奔主题，我们将使用 actix-web 完成一个 REST API 服务器的实现。

13.4　使用 actix-web 构建一个书签 API

我们将创建一个 REST API 服务器，它允许我们存储希望稍后阅读的任何博客或网站的网址链接。我们将服务器命名为 linksnap 再通过运行 cargo new linksnap 命令创建一个新项目。在这个实现中，我们不会使用数据库来存储发送给 API 的任何链接，而是使用内存中的 HashMap 来存储我们的条目。这意味着我们的服务器重新启动时，所有存储的书签都将被删除。在第 14 章时，我们将为 linksnap 集成数据库，这将允许我们保存书签。

在 linksnap/ 目录下面，我们的 Cargo.toml 文件中包含以下内容：

```
# linksnap/Cargo.toml

[dependencies]
```

```
actix = "0.7"
actix-web = "0.7"
futures = "0.1"
env_logger = "0.5"
bytes = "0.4"
serde = "1.0.80"
serde_json = "1.0.33"
serde_derive = "1.0.80"
url = "1.7.2"
log = "0.4.6"
chrono = "0.4.6"
```

我们将在 API 服务器中实现以下端点。

- /links 是一个 GET 方法，用于检索存储在服务器上的所有链接的列表。

- /add 是一个 POST 方法，用于存储链接的条目并返回一个类型的 LinkId 作为响应。这可以用于向服务器添加链接。

- /rn 是 DELETE 方法，用于删除给定 LinkId 的链接。

我们将服务器实现分为 3 个模块。

- links：此模块提供 Links 和 Link 类型，分别表示一个链接和链接的集合。

- route_handlers：该模块包含所有的路由处理程序。

- state：该模块包含一个 actor 的实现，以及它可以在我们的 Db 结构体上接收的所有消息。

在/links 端点上，我们的应用程序从用户请求到 actor 的示例流程如下所示：

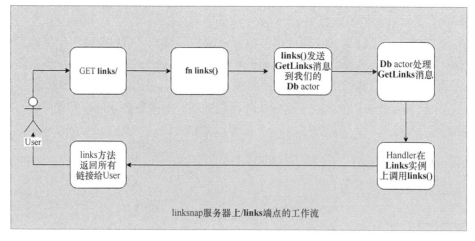

linksnap服务器上/links端点的工作流

让我们通过查看 main.rs 文件中的内容来完成相应的实现：

```
// linksnap/src/main.rs

mod links;
mod route_handlers;
mod state;

use std::env;
use log::info;
use crate::state::State;
use crate::route_handlers::{index, links, add_link, rm_link};
use actix_web::middleware::Logger;
use actix_web::{http, server, App};

fn init_env() {
    env::set_var("RUST_LOG", "linksnap=info");
    env::set_var("RUST_BACKTRACE", "1");
    env_logger::init();
    info!("Starting http server: 127.0.0.1:8080");
}

fn main() {
    init_env();
    let system = actix::System::new("linksnap");
    let state = State::init();

    let web_app = move || {
        App::with_state(state.clone())
            .middleware(Logger::default())
            .route("/", http::Method::GET, index)
            .route("/links", http::Method::GET, links)
            .route("/add", http::Method::POST, add_link)
            .route("/rm", http::Method::DELETE, rm_link)
    };

    server::new(web_app).bind("127.0.0.1:8080").unwrap().start();
    let _ = system.run();
}
```

在 main 函数中，我们首先调用 init_env，它用于配置我们的运行环境，以便从服务器获取日志，启用 RUST_BACKTRACE 变量以输出任何错误的详细跟踪信息，并通过调用 env_logger::init()来初始化我们的记录器。然后我们创建 System actor，它是 actor 模型中所有 actor 的父级 actor。然后通过调用 State::init()创建我们的服务器状态并将其存储到 state 中。

这将我们的内存数据库 actor 类型封装到 state.rs 的 Db 中。稍后我们会对它进行详细说明。

然后通过在闭包中调用 App::with_state 创建 App 实例，并传递应用程序状态的副本。在 state 上的 clone 调用在这里非常重要，因为我们需要跨多个 actix 工作线程保持单个共享状态。actix-web 在内部生成多个线程从而使用新的 App 实例来处理请求，state 上的每个调用都具有自己的应用程序状态副本。如果我们不共享对单个实际对象的引用，那么每个 App 都将拥有自己的 HashMap 条目副本，这不是我们想要的。

接下来，我们通过传递一个 Logger，将 App 与 middleware 方法链接起来，当客户端单击前面配置的某个端点时将对任何请求进行日志记录。然后我们添加了一系列 route 方法调用。route 方法将接收字符串形式的 HTTP 路径、HTTP 方法，及将 HttpRequest 映射到 HttpResponse 的 handler 函数。稍后我们将讨论这类 handler 函数。

将 App 实例配置并存储到 web_app 中后，我们将其传递给 server::new()，然后将其绑定到字符串形式的地址"127.0.0.1:8080"。然后将调用 start 在新的 Arbiter 示例中启动应用程序，这是一个新线程。根据 actix 的说法，Arbiter 是一个运行 actor 的线程，它可以访问事件循环。最后，我们通过调用 system.run() 来运行系统级 actor。run 方法在内部自行调用一个 tokio 运行时并启动所有 Arbiter 线程。

接下来，我们看一下 route_handlers.rs 中的路由处理程序。此模块中定义了服务器实现中所有可用的路由：

```
// linksnap/src/route_handlers.rs

use actix_web::{Error, HttpRequest, HttpResponse};

use crate::state::{AddLink, GetLinks, RmLink};
use crate::State;
use actix_web::AsyncResponder;
use actix_web::FromRequest;
use actix_web::HttpMessage;
use actix_web::Query;
use futures::Future;

type ResponseFuture = Box<Future<Item = HttpResponse, Error = Error>>;

macro_rules! server_err {
    ($msg:expr) => {
        Err(actix_web::error::ErrorInternalServerError($msg))
    };
}
```

首先，我们引入了一大堆软件包，然后定义了几个辅助类型。ResponseFuture 是已包装 Future 的简易类型别名，它会被解析为 HttpResponse。然后我们有一个名为 server_err! 辅助宏，它返回一个带有给定描述的 actix_web::error 类型。当我们的任意客户端请求处理失败时，将使用此宏作为返回错误的便捷方式。

接下来，我们提供了最简单的路由器处理程序来处理端点 "/" 上的请求：

linksnap/src/route_handlers.rs

```
pub fn index(_req: HttpRequest<State>) -> HttpResponse {
    HttpResponse::from("Welcome to Linksnap API server")
}
```

index 函数接收 HttpRequest，并简单地返回根据字符串构造的 HttpResponse。HttpRequest 类型可以通过任何类型进行参数化。默认情况下，它是()。对于我们的路由处理程序，已经通过 State 类型对其进行了参数化。此状态封装了我们的内存数据库，它被实现为一个 actor。

State 是 Addr<Db>的包装器，它是一个指向 Db actor 的地址。这是一个指向内存数据库的引用。我们将通过它发送消息给内存数据库，以便对其执行插入、删除或获取链接等操作。稍后将会对这些 API 进行详细介绍。让我们看看同一文件中的其他处理程序：

```
// linksnap/src/route_handlers.rs

pub fn add_link(req: HttpRequest<State>) -> ResponseFuture {
    req.json()
        .from_err()
        .and_then(move |link: AddLink| {
            let state = req.state().get();
            state.send(link).from_err().and_then(|e| match e {
                Ok(_) => Ok(HttpResponse::Ok().finish()),
                Err(_) => server_err!("Failed to add link"),
            })
        })
        .responder()
}
```

我们使用 add_link 函数处理添加链接的 POST 请求。这个处理程序需要以 JSON 为主体的如下格式：

```
{
    title: "Title of the link or bookmark",
```

```
        url: "The URL of the link"
    }
```

在该函数中，我们首先通过调用 req.json()获取 JSON 格式的请求体，这将返回一个future。然后我们使用 from_err 方法将源自 json 方法的任意错误映射到 actix 兼容的错误。json 方法可以从请求的有效载荷中提取类型化的信息，从而返回 JsonBody<T>的 future。这个 T 由方法链中的 and_then 推断为 AddLink，我们获取解析后的值并将其发送给 Db actor。向 actor 发送消息可能会失败，因此如果发生这种情况，将再次匹配返回的值。当值为 Ok时，我们用空的 HTTP 响应予以回复，否则将使用 server_err!宏传递错误信息的描述。

接下来将介绍"/links"端点：

```
// linksnap/src/route_handlers.rs

pub fn links(req: HttpRequest<State>) -> ResponseFuture {
    let state = &req.state().get();
    state
        .send(GetLinks)
        .from_err()
        .and_then(|res| match res {
            Ok(res) => Ok(HttpResponse::Ok().body(res)),
            Err(_) => server_err!("Failed to retrieve links"),
        })
        .responder()
}
```

links 处理程序只是简单地向 Db actor 发送 GetLinks 消息，之后返回收到的响应，并使用 body 方法将其返回客户端。接下来将介绍我们的 rm_link 处理程序，其定义如下所示：

```
// linksnap/src/route_handlers.rs

pub fn rm_link(req: HttpRequest<State>) -> ResponseFuture {
    let params: Query<RmLink> = Query::extract(&req).unwrap();
    let state = &req.state().get();
    state
        .send(RmLink { id: params.id })
        .from_err()
        .and_then(|e| match e {
            Ok(e) => Ok(HttpResponse::Ok().body(format!("{}", e))),
            Err(_) => server_err!("Failed to remove link"),
        })
        .responder()
}
```

要删除某个链接，我们需要传递链接 ID（i32）作为查询参数。rm_link 方法使用简便的 Query::extract 将查询参数提取到 RmLink 类型中，该方法接收 HttpRequest 实例。接下来，我们获取对 Db actor 的引用，并通过 ID 向其发送 RmLink 消息。我们通过 body 方法构造 HttpResponse 返回字符串作为响应。

这是 state.rs 中的 State 和 Db 类型：

```
// linksnap/src/state.rs

use actix::Actor;
use actix::SyncContext;
use actix::Message;
use actix::Handler;
use actix_web::{error, Error};
use std::sync::{Arc, Mutex};
use crate::links::Links;
use actix::Addr;
use serde_derive::{Serialize, Deserialize};
use actix::SyncArbiter;

const DB_THREADS: usize = 3;

#[derive(Clone)]
pub struct Db {
    pub inner: Arc<Mutex<Links>>
}

impl Db {
    pub fn new(s: Arc<Mutex<Links>>) -> Db {
        Db { inner: s }
    }
}

impl Actor for Db {
    type Context = SyncContext<Self>;
}

#[derive(Clone)]
pub struct State {
    pub inner: Addr<Db>
}

impl State {
    pub fn init() -> Self {
```

```
        let state = Arc::new(Mutex::new(Links::new()));
        let state = SyncArbiter::start(DB_THREADS, move ||
Db::new(state.clone()));
        let state = State {
            inner: state
        };
        state
    }

    pub fn get(&self) -> &Addr<Db> {
        &self.inner
    }
}
```

首先，我们将 DB_THREADS 的值设为 3，这是我们任意选择的。这将获得一个线程池，通过它向内存数据库发送请求。在这种情况下，我们可以使用普通的 actor，但是由于会在第 14 章将它与数据库集成，所以我们选择 SyncArbiter 线程。

然后是 Db 结构体定义，它将 Links 类型包装在线程安全的包装器 Arc<Mutex<Links> 中。然后我们会在其上实现 Actor 特征，其中将关联类型 Context 指定为 SyncContext<Self>。

接下来是 State 结构体定义，它是一个 Addr<Db>，即 Db actor 实例的句柄。我们在 State 上有两个方法——init 用于创建一个新的 State 实例，get 返回对 Db actor 句柄的引用。

最后，我们有一系列的消息类型，它们将发送到 Db actor。Db 是一种 actor 并且会接收如下 3 类消息。

GetLinks：这是由/links 路由处理程序发送的，用于检索存储在服务器上的所有链接。它的定义如下所示：

```
// linksnap/src/state.rs

pub struct GetLinks;

impl Message for GetLinks {
    type Result = Result<String, Error>;
}

impl Handler<GetLinks> for Db {
    type Result = Result<String, Error>;
    fn handle(&mut self, _new_link: GetLinks, _: &mut Self::Context) ->
Self::Result {
        Ok(self.inner.lock().unwrap().links())
```

```
        }
    }
```

首先是 GetLinks 消息，它从/links 路由处理程序发送到 Db actor。为了使它成为一个 actor 消息，我们将为它实现 Message 特征。Message 特征定义了一个关联类型 Result，它是从消息处理程序返回的类型。接下来，我们通过针对 Db actor 的 GetLinks 消息进行参数化，实现 Handler 特征。

```
// linksnap/src/state.rs

pub struct GetLinks;

impl Message for GetLinks {
    type Result = Result<String, Error>;
}

impl Handler<GetLinks> for Db {
    type Result = Result<String, Error>;
    fn handle(&mut self, _new_link: GetLinks, _: &mut Self::Context) ->
Self::Result {
        Ok(self.inner.lock().unwrap().links())
    }
}
```

我们为它实现了 Message 特征，它返回所有链接的字符串作为响应。

AddLink：这是由客户端发送的任何新链接上的/add 路由处理程序发送的。它的定义如下所示：

```
// linksnap/src/state.rs

#[derive(Debug, Serialize, Deserialize)]
pub struct AddLink {
    pub title: String,
    pub url: String
}

impl Message for AddLink {
    type Result = Result<(), Error>;
}

impl Handler<AddLink> for Db {
    type Result = Result<(), Error>;
```

```
    fn handle(&mut self, new_link: AddLink, _: &mut Self::Context) ->
Self::Result {
        let mut db_ref = self.inner.lock().unwrap();
        db_ref.add_link(new_link);
        Ok(())
    }
}
```

AddLink 类型会执行双重任务。通过实现 Serialize 和 Deserialize 特征，它可以从 add_link 路由中传入 json 响应主体中提取。其次，它还实现了 Message 特征，我们可以将它发送给相应的 Db actor。

RmLink：这是由/rm 路由处理程序发送的。它的定义如下所示：

```
// linksnap/src/state.rs

#[derive(Serialize, Deserialize)]
pub struct RmLink {
    pub id: LinkId,
}

impl Message for RmLink {
    type Result = Result<usize, Error>;
}

impl Handler<RmLink> for Db {
    type Result = Result<usize, Error>;
    fn handle(&mut self, link: RmLink, _: &mut Self::Context) ->
Self::Result {
        let db_ref = self.get_conn()?;
        Link::rm_link(link.id, db_ref.deref())
            .map_err(|_| error::ErrorInternalServerError("Failed to remove
links"))
    }
}
```

这是希望删除链接条目时发送的消息。它接收 RmLink 消息并转发。

我们可以使用以下 curl 命令插入一个链接：

```
curl --header "Content-Type: application/json" \
  --request POST \
  --data '{"title":"rust blog","url":"https://rust-lang.org"}' \
```

```
127.0.0.1:8080/add
```

为了查看插入的链接，我们可以执行以下命令：

```
curl 127.0.0.1:8080/links
```

要删除某个给定 ID 的链接，我们可以使用 curl 发送 DELETE 请求：

```
curl -X DELETE 127.0.0.1:8080/rm?id=1
```

13.5　小结

在本章中，我们探讨了很多关于如何使用 Rust 构建 Web 应用程序的内容，它非常容易上手，因为有很多高质量的软件包供我们选择。作为一种编译型语言，Rust 编写的 Web 框架比动态语言编写的其他框架要小很多倍。大多数 Web 框架都是由解释型的动态语言主导的，它们可能会占用大量 CPU 资源但执行性能不高。不过人们采用它们构建 Web 应用程序是因为它们非常方便。

使用 Rust 编写的 Web 应用程序在运行时占用的空间很少，Rust 在运行时占用更少的内存，因为它不需要解释器，就像动态语言那样。Rust 能够让你感觉两全其美，即让你获得动态语言开发体验的同时，使自身具有类似 C 语言的高效性。这对 Web 开发者来说是一个不错的选择。

在第 14 章中，我们将探讨在 Rust 中如何使用名为 diesel 的、类型安全的对象关系映射器（Object Relational Mapper，ORM）程序库与数据库进行通信，并将数据持久性地添加到 read_list 服务器。

第 14 章
Rust 与数据库

在本章中，我们将讨论数据库对现代应用程序至关重要的原因。我们将会介绍一些 Rust 生态系统中的实用软件包，它们允许用户与数据库进行交互。然后，我们将继续使用上一章中开发的 linksnap API 服务器，并通过一个实用的软件包将数据库特性集成到其中。这样我们就可以保存发送到 API 的新书签。

在本章中，我们将介绍以下主题。

- 使用 rusqlite 集成 SQLite。

- 通过 Rust 数据库连接池与 PostgreSQL 交互。

- 通过 diesel 软件包实现对象关系映射。

- 在 linksnap API 服务器中集成 diesel。

14.1 数据持久性的重要性

"有时候，优雅的实现只是一个函数。不是一种方法、一个类或者一个框架，只是一个函数。"

——John Carmack

如今的应用程序的数据量都非常大。正如很多人所说的，数据是一种新的能源。数据库支持的服务无处不在，从社交游戏到云存储，再到电子商务，医疗保健，等等。所有这些服务都需要正确地存储和检索数据。它们存储的数据必须易于检索，并且要保证一致性和耐用性。

数据库是构建以数据为中心的应用程序的最佳解决方案，并为满足用户的需求提供了坚实的基础。在使用 Rust 构建与数据库有关的任何内容之前，我们需要了解一些基础知识。通常，数据库是数据表的集合，数据表是数据组织的单位。

注意

组织成表的数据仅适用于关系数据库。其他数据库，例如 NoSQL 和基于图形的数据库，使用更灵活的文档模型来存储和组织数据。

数据被组成称为数据表的逻辑实体。数据表通常是现实世界某些实体的表示。这些实体可以具有各种属性以代替这些数据表中的列，也可以与其他实体有关联。一个数据表中的列可以引用另一个列。使用称为结构化查询语言（Structured Query Language，SQL）的特定 DSL 执行任何对数据库的访问。SQL 查询还允许你使用查询子句（例如 JOIN）在多个数据表之间传递查询指令。这些都是基础知识，用户与数据支持的应用程序交互常见模式是 CRUD 模式，它是新增（Create）、读取（Read）、更新（Update）及删除（Delete）的缩写。在大多数情况下，这是用户通过应用程序在数据库上执行的常规操作。

SQL 是一种在数据库上执行事务的声明性方法。事务是对数据库的一组修改，必须以原子方式发生或不发生，以防止中途出现任何异常。在应用程序中编写数据库事务的简单方法是构造原始的 SQL 查询。但是，有一种更好的方法可以做到这一点，它被称为对象关系映射（Object Relational Mapping，ORM）。这是一种使用原生语言抽象和类型访问数据库的技术，它们几乎与 SQL 语法和语义一一对应。语言为构造 SQL 提供了更高级的库，允许用户使用原生语言编写查询，然后将其转换为原始的 SQL 查询。在传统的面向对象语言中，你的对象就是 SQL 对象。这些库被称为对象关系映射器。主流语言中存在很多这样的库，例如 Java 的 Hibernate、Ruby 的 Active Record 及 Python 的 SQLAlchemy 的。使用 ORM 可以降低在使用原始 SQL 查询时发生错误的可能性。

但是 ORM 还无法使用数据库模型将自己完全映射到语言的对象模型中。因此，ORM 库应该尝试限制它们为与数据库交互提供的抽象数量，并将一部分留给原始的 SQL 查询处理。

Rust 生态系统提供了许多高质量的解决方案来管理和构建持久性应用程序。我们将在后文介绍其中的几个。

14.2　SQLite

SQLite 是一个轻量级的嵌入式数据库。它不需要使用专门的数据库管理系统管理数据。SQLite 创建的数据库是以文件或者内存数据库的形式存在的，用户无须连接到外部远程端点或建立本地套接字连接就可以使用它的数据库。与传统的客户端-服务器数据库引擎（如 MySQL 或 PostgreSQL）相比，它为不同的目标用户服务，并且是应用程序需要一个安全且高效的可检索方式在本地存储数据的用例的首选解决方案。Android 操作系统是 SQLite 的重度用户，允许移动应用为其程序内的用户存储首选项或配置。它也被很多桌面应用程序所采用，用于存储具有持久性保证的任何类型的状态。

Rust 社区为我们提供了一些连接到 SQLite 数据库并与之交互的选项。我们将使用 rusqlite 软件包，该软件包支持的 SQLite 的版本是 3.6.8 及以上。它的 API 不能被视为 ORM，但可以被看作 ORM 提供的中间抽象，因为这有助于隐藏实际 SQLite API 的诸多细节。与许多其他关系型数据库系统相比，SQLite 的类型系统是动态的。这意味着列没有类型，但每个值却包含类型。从技术上来说，SQLite 将存储类与数据类型分开，但这只是一个实现细节，并且我们可根据实际情况只考虑类型。

rusqlite 软件提供了 FromSql 和 ToSql 特征，用于在 SQLite 和 Rust 类型之间转换对象。它还为大多数标准库类型和基元提供了开箱即用的以下实现：

描述	SQLite	Rust
空值	NULL	rusqlite::types::Null
1、2、3、4、6 或者 8 位有符号整数	INTEGER	i32（可能会被截断）和 i64
8 位 IEEE 浮点数	REAL	f64
UTF-8，UTF-16BE 或 UTF-16LE 字符串	TEXT	String 和&str
位字符串	BLOB	Vec<u8>和&[u8]

了解过 rusqlite 软件包的基础知识之后，让我们来看看它的实际应用。

我们将通过运行 cargo new rusqlite_demo 命令创建一个新项目。程序将从标准输入中获取正确格式化的逗号分隔值（Comma Separated Values，CSV）书籍（books）表，将其存储到 SQLite 中，然后使用过滤器 SQL 查询检索数据的子集。首先，让我们构建新建表和删除表的查询字符串，以及我们的 Book 结构体，它将存储从查询中检索到的数据：

```rust
// rusqlite_demo/src/main.rs

use std::io;
use std::io::BufRead;

use rusqlite::Error;
use rusqlite::{Connection, NO_PARAMS};

const CREATE_TABLE: &str = "CREATE TABLE books
                            (id INTEGER PRIMARY KEY,
                            title TEXT NOT NULL,
                            author TEXT NOT NULL,
                            year INTEGER NOT NULL)";

const DROP_TABLE: &str = "DROP TABLE IF EXISTS books";

#[derive(Debug)]
struct Book {
    id: u32,
    title: String,
    author: String,
    year: u16
}
```

我们定义了两个常量 CREATE_TABLE 和 DROP_TABLE，它们分别包含用于创建和删除 books 表的原始 SQL 查询。然后我们定义了 Book 结构体，其中包含如下字段。

- id：作为主键，可以将插入 books 表的书籍进行区分。

- title：书籍的标题。

- author：书籍的作者。

- year：书籍的出版日期。

接下来，让我们看看 main 函数：

```rust
// rusqlite_demo/src/main.rs

fn main() {
    let conn = Connection::open("./books").unwrap();
    init_database(&conn);
    insert(&conn);
    query(&conn);
}
```

首先，我们通过调用 Connection::open 打开与 SQLite 数据库的连接，并提供一个路径 "./books"，以便在当前目录中创建数据库。接下来，我们调用 init_database()，将引用传递给 conn，其定义如下所示：

```
fn init_database(conn: &Connection) {
    conn.execute(CREATE_TABLE, NO_PARAMS).unwrap();
}
```

然后我们调用 insert 方法，并将 conn 传递给它。最后，我们调用 query 方法，以便对 books 表执行查询操作。

以下是我们的 insert 函数定义：

```
fn insert(conn: &Connection) {
    let stdin = io::stdin();
    let lines = stdin.lock().lines();
    for line in lines {
        let elems = line.unwrap();
        let elems: Vec<&str> = elems.split(",").collect();
        if elems.len() == 4 {
            let _ = conn.execute(
                "INSERT INTO books (id, title, author, year) VALUES (?1,
?2, ?3, ?4)",
                &[&elems[0], &elems[1], &elems[2], &elems[3]],
            );
        }
    }
}
```

在 insert 函数中，我们首先获取 stdin 上的锁并迭代访问这些行。每一行都由逗号分隔。接下来，我们在 conn 上调用 execute 方法，传入一个 insert 查询字符串。在查询字符串中，我们使用?1、?2 等模板变量，其对应的值取自 elems。如果收集的元素数量达到 4 时，我们使用原始 SQL 查询插入该书籍，并从 elems 中为模板变量提供相应的值。

接下来，我们的 query 函数的定义如下所示：

```
fn query(conn: &Connection) {
    let mut stmt = conn
        .prepare("SELECT id, title, author, year FROM books WHERE year >=
?1")
        .unwrap();
    let movie_iter = stmt
        .query_map(&[&2013], |row| Book {
```

```
                    id: row.get(0),
                    title: row.get(1),
                    author: row.get(2),
                    year: row.get(3),
                })
                .unwrap();

        for movie in movie_iter.filter_map(extract_ok) {
            println!("Found book {:?}", movie);
        }
    }
```

query 函数接收 conn，然后会在其上调用 prepare 方法，并传入原始的 SQL 查询字符串。在这里，我们对超过给定年份的书籍进行了过滤，同时将此查询存储到 stmt 中。接下来，我们在此类型上调用 query_map，传入仅包含数字 2013 的数组的引用，该数字表示我们要过滤的年份。如你所见，API 在这里有点难以理解。query_map 的第 2 个参数是 Row 类型的闭包。在闭包内部，我们从 row 实例中提取相应的字段，并从中构造一个 Book 实例。这将返回一个迭代器，并将其存储到 movie_iter 中。最后会遍历 movie_iter，使用 extract_ok 辅助方法过滤任何不匹配的值。它的定义如下所示：

```
fn extract_ok(p: Result<Book, Error>) -> Option<Book> {
    if p.is_ok() {
        Some(p.unwrap())
    } else {
        None
    }
}
```

然后，我们输出 books。其完整代码如下所示：

```
// rusqlite_demo/src/main.rs

use std::io;
use std::io::BufRead;

use rusqlite::Error;
use rusqlite::{Connection, NO_PARAMS};

const CREATE_TABLE: &str = "CREATE TABLE IF NOT EXISTS books
                            (id INTEGER PRIMARY KEY,
                            title TEXT NOT NULL,
                            author TEXT NOT NULL,
```

```
                                    year INTEGER NOT NULL)";
#[derive(Debug)]
struct Book {
    id: u32,
    title: String,
    author: String,
    year: u16,
}

fn extract_ok(p: Result<Book, Error>) -> Option<Book> {
    if p.is_ok() {
        Some(p.unwrap())
    } else {
        None
    }
}

fn insert(conn: &Connection) {
    let stdin = io::stdin();
    let lines = stdin.lock().lines();
    for line in lines {
        let elems = line.unwrap();
        let elems: Vec<&str> = elems.split(",").collect();
        if elems.len() > 2 {
            let _ = conn.execute(
                "INSERT INTO books (id, title, author, year) VALUES (?1,
?2, ?3, ?4)",
                &[&elems[0], &elems[1], &elems[2], &elems[3]],
            );
        }
    }
}

fn init_database(conn: &Connection) {
    conn.execute(CREATE_TABLE, NO_PARAMS).unwrap();
}

fn query(conn: &Connection) {
    let mut stmt = conn
        .prepare("SELECT id, title, author, year FROM books WHERE year >=
?1")
        .unwrap();
    let movie_iter = stmt
        .query_map(&[&2013], |row| Book {
            id: row.get(0),
```

```
                title: row.get(1),
                author: row.get(2),
                year: row.get(3),
            })
            .unwrap();

    for movie in movie_iter.filter_map(extract_ok) {
        println!("Found book {:?}", movie);
    }
}

fn main() {
    let conn = Connection::open("./books").unwrap();
    init_database(&conn);
    insert(&conn);
    query(&conn);
}
```

在同一目录下还有一个 books.cvs 文件，我们可以通过如下命令来运行它：

cargo run < books.csv

这是程序运行时的输出：

这与现实世界中典型的以数据库作为后台支撑的应用程序相去甚远，其只是为了演示该软件包的用法。实际的应用程序不会从标准输入读取数据，而查询例程将具有更好的错误处理方式。

这是一个简短的演示，用以说明如何在 Rust 中通过 rusqlite 软件包使用 SQLite 数据库。其 API 并不是强类型的，但目前它是我们唯一的解决方案。接下来，我们将探讨 SQLite 的大哥，即 PostgreSQL 数据库管理系统。

14.3　PostgreSQL

虽然 SQLite 适用于原型设计和更简单的用例，但真正的关系型数据库管理系统可以让开发者的工作更轻松。PostgreSQL 就是这样一款复杂的数据库系统。为了在 Rust 中集成

postgres，我们有在 crates.io 上创建的 postgres 软件包。它是一个原生的 Rust 客户端，这意味着它不会在 C 程序库上运行，而是在 Rust 中实现整个协议。其 API 的风格和 rusqlite 软件包的风格类似，这其实是有意为之的，SQLite 客户端的 API 实际上是基于 postgres 客户端的。postgres 软件包支持 PostgreSQL 的某些独特的功能，例如位向量、time 字段、JSON 支持及 UUID。

在本节中，我们将通过创建初始化 postgres 数据库的示例程序并在其上执行一些插入和查询操作来探讨与 postgres 的交互。我们假定你已经在系统上设置了数据库，用于该示例的 PostgreSQL 是 9.5 版本。

注意

要安装 PostgreSQL 数据库系统，推荐参考 DigitalOcean 上的文章。

postgres 附带了名为 psql 的命令行工具，可用于运行查询、检索数据表、管理角色，查看系统信息等。我们可以通过在 psql 提示符下运行以下命令来查看系统上运行的 postgres 版本。首先我们将通过运行如下命令启动 psql：

```
$ sudo -u postgres psql
```

进入 psql 之后，我们可以在提示符下运行如下命令：

```
postgres=# SELECT version();
```

运行上述命令之后，我们得到以下输出结果：

```
PostgreSQL 9.5.14 on x86_64-pc-linux-gnu, compiled by gcc (Ubuntu
5.4.0-6ubuntu1~16.04.10) 5.4.0 20160609, 64-bit
```

为了让这个示例更简单，我们将复用在演示 rusqlite 时使用的书籍数据，将在以下示例中使用默认的用户名（postgres）和密码（postgres）。你需要调整以下示例来兼容新的用户信息。让我们通过运行 cargo new postgres_demo 命令来创建一个新项目。这是我们在 Cargo.toml 文件中的依赖项：

```
# postgres_demo/Cargo.toml

[dependencies]
postgres = "0.15.2"
```

```
serde = { version = "1.0.82"}
serde_derive = "1.0.82"
serde_json = "1.0.33"
```

让我们来看看 main.rs 中的代码：

```
// postgres_demo/src/main.rs

use postgres::{Connection, TlsMode};

const DROP_TABLE: &str = "DROP TABLE IF EXISTS books";
const CONNECTION: &str = "postgres://postgres:postgres@localhost:5432";
const CREATE_TABLE: &str = "CREATE TABLE IF NOT EXISTS books
                            (id SERIAL PRIMARY KEY,
                            title VARCHAR NOT NULL,
                            author VARCHAR NOT NULL,
                            year SERIAL)";

#[derive(Debug)]
struct Book {
    id: i32,
    title: String,
    author: String,
    year: i32
}

fn reset_db(conn: &Connection) {
    let _ = conn.execute(DROP_TABLE, &[]).unwrap();
    let _ = conn.execute(CREATE_TABLE, &[]).unwrap();
}
```

我们有一堆字符串常量，用于连接数据库以及创建和删除 books 表。接下来是我们的
main 函数：

```
// postgres_demo/src/main.rs

fn main() {
    let conn = Connection::connect(CONNECTION, TlsMode::None).unwrap();
    reset_db(&conn);

    let book = Book {
        id: 3,
        title: "A programmers introduction to mathematics".to_string(),
        author: "Dr. Jeremy Kun".to_string(),
```

```
        year: 2018
    };

    conn.execute("INSERT INTO books (id, title, author, year) VALUES ($1,
$2, $3, $4)",
                    &[&book.id, &book.title, &book.author,
&book.year]).unwrap();

    for row in &conn.query("SELECT id, title, author, year FROM books",
&[]).unwrap() {
        let book = Book {
            id: row.get(0),
            title: row.get(1),
            author: row.get(2),
            year: row.get(3)
        };
        println!("{:?}", book);
    }
}
```

因为这里我们并没有使用 ORM，它只是一个低级接口，所以我们需要手动将值解压到数据库查询中。接下来运行该程序：

这是程序的输出结果，以及对数据表的 psql 查询，以显示后续的内容：

首先，我们在 psql 命令提示符下使用\dt 命令显示数据库列表。接下来，我们执行查询，即"select * from books"。

这些是 Rust 与 PostgreSQL 交互的基础知识。接下来，让我们探讨如何通过使用连接池的概念来提高数据库查询的效率。

14.4 r2d2 连接池

每次发生新事务时，打开和关闭数据库连接会很快成为"瓶颈"。通常，打开数据库连接是一项开销昂贵的操作。这主要是因为双方创建套接字连接时所需的相关 TCP 握手。如果数据库托管在远程服务器上，那么开销甚至会更高。如果我们可以为发送到数据库的后续请求复用连接，那么可能会大大减少延迟。减少此开销的有效方法是使用数据库连接池。当进程需要更新连接时，将从连接池中为其提取现有连接。当进程完成数据库所需的操作时，此连接句柄将返回连接池以供后续使用。

Rust 中有 r2d2 软件包，它利用特征提供了维护各种数据库连接池的通用方法。它包含处理多种后端的子软件包，并支持 PostgreSQL、Redis、MySQL、MongoDB、SQLite，以及一些其他已知的数据库系统。r2d2 的体系结构由两部分组成：通用部分和兼容各后端部分。后端代码通过实现 r2d2 的 ManageConnection 特征，并为特定后端添加连接管理器来附加到通用部分。该特征如下所示：

```
pub trait ManageConnection: Send + Sync + 'static {
    type Connection: Send + 'static;
    type Error: Error + 'static;
    fn connect(&self) -> Result<Self::Connection, Self::Error>;
    fn is_valid(&self, conn: &mut Self::Connection) -> Result<(),
Self::Error>;
    fn has_broken(&self, conn: &mut Self::Connection) -> bool;
}
```

通过特征定义可知，我们需要指定一个 Connection 类型，它必须是 Send 和'static，以及一个 Error 类型。我们还定义了 3 种方法：connect、is_valid 和 has_broken。Connect 方法返回来自底层软件包的 Connection 类型，例如它可以是 postgres 后端的 postgres::Connection 类型。Error 类型是一个枚举，它指定在连接阶段或检查连接有效性期间可能发生的所有 Error 场景。

出于演示目的，我们将首先查看如何将连接池连接到 PostgreSQL，从而了解如何使用 r2d2 软件包。我们将对 14.3 节的代码进行修改以使用连接池，并将从 8 个线程中执行 SQL 查询。

这是使用 r2d2-postgres 后端软件包采用连接池和线程实现的完整代码：

```
// r2d2_demo/src/main.rs
```

```
use std::thread;
use r2d2_postgres::{TlsMode, PostgresConnectionManager};
use std::time::Duration;

const DROP_TABLE: &str = "DROP TABLE IF EXISTS books";

const CREATE_TABLE: &str = "CREATE TABLE IF NOT EXISTS books
                           (id SERIAL PRIMARY KEY,
                            title VARCHAR NOT NULL,
                            author VARCHAR NOT NULL,
                            year SERIAL)";

#[derive(Debug)]
struct Book {
    id: i32,
    title: String,
    author: String,
    year: i32
}

fn main() {
    let manager =
PostgresConnectionManager::new("postgres://postgres:postgres@localhost:5432",
                                        TlsMode::None).unwrap();
    let pool = r2d2::Pool::new(manager).unwrap();
    let conn = pool.get().unwrap();

    let _ = conn.execute(DROP_TABLE, &[]).unwrap();
    let _ = conn.execute(CREATE_TABLE, &[]).unwrap();
    thread::spawn(move || {
        let book = Book {
            id: 3,
            title: "A programmers introduction to mathematics".to_string(),
            author: "Dr. Jeremy Kun".to_string(),
            year: 2018
        };
        conn.execute("INSERT INTO books (id, title, author, year) VALUES
($1, $2, $3, $4)",
                    &[&book.id, &book.title, &book.author,
&book.year]).unwrap();
    });

    thread::sleep(Duration::from_millis(100));
    for _ in 0..8 {
```

```
                let conn = pool.get().unwrap();
                thread::spawn(move || {
                    for row in &conn.query("SELECT id, title, author, year FROM
books", &[]).unwrap() {
                        let book = Book {
                            id: row.get(0),
                            title: row.get(1),
                            author: row.get(2),
                            year: row.get(3)
                        };
                        println!("{:?}", book);
                    }
                });
        }
}
```

它比上一个示例中的代码更简单，只是我们生成了 8 个线程对数据库执行 SELECT 查询。连接池的大小被配置为 8，这意味着 SELECT 查询线程可以对后续的请求复用连接并发地执行 8 个查询。

到目前为止，我们主要使用原始 SQL 查询与 Rust 中的数据库进行交互。但是，一种更方便的强类型方法是，通过名为 diesel 的 ROM 软件包与数据库交互。接下来我们将对它进行探讨。

14.5 Postgres 和 diesel ORM

使用具有原始 SQL 查询的低级数据库软件包编写复杂的应用程序是一种容易出错的解决方案。diesel 是 Rust 的 ORM（对象关系映射器）和查询构建器。它采用了大量过程宏，会在编译期检测大多数数据库交互错误，并在大多数情况下能够生成非常高效的代码，有时甚至可以用 C 语言进行底层访问。这是因为它能够将通常在运行时进行的检查移动到编译期。在撰写本文时，diesel 为 PostgreSQL、MySQL 及 SQLite 提供了开箱即用的支持。

我们将把数据库支持集成到第 13 章介绍的 linksnap 服务器中，将使用 diesel 以类型安全的方式与 postgres 数据库进行交互。我们将复制第 13 章介绍的 linksnap 项目，并将其重命名为 linksnap_v2。同时我们不会介绍其完整源代码，只会讨论影响数据库与 diesel 集成的部分。代码块的其余部分与第 13 章的完全相同。

diesel 项目由许多组件构成。首先，我们有一个名为 diesel-cli 的命令行工具，可以自动创建数据库并在必要时执行任何数据库的迁移操作。

在我们开始实现与数据库交互的示例之前，需要安装 diesel-cli 工具，它将设置我们的数据库和其中的表。我们可以通过运行如下命令来安装它：

```
cargo install diesel_cli --no-default-features --features postgres
```

我们只会用到 CLI 工具中的 postgres 功能，因此使用了 --features 标记。Cargo 将获取并构建 deisel_cli 和依赖项，并将二进制文件安装到 Cargo 默认的二进制文件路径，通常该路径是~/.cargo/bin/目录。

在我们的 linksnap_v2 目录中，将把数据库连接 URL 添加到根目录下的.env 文件中，它包含如下内容：

```
DATABASE_URL=postgres://postgres:postgres@localhost/linksnap
```

在 postgres 中的数据库名称是 linksnap，用户名和密码都是 postgres。这绝不是访问数据库的安全方式，建议你采用最佳安全实践在生产环境中设置 postgres 数据库。

我们还需要在 Cargo.toml 文件中添加 diesel 作为依赖项，以及添加 dotenv 软件包。dotenv 软件包通过 dotfiles 处理本地配置。以下是我们的 Cargo.toml 文件：

```
# linksnap_v2/Cargo.toml

[dependencies]
actix = "0.7"
actix-web = "0.7"

futures = "0.1"
env_logger = "0.5"
bytes = "0.4"
serde = "1.0.80"
serde_json = "1.0.33"
serde_derive = "1.0.80"
url = "1.7.2"
lazy_static = "1.2.0"
log = "0.4.6"
chrono = { version="0.4" }
diesel = { version = "1.3.3", features = ["extras", "postgres", "r2d2"] }
dotenv = "0.13.0"
```

请留意，我们在 diesel 软件包上引用了"postgres"和"r2d2"特性。接下来，我们将运行 diesel setup 命令：

```
Creating migrations directory at: /home/creativcoder/book/Mastering-RUST-
Second-Edition/Chapter14/linksnap_v2/migrations
```

这将在根目录中创建一个 diesel.toml 文件，其中包含以下内容：

```
# linksnap_v2/diesel.toml

# 关于如何配置此文件的文档，请参阅
# see diesel.rs/guides/configuring-diesel-cli

[print_schema]
file = "src/schema.rs"
```

diesel 采用了大量宏，以便为用户提供一些非常棒的特性，例如编译期的额外安全性和性能。为了能够做到这一点，它需要在编译期访问数据库，这就是.env 文件如此重要的原因。diesel setup 命令通过读取数据库并将其写入名为 schema.rs 的文件来自动生成模型类型。模型通常可查询和插入结构体，两者都是用派生宏来为不同的用例生成模型代码。除此之外，基于 diesel 的应用程序需要代码连接到数据库和一组数据库迁移（migration）命令来构建和维护数据库表。

现在，让我们通过运行以下代码来添加一个创建数据表的迁移命令：

diesel migration generate linksnap

上述命令会生成一个新的迁移命令，其中包含两个空的迁移文件 up.sql 和 down.sql：

```
Creating migrations/2019-01-30-045330_linksnap/up.sql
Creating migrations/2019-01-30-045330_linksnap/down.sql
```

迁移文件只是普通的 SQL，因此可以向其中添加早期的 CREATE TABLE 命令：

```
-- linksnap_v2/migrations/2019-01-30-045330_linksnap_db/up.sql

CREATE TABLE linksnap (
  id SERIAL PRIMARY KEY,
  title VARCHAR NOT NULL,
  url TEXT NOT NULL,
  added TIMESTAMP NOT NULL DEFAULT CURRENT_TIMESTAMP
)
```

down.sql 文件中应包含相应的 DROP TABLE：

```
-- linksnap_v2/migrations/2019-01-30-045330_linksnap_db/down.sql
DROP TABLE linksnap
```

完成上述操作后，我们必须运行如下命令：

$ diesel migration run

这将通过从数据库中读取信息来创建 schema.rs 文件：

```
// linksnap_v2/src/schema.rs

table! {
    linksnap (id) {
        id -> Int4,
        title -> Varchar,
        url -> Text,
        added -> Timestamp,
    }
}
```

table!宏为 linksnap 表生成代码，id 为主键。它还指定了 id、title、url 及 added 等列名。

现在我们可以为这个数据表编写一个模型。在 diesel 中，模型可以存在于任何可见的模块中，但我们会遵循将它们放入 src/models.rs 中的惯例。这是我们 Link 模型中的内容：

```
// linksnap_v2/src/models.rs

use chrono::prelude::*;
use diesel::prelude::Queryable;
use chrono::NaiveDateTime;
use diesel;
use diesel::pg::PgConnection;
use diesel::prelude::*;
use crate::state::AddLink;
use crate::schema::linksnap;
use crate::schema::linksnap::dsl::{linksnap as get_links};
use serde_derive::{Serialize, Deserialize};

pub type LinkId = i32;

#[derive(Queryable, Debug)]
pub struct Link {
    pub id: i32,
    pub title: String,
```

```
        pub url: String,
        pub added: NaiveDateTime,
}

impl Link {
    pub fn add_link(new_link: AddLink, conn: &PgConnection) ->
QueryResult<usize> {
        diesel::insert_into(linksnap::table)
            .values(&new_link)
            .execute(conn)
    }

    pub fn get_links(conn: &PgConnection) -> QueryResult<Vec<Link>> {
        get_links.order(linksnap::id.desc()).load::<Link>(conn)
    }

    pub fn rm_link(id: LinkId, conn: &PgConnection) -> QueryResult<usize> {
        diesel::delete(get_links.find(id)).execute(conn)
    }
}
```

我们创建了一个可用于查询数据库的 Link 结构体。当服务器在各个端点上接收请求时，它还具有各种方法。

接下来，state.rs 还包含 diesel 和 postgres 的特定代码：

```
// linksnap_v2/src/state.rs

use diesel::pg::PgConnection;
use actix::Addr;
use actix::SyncArbiter;
use std::env;
use diesel::r2d2::{ConnectionManager, Pool, PoolError, PooledConnection};
use actix::{Handler, Message};
use crate::models::Link;
use serde_derive::{Serialize, Deserialize};
use crate::schema::linksnap;
use std::ops::Deref;

const DB_THREADS: usize = 3;

use actix_web::{error, Error};
use actix::Actor;
use actix::SyncContext;
```

```
// 通过它创建连接池
pub type PgPool = Pool<ConnectionManager<PgConnection>>;
type PgPooledConnection =
PooledConnection<ConnectionManager<PgConnection>>;
pub struct Db(pub PgPool);

// 我们定义了一个简便方法来获取连接
impl Db {
    pub fn get_conn(&self) -> Result<PgPooledConnection, Error> {
        self.0.get().map_err(|e| error::ErrorInternalServerError(e))
    }
}
```

首先，我们为 PostgreSQL 连接池创建了一系列方便的别名，还有包装了 PgPool 类型的相同 Db 结构体。PgPool 类型是 diesel 中 r2d2 模块的 ConnectionManager。在 Db 结构体中，我们还定义了 get_conn 方法，该方法返回对池化连接的引用。

接下来继续关注同一文件:

```
// 然后我们在 actor 上实现 Actor 特征
impl Actor for Db {
    type Context = SyncContext<Self>;
}

pub fn init_pool(database_url: &str) -> Result<PgPool, PoolError> {
    let manager = ConnectionManager::<PgConnection>::new(database_url);
    Pool::builder().build(manager)
}

// 该类型简单地包装一个 Addr
#[derive(Clone)]
pub struct State {
    pub inner: Addr<Db>
}

impl State {
    // 初始化方法 init
    pub fn init() -> State {
        let database_url = env::var("DATABASE_URL").expect("DATABASE_URL
must be set");
        let pool = init_pool(&database_url).expect("Failed to create
pool");
        let addr = SyncArbiter::start(DB_THREADS, move ||
Db(pool.clone()));
```

```
        let state = State {
            inner: addr.clone()
        };
        state
    }
    pub fn get(&self) -> &Addr<Db> {
        &self.inner
    }
}
```

我们对于 State 类型已经很熟悉了，但 init 方法在这里有所不同。它首先构造了对环境变量 DATABASE_URL 的访问，并尝试使用线程池中的 database_url 进行池化连接。然后我们启动了一个 SyncArbiter 线程来复制线程池。最后我们将状态实例返回给调用者。

除此之外，我们不会改变 linksanp 代码库以前版本的大部分内容。让我们来看看构造的新服务器。我们将使用 curl 将一个链接插入我们的服务器：

```
curl --header "Content-Type: application/json" \
  --request POST \
  --data '{"title":"rust webpage","url":"https://rust-lang.org"}' \
  127.0.0.1:8080/add
```

为了确认此链接已经发送到我们的 postgres 数据库，让我们在 psql 提示符中查询此条目：

由上述结果可知，我们的 curl 请求进入了 postgres 数据库。

diesel 的学习门槛虽然有点高，但随着越来越多的示例和文档的出现，这种情况应该会有所改变。

14.6　小结

在本章中，我们通过使用简易的 SQLite 和 PostgreSQL 软件包来快速了解使用 Rust 执行基本的数据库交互的几种方法。我们介绍了如何使用 r2d2 连接池扩展与数据库的连接。最后，我们使用 diesel 实现了一些小型应用，它是一种安全且高性能的 ORM。

在第 15 章中，我们将通过使用名为 WebAssembly 的前沿技术来了解 Rust 如何在 Web 上运行。

第 15 章
Rust 与 WebAssembly

    Rust 的应用范围远远超出了系统编程领域,它也可以在 Web 上运行。在本章中,我们将探讨一种这样的技术,它被称为 WebAssembly。我们将详细介绍 WebAssembly 究竟是什么,以及如何使用这种技术将 Rust 与 JavaScript 一起运行。如果能在 Web 浏览器上运行 Rust 就可以被更多的受众(即 Web 开发者社区)使用,并使他们能够在应用程序中利用系统编程语言的性能。在本章的后半部分,我们将探索 WebAssembly 支持的工具和软件包,并构建一个实时的 markdown 编辑器,该编辑器调用 Rust 实现的 API,将 markdown 文档呈现到 HTML 页面。

    在本章中,我们将介绍以下主题。

- 什么是 WebAssembly。

- WebAssembly 的目标。

- 如何使用 WebAssembly。

- Rust 与 WebAssembly 的历史和可用的软件包。

- 在 Rust 中构建基于 WebAssembly 的 Web 应用程序。

15.1　什么是 WebAssmbly

    "保持好奇心,广泛阅读,尝试新事物,人们所谓的智慧很多情况下都可以归结为好奇心。"

——Aaron Swartz

WebAssembly 是一套技术和规范，它允许用户将原生代码编译为名为 wasm 的低级语言在 Web 上运行。从可用性的角度来看，它是一组技术，允许你使用其他非 Web 编程语言编写的程序在 Web 浏览器上运行。从技术的角度来看，WebAssembly 是一种虚拟机规范，具有二进制、加载期效率指令集架构（Instruction Set Architecture，ISA）。接下来让我们稍微简化一下这个定义。众所周知，编译器是一个复杂的"机器"，它把人类可读的编程语言编写的代码转换为由 0 和 1 组成的机器代码，不过此转换需要经过多个步骤。它在编译的几个阶段完成此任务，最后这些代码会被编译成特定于某种计算机的汇编语言。然后，针对特定计算机的汇编程序按照 ISA 中为目标计算机指定的规则将其编码为机器代码。在这里，编译器针对实际的计算机，但是，它并不一定是真实的机器，它也可以是在真实计算机上执行虚拟指令集的虚拟机（Virtual Machine，VM）。虚拟机的一个用例是视频游戏模拟器，例如在普通计算机上运行并模拟 Gameboy 硬件的 Gameboy 模拟器。WebAssembly 虚拟机与此类似。这里，浏览器引擎实现了 WebAssembly 虚拟机，这使得用户能够与 JavaScript 一起运行 wasm 代码。

注意

ISA 定义计算机如何执行指令，以及其在最底层支持的操作类型。此 ISA 虚拟机不一定总是适用于真实的物理硬件，也可以适用于虚拟机。wasm 是 WebAssembly 虚拟机的 ISA。

过去 5 年来，人们越来越依赖互联网及其各种应用程序，这导致开发人员努力尝试将其代码转换为 JavaScript。这是因为 JavaScript 是最受欢迎的，并且是网络上唯一的跨平台技术。asm.js 项目（一个更快捷的 JavaScript 子集）来自 Mozilla，它是第一个使网络更加高效和满足不断增长的性能需求的项目。而从 asm.js 及其创立的原则和吸取的教训中，WebAssembly 诞生了。

WebAssembly 是诸多科技"巨头"组成的浏览器委员会共同努力的成果，其中包括 Mozilla、Google、Apple 及 Microsoft。自 2018 年初以来，作为多种语言的编译目标，它的受欢迎程度大幅提高，其中包括使用 Emscripten 工具链的 C++、使用 LLVM/Emscripten 的 Rust、使用汇编脚本的 TypeScript，以及其他诸多语言。截至 2019 年，所有主流的浏览器都在其 Web 浏览器引擎中实现了 WebAssembly 虚拟机。

WebAssembly 的名称中包含 Assembly，因为它是一种类似于汇编指令的低级编程语言。它具有一组有限的原始类型，这使得它易于解析和运行。它为以下类型提供了原生支持：

- **i32**：32 位整型。

- **i64**：64 位整型。

- **f32**：32 位浮点型。

- **f64**：64 位浮点型。

它不是像 JavaScript 那样的开发者经常会用到的编程语言，而是编译器的编译目标。WebAssembly 平台和生态系统目前专注于在互联网上使用这项技术，但它不会局限于互联网。如果平台将 WebAssembly 虚拟机规范实现为程序，那么 wasm 程序将能够在该虚拟机上运行。

要让某个平台支持 WebAssembly，需要让该平台支持的语言实现虚拟机。这就像 JVM 的平台无关的代码那样——编写一次，运行速度更快、运行更安全！但它目前主要的目标就是浏览器。大多数 Web 浏览器带有一个 JavaScript 解析器，可以解析浏览器引擎中的.js 文件，为用户实现各种交互。为了允许 Web 解析 wasm 文件，这些引擎在其中实现了 WebAssembly 虚拟机，允许浏览器解析和运行 wasm 代码和 JavaScript 代码。

解析 JavaScript 和解析 WebAssembly 代码的一个明显区别是，由于 wasm 代码紧凑表示，因此解析速度要快一个数量级。动态网站上的大多数初始页面加载时间都花在解析 JavaScript 代码上，使用 WebAssembly 可以为这些网站提供巨大的性能提升体验。然而，WebAssembly 的目标不是取代 JavaScript，而是在对性能至关重要的地方成为 JavaScript 的得力助手。

根据规范 WebAssembly 有两种语言格式，包含如下定义：人类可读的文本格式.wat，适用于在最终部署之前查看和调试 WebAssembly 代码；结构紧凑的底层机器格式，它被称为 wasm。该格式是由 WebAssembly 虚拟机解释和执行的格式。

WebAssembly 程序通常以模块开头。在模块中，你可以定义变量、函数及常量等。wasm 程序被表示成 s 表达式，s 表达式是通过嵌套的圆括号分隔块序列表示程序的简明方法。例如，单个(1)表示返回值是 1 的 s 表达式。WebAssembly 中的每个 s 表达式都返回一个值。让我们来看一个可读的.wat 格式的 WebAssembly 简单程序：

```
(module
 (table 0 anyfunc)
 (memory $0 1)
 (export "memory" (memory $0))
 (export "one" (func $one))
```

```
(func $one (; 0 ;) (result i32)
 (i32.const 1)
)
)
```

在上述代码中，我们有一个包含其他嵌套 s 表达式的父级 s 表达式块（模块）。在模块内部包含 table、memory 和 export 的部分，以及一个名为$one 的 func 函数定义，它会返回一个 i32。我们不会详细介绍它们，因为这与本节的主题偏离太远。

关于 wasm 程序需要重点关注的一点是，它们在表示方面非常高效，并且可以在浏览器中比 JavaScript 更快地传送和解析。不过 WebAssembly 的设计目标是专注于特定领域，而不是成为通用编程语言。

15.2　WebAssembly 的设计目标

WebAssembly 是主流的浏览器厂商之间联合协作的结果。他们旨在通过以下目标来塑造其设计。

- **与 JavaScript 一样安全和通用**：Web 平台是一个不安全的环境，不可信代码的运行不利于 Web 用户的安全。

- **像本机代码一样快速地运行**：因为语言格式非常紧凑，所以 WebAssembly 代码的加载速度比 JavaScript 代码快，并且可以比它快 5 倍。

- **提供一致的、可预测的性能**：静态类型化，并且可以在运行时进行非常少的分析，WebAssembly 能够在 Web 上提供一致的性能，而 JavaScript 由于自身的动态性质而存在不足。

- **允许在 Web 和本机之间复用代码**：基于 C/C++、Rust，以及其他语言的现有代码被编译成 WebAssembly 后可以在 Web 上复用和运行。

15.3　WebAssembly 入门

虽然 WebAssembly 模块可以手工编写，但是不建议用户这么做，因为这类代码很难维护而且难以理解。它是一种非常底层的语言，因此使用原始的代码构建复杂的应用程序可能具有一定的挑战性并且耗时甚多。相反，它通常被编译为各种语言，或者从各种语言生成。让我们看看可用于探索 WebAssembly 程序编写和运行方式细节的工具。

15.3.1　在线尝试

在讨论如何将 WebAssembly 作为跨不同语言生态系统的编译目标之前，我们可以在线研究它，而不需要在本地计算机上进行任何设置。可用于执行此操作的一些工具如下所示。

- **WebAssembly Studio**：Mozilla 社区开发了一款非常方便的工具来帮助用户快速尝试 WebAssembly。通过此工具，我们可以非常快速地在 WebAssembly 中实验和尝试某些想法。

- **Wasm Fiddle**：这是另一款在线试用 wasm 代码的简便工具。

你还可以在线浏览其他工具和资源。

15.3.2　生成 WebAssembly 的方法

有一些编译器工具链项目可以帮助开发人员将他们的代码从任何语言编译为 wasm。编译原生语言代码对 Web 有很大影响，这意味着可以在 Web 上运行大多数性能敏感型代码。例如，可以使用 emscripten LLVM 后端将 C++代码编译为 wasm。emscripten 项目接收由 C++ 编译器生成的 LLVM IR 实现，并将其转换为 wasm 格式的 WebAssembly 模块。还有一些项目，例如 AssemblyScript，它使用一个类似 emscripten 的工具 binaryen，将 TypeScript 代码转换为 WebAssembly。Rust 还支持默认情况下使用 LLVM 的原生 WebAssembly 后端输出 WebAssembly 代码。将 Rust 编译为 wasm 非常简单。首先，我们需要通过运行下列代码来添加 wasm：

```
rustup target add wasm32-unknown-unknown
```

执行上述操作之后，我们可以通过运行以下代码将任何 Rust 程序编译为 wasm：

```
cargo build --target=wasm32-unknown-unknown
```

这是根据 Rust 软件包创建一个 wasm 文件所需要的最基本的条件，但是从这里开始需要大量的手工操作。幸运的是，围绕 wasm 和 Rust 生态系统涌现出了一些令人惊叹的项目，它们能够与 JavaScript 和 Rust 进行更高级别的直观交互，反之亦然。我们将探讨一个名为 wasm-bindgn 的项目，并快速构建一个实际的 Web 应用程序。

15.4　Rust 和 WebAssembly

围绕 Rust 和 WebAssembly 的生态系统正以相当快的速度发展着，出现社区认可并且能够构建实用程序的工具集还需要一些时间。

幸运的是，一些工具和库的出现让我们对开发人员在使用 WebAssembly 构建 Web 应用程序时的期望有了一个大致的了解。

在本节中，我们将探讨一款社区提供的软件包，其名为 wasm-bindgen。该软件包目前一直处于不断完善的过程中，因为 WebAssembly 规范自身也在不断演化中，尽管如此，探索它丰富的功能还是非常有益的。

15.4.1　wasm-bindgen

wasm-bindgen 是由 GitHub 上的 rust-wasm 团队开发的一款软件包。它支持 Rust 代码调用 JavaScript 代码，反之亦然。基于该软件包，已经构建了很多其他更高级的程序库，例如 web-sys 和 js-sys 软件包。

JavaScript 本身就是欧洲计算机制造商协会（European Computer Manufacturers Association，ECMA）标准定义的内容，但相关标准没有规定它在 Web 上的工作方式。JavaScript 可以支持多种宿主，Web 恰好是其中之一。web-sys 软件包允许访问 Web 上的所有 JavaScript API，即 DOM API，例如 Window、Navigator 及 EventListener 等。js-sys 软件包提供 ECMA 标准规范中指定的所有基本的 JavaScript 对象，即函数、对象及数字等。

由于 WebAssembly 仅支持数字类型，因此 wasm-bindgen 软件包生成适配元素以便用户能够在 JavaScript 中使用原生的 Rust 类型。例如，Rust 中的结构体表示为 JavaScript 端的对象，而 Promise 对象可以在 Rust 端作为 Future 访问。它通过在函数定义上使用 #[wasm-bindgen]属性来完成所有这些操作。

为了探索 wasm-bindgen 以及它如何与 JavaScript 交互，我们将构建一些实用的程序。接下来将构建一个在线 markdown 编辑器应用程序，它允许用户编写 markdown 并预览经过渲染后的 HTML 页面。不过在正式开始之前，需要安装为我们生成适配元素的 wasm-bindgen-cli 工具，从而允许我们方便地使用其中公开的 Rust 函数。我们可以通过运行如下命令安装它：

```
cargo install wasm-bindgen-cli
```

接下来，让我们通过运行 cargo new livemd 命令创建一个项目，相关的 Cargo.toml 文件内容如下所示：

```
[package]
name = "livemd"
version = "0.1.0"
authors = ["Rahul Sharma <creativcoders@gmail.com>"]
edition = "2018"

[lib]
crate-type = ["cdylib"]

[dependencies]
wasm-bindgen = "0.2.29"
comrak = "0.4.0"
```

我们将软件包命名为 livemd，程序库是 cdylib 类型，并且公开了一个 C 语言接口，因为 WebAssembly 接收一个目标宽泛的动态 C 程序库接口，大多数语言都可以编译到该接口。接下来将在我们的项目根目录下创建一个 run.sh 脚本，以便构建和运行我们的项目，并在每次使用 cargo-watch 检测到代码发生任何更改时重新运行它。以下是 run.sh 文件的内容：

```
#!/bin/sh

set -ex

cargo build --target wasm32-unknown-unknown
wasm-bindgen target/wasm32-unknown-unknown/debug/livemd.wasm --out-dir app
cd app
yarn install
yarn run serve
```

接下来是 lib.rs 中的 markdown 转换代码的实现，完整内容如下所示：

```
// livemd/src/lib.rs

use wasm_bindgen::prelude::*;

use comrak::{markdown_to_html, ComrakOptions};

#[wasm_bindgen]
pub fn parse(source: &amp;str) -> String {
    markdown_to_html(source, &amp;ComrakOptions::default())
}
```

我们的 livemd 软件包公开了一个名为 parse 的函数，它从网页上的 textarea 标签中获取 markdown 文本（尚未创建），并通过调用 comrak 软件包中的 markdown_to_html 函数返回经过编译的 HTML 字符串。如你所见，parse 函数采用了#[wasm_bindgen]属性进行注释。此属性为各种底层转换生成代码，并且需要将此函数公开给 JavaScript。使用此方法，我们不必关心 parse 函数接收何种类型的字符串。JavaScript 中的字符串与 Rust 中的字符串有所不同。#[wasm_bindgen]属性负责处理这种差异，以及在接收&str 类型字符串之前从 JavaScript 端转换字符串的底层细节。在撰写本书时，有些类型是 wasm-bindgen 无法转换的，例如引用或带有生命周期注释的类型定义。

然后我们需要为该软件包生成 wasm 文件。但在此之前，我们先对应用程序进行一些设置。在同一目录下，我们将创建一个名为 app/的目录，并通过运行 yarn init 命令来初始化项目：

```
→ livemd git:(master) X yarn init
yarn init v1.12.3
question name (livemd):
question version (1.0.0):
question description: A live markdown editor
question entry point (index.js):
question repository url:
question author:
question license (MIT):
question private:
success Saved package.json
Done in 29.83s.
```

yarn init 会创建我们的 package.json 文件。除了普通的字段之外，我们还会指定脚本（scripts）和开发依赖项（dev-dependencies）：

```
{
  "name": "livemd",
  "version": "1.0.0",
  "description": "A live markdown editor",
  "main": "index.js",
  "license": "MIT",
  "scripts": {
    "build": "webpack",
    "serve": "webpack-dev-server"
  },
  "devDependencies": {
    "html-webpack-plugin": "^3.2.0",
    "webpack": "^4.28.3",
    "webpack-cli": "^3.2.0",
    "webpack-dev-server": "^3.1.0"
  }
}
```

我们将使用 webpack 来启动开发环境下的 Web 服务器。webpack 是一个模块捆绑器。它会接收多个 JavaScript 源文件,并将它们打包到一个文件中,从而缩小其体积以便在 Web 上使用。要让 webpack 能够捆绑 JavaScript 和 wasm 生成的代码,我们将在名为 web.pack.config.js 的文件中创建一个 webpack 配置文件:

```
// livemd/app/webpack.config.js

const path = require('path');
const HtmlWebpackPlugin = require('html-webpack-plugin');

module.exports = {
    entry: './index.js',
    output: {
        path: path.resolve(__dirname, 'dist'),
        filename: 'index.js',
    },
    plugins: [
        new HtmlWebpackPlugin({
            template: "index.html"
        })
    ],
    mode: 'development'
};
```

接下来在同一 app/目录中,我们将创建 3 个文件。

* index.html——这包含应用程序的 UI:

```
<!--livemd/app/index.html-->

<!DOCTYPE html>
<html>
<head>
    <title>Livemd: Realtime markdown editor</title>
    <link
href="https://maxcdn.bootstrapcdn.com/bootstrap/3.3.4/css/bootstrap
.min.css" rel="stylesheet">
    <link href="https://fonts.googleapis.com/css?family=Aleo"
rel="stylesheet">
    <link href="styles.css" rel="stylesheet">
</head>

<body class="container-fluid">
    <section class="row">
```

```
        <textarea class="col-md-6 container" id="editor">_Write
your text here.._</textarea>
        <div class="col-md-6 container" id="preview"></div>
    </section>
    <script src="index.js" async defer></script>
</body>
</html>
```

我们已经声明了一个带有编辑器 ID 的 HTML 元素<textarea>。这将在左侧显示，你可
以在此处写下 markdown 标记。接下来，我们有一个 ID 值为 preview 的<div>元素，它将显
示实时呈现的 HTML 页面。

- style.css——为了让我们的应用程序看起来更美观，这个文件提供了在应用中呈现
  实时编辑器和预览窗格的基本样式：

```css
/* livemd/app/styles.css */

html, body, section, .container {
    height: 100%;
}

#editor {
    font-family: 'Aleo', serif;
    font-size: 2rem;
    color: white;
    border: none;
    overflow: auto;
    outline: none;
    resize: none;

    -webkit-box-shadow: none;
    -moz-box-shadow: none;
    box-shadow: none;
    box-shadow: 0px 1px 3px 1px rgba(0, 0, 0, .6);
    background-color: rgb(47,79,79);
}

#preview {
    overflow: auto;
    border: 5px;
    border-left: 1px solid grey;
}
```

- index.js——这个文件提供了 UI 和 livemd 软件包之间的粘合代码：

```
// livemd/app/index.js

import('./livemd').then((livemd) => {
    var editor = document.getElementById("editor");
    var preview = document.getElementById("preview");

    var markdownToHtml = function() {
        var markdownText = editor.value;
        html = livemd.parse(markdownText);
        preview.innerHTML = html;
    };

    editor.addEventListener('input', markdownToHtml);
    // 开始解析初始文本
    markdownToHtml();
}).catch(console.error);
```

上述代码导入了 livemd 模块，该模块返回一个 Promise 实例。然后我们通过调用 then
方法链接由此 Promise 生成的值，该方法会接收一个匿名函数——(livemd) => {}，该函数
会接收 wasm 模块（我们将其命名为 livemd）。在此方法中，我们通过 ID 获取编辑器和预
览 HTML 元素。然后创建一个名为 markdownToHtml 的函数，它从编辑器元素的属性值中
获取文本，并将其从 livemd 模块传递给 parse 方法。这会将渲染的 HTML 文本作为字符串
返回。然后我们将 preview 元素的 innerHTML 属性设置为此文件。接下来，为了提供用户
对编辑器元素中任何文本所做的更改的实时反馈，我们需要调用此函数。可以使用 onInput
事件处理此任务。对于编辑器元素，我们使用'input'事件调用 addEventListener 方法，并将
此函数作为处理程序传递。最后，我们调用 markdownToHtml 来启动文本的解析和渲染。

这样我们创建了第 1 个用 Rust 构建的 Web 应用程序，并在 JavaScript 中运行 WebAssembly。

注意
这不是一个有效的实现，可以进行很多改进。但是，
由于我们正在探讨此工具，因此可以用作演示。

现在，我们需要将软件包编译为 WebAssembly 代码和 wasm 文件，并生成打包后
的 JavaScript 文件。之前已经设置了一个脚本，名为 run.sh。这是运行 run.sh 脚本的输
出结果：

```
→ livemd git:(master) X ./run.sh
+ cargo build --target wasm32-unknown-unknown
   Compiling livemd v0.1.0 (/home/creativecoder/book/Mastering-RUST-Second-Edition/Chapter15/livemd)

   Finished dev [unoptimized + debuginfo] target(s) in 11.05s

+ wasm-bindgen target/wasm32-unknown-unknown/debug/livemd.wasm --out-dir app
+ cd app
+ yarn install
yarn install v1.12.3

[1/4] Resolving packages...

success Already up-to-date.

Done in 0.53s.

+ yarn run serve
yarn run v1.12.3

$ webpack-dev-server

       : Project is running at http://localhost:8080/
       : webpack output is served from /
       : Hash: fd464ea7aaa021981d60
Version: webpack 4.28.3
Time: 13800ms
Built at: 01/14/2019 12:30:05 AM
```

run.sh 脚本首先通过运行 cargo build --target wasm32-unknown-unknown 命令来构建 livemd 软件包。然后，它调用 wasm-bindgen 工具，该工具会优化 wasm 文件将其输出到 app/目录中。接下来我们在 app 目录中运行 yarn install 命令，之后再运行 yarn run serve 命令，它使用 webpack-dev-server 插件启动开发环境服务器。

如果在运行-bindgen cli 命令时遇到错误，请尝试通过运行以下命令更新 livemd/Cargo.toml 中的 wasm-bindgen 依赖项：

```
cargo update -p wasm-bindgen
```

我们还需要安装 yarn 软件包管理器来托管 localhost 上的网页。这可以通过运行如下命令来完成：

```
$ curl -sS https://dl.yarnpkg.com/debian/pubkey.gpg | sudo apt-key add -
$ echo "deb https://dl.yarnpkg.com/debian/ stable main" | sudo tee
/etc/apt/sources.list.d/yarn.list
$ sudo apt-get update && sudo apt-get install yarn
```

从 webpack 的输出可以看到，开发环境下的服务器运行在 http://localhost:8080。让我们通过 Web 浏览器打开这个网址，以下是浏览器的输出结果：

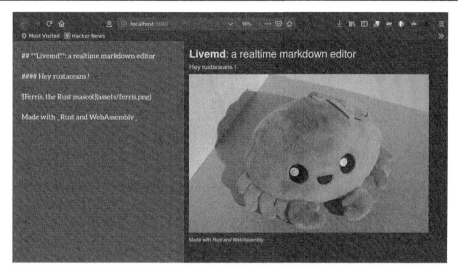

　　如你所见，我们在左侧窗格中以 markdown 格式显示文本，并在 HTML 中将页面实现实时呈现在右侧。在内部，此页面左侧键入的每一段文本都将转换为 HTML 文本，该文本由我们创建的 livemd 模块生成。

　　我们还可以将 livemd 软件包发布为 npm 包。GitHub 上的 wasm-pack 项目提供了构建和发布用 Rust 编写的已编译为 WebAssembly 的 npm 模块所需的各种配置。

15.4.2　其他 WebAssembly 项目

　　除了 wasm-bindgen 软件包和类似的软件包之外，Rust 社区还有很多其他新兴的框架和项目值得探究。

Rust

wasm-bindgen 并不是唯一一个旨在创造良好开发体验的项目。Rust 生态系统中的其他部分项目如下所示。

- **Stdweb**：该软件包旨在提供一个基于 Rust 的高级 API，用于通过 Web 访问 DOM API。

- **Yew**：这是一个完整的前端 Web 应用程序构建框架，允许用户在 Rust 中编写可以访问 Web API 并将其编译为 wasm 的 Web 应用程序，以便它们可以在 Web 上运行。它的灵感来自 Elm 和 ReactJS 项目。它还通过 Web 上的 Web worker 封装基于 actor 的消息传递实现并发。Yew 内部采用 stdweb 软件包访问 DOM API。

- **Nebutlet**：这是一个微内核，它可以在没有系统调用接口的情况下执行 WebAssembly

程序，这在大多数操作系统上都是很常见的。

- **Wasmi**：这是一个用 Rust 实现的 wasm 虚拟机，但它与浏览器引擎中的 wasm VM 无关。该项目由 Parity（一家基于以太坊的初创公司）发起，它更适合在多个平台上运行 WebAssembly 应用程序。

其他语言

其他语言也有针对 WebAssembly 的技术，如下所示。

- **Life**：它是一个 WebAssembly 虚拟机，是由 Golang 实现的，可以安全地运行高性能、分布式的应用程序。

- **AssemblyScript**：这是一个 TypeScript 到 WebAssembly 的编译器。

- **Wagon**：它是 Golang 下的 WebAssembly 解释器。

15.5   小结

WebAssembly 将对 Web 开发人员构建应用程序的方式产生了巨大影响，使他们的应用能够轻松获得大幅的性能提升。它允许应用程序开发者呈现多样性，从而允许他们用其原生的编程语言构建 Web 应用程序，而不必担心需要学习其他框架。WebAssembly 并不是要取代 JavaScript，而是作为在 Web 上运行复杂的 Web 应用程序的高性能语言而存在。WebAssembly 标准在不断发展，将来可能会出现很多令人振奋的高级特性。

在本章中，我们了解了 Rust 如何编译为 wasm 代码，以及有助于在 Web 上发布 Rust 代码的实用工具。如果你想了解有关 WebAssembly 的更多信息，请访问网站上的优质文档。

在第 16 章中，我们将学习一些图形用户界面（Graphical User Interface，GUI）开发的知识，以及如何使用 Rust 构建桌面应用程序。

第 16 章
Rust 与桌面应用

如果你的软件仅支持终端或者基于命令行的接口，那么你的目标受众可能仅限于知道如何使用命令行的人。

为软件提供 GUI 可以扩展你的目标受众，并为用户提供友好、直观的界面，以便他们可以更方便地使用该软件。对于构建 GUI，大多数语言提供的框架是由几个组合在一起的原生程序库组成的，可以访问平台的图形和 I/O 接口。这使开发者能够轻松地为其应用程序构建 GUI，而无须担心底层的实现细节。

有很多针对桌面平台的流行 GUI 框架，例如 Qt、GTK+和 ImGUI，它们都兼容主流的编程语言。在撰写本书时，Rust 还没有成熟的 GUI 框架生态系统，但幸运的是，我们拥有方便的外部函数接口（Foreign Function Interface，FFI）机制，通过它可以搭载 C/C++等语言提供的原生 GUI 框架。在本章中，我们将要介绍的软件包提供了对 GTK+框架的原生绑定，可以用于进行 GUI 开发并构建我们自己的新闻阅读桌面应用。

在本章中，我们将介绍以下主题。

- GUI 开发简介。

- GTK+框架和 gtk 软件包。

- 在 Rust 中构建黑客新闻桌面应用程序。

- 其他新兴的框架。

16.1　GUI 开发简介

"在编程中，关键不在于解决问题，而是决定要解决哪些问题。"

——Paul Graham

GUI 软件始于 GUI 操作系统。第 1 个 GUI 操作系统是 Alto Executive，它运行在 1973 年开发的 Xerox Alto 计算机上。从那时起，许多操作系统纷纷效仿，并提供了具有自身风格的 GUI 界面。今天，著名的基于 GUI 的操作系统是 macOS、Windows 及 Linux 的发行版，例如 Ubuntu 的 KDE。随着用户通过可视元素点击界面与操作系统交互，对基于 GUI 的应用程序的需求也在不断增长，许多软件也开始附带 GUI 发布，以便为用户提供与操作系统交互的类似的交互方式。但是 GUI 开发的早期阶段需要大量的手工操作，并且由于硬件限制，不同的应用程序在其 GUI 中具有专门的实现和性能特征。最终，GUI 框架开始大量涌现，它为开发人员提供了底层操作系统的所有底层细节的共同基线和抽象层，同时其也是跨平台的。

在构建桌面应用之前，我们必须简要了解将 GUI 或前端集成到应用程序时需要遵循的通用设计准则。我们将从 Linux 操作系统的角度进行相关的讨论，但其他操作系统的讨论与其有相似之处。典型的 GUI 应用程序体系结构通常分为两个部分：前端和后端。前端是 GUI 线程或者用户与之交互的主线程。它由称为小部件（widget）的交互式可视单元组成，这些小部件包含在父容器窗口中。小部件可以用于执行任务的按钮，或者可以按顺序显示多个项目的列表视图。GUI 线程主要用于向用户呈现视觉信息，还负责传播用户与小部件交互时产生的任何事件。

后端是一个单独的线程，包含用于传播状态变更的事件处理程序或事件发送器，主要用于执行计算量繁重的任务。来自 GUI 层的输入处理工作通常会被转移到后台线程，因为在主线程上执行计算繁重的任务会影响用户与应用程序前端的交互，这不是一种好的用户体验。此外，为了便于维护和分离关注点，我们通常希望将前端和后端分开。

在没有专用框架的情况下构建基于 GUI 的应用程序可能是一个非常麻烦的过程，因为如果没有它们，我们可能需要在应用程序代码中处理大量的细节。GUI 框架为开发者抽象了所有上述细节，例如将小部件和窗口渲染到视频内存或 GPU 的帧缓冲区，从输入设备读取事件、重新渲染及刷新窗口等。因此，让我们来看一个名为 Gimp 的工具箱或 GTK+的框架，这是一个非常成熟的跨平台解决方案，用于构建可伸缩的 GUI 应用程序。

16.2 GTK+框架

GTK+（以下简称 gtk）是一个用 C 语言创建的跨平台 GUI 框架。由于是跨平台的，所以使用 gtk 开发的应用程序可以在大部分主流平台上运行，例如 Windows、Linux 或 macOS。gtk 项目最初是为开发用于 Linux 的 GNU 图像处理程序（GNU Image Manipulation Program，GIMP）而创建的，后来开源了。gtk 也被许多其他软件项目所使用，例如许多 Linux 发行版上的 Gnome 桌面环境，会使用它构建一些实用程序。在架构方面，gtk 由几个软件包组成，这些程序库协同工作，一起处理渲染所需的各种细节，并促进用户在应用程序中与窗口或小部件的交互，其中一些组件如下所示。

- **Glib**：这是基本的核心库，提供了几种数据结构、可移植性包装器，以及运行时功能的接口，例如事件循环、线程支持、动态加载及对象系统。Glib 本身由诸如提供对象模型的 GObject 和 GIO 之类的组件构成，GIO 为 I/O 提供高级抽象。

- **Pango**：它是一个提供文本渲染和国际化功能的程序库。

- **Cairo**：这是一个 2D 图形库，负责在屏幕上绘制内容，并尝试在多个设备上保持一致性，以及处理硬件加速等细节。

- **ATK**：ATK 是可访问性工具箱程序库，负责为屏幕阅读器、放大镜或替代性输入设备等提供可访问性。

gtk 还有一个名为 Glade 的接口构建器，它为应用程序的快速开发提供一个 gtk 源代码框架。

gtk 使用面向对象的模型来表示小部件和窗口，它利用 GObject 库来提供这种抽象。gtk-rs 项目在 Rust 中使用 gtk 程序库，该项目包含的许多程序库都遵循与 gtk 软件包中的程序库相同的命名约定，并为这些程序库提供原生的 C 语言绑定。在 gtk-rs 项目包含的所有程序库中，我们将使用 gtk 程序库来构建应用程序。

gtk 程序库提供了用于构建 GUI 的窗口和小部件系统，并尝试对与原生 C 程序库相同的 API 进行建模，但由于 Rust 中没有面向对象的类型系统，因此存在一些差异。gtk 程序库中的小部件是智能指针类型。为了在使用 API 时保持灵活性，用户可以拥有大量的可变引用，类似于 Rust 内部提供的可变引用。gtk 中的任何重要的小部件都继承自某些基本的小部件类型。Rust 通过 IsA<T>特征在小部件中支持这种继承。例如，gtk::Lable 小部件的 impl 为 Label 提供了 impl IsA<Widget>。此外，gtk 中的大多数小部件彼此共享功能——gtk 程序库为其所有小部件实现了特征扩展，例如适用于所有 widgt 类型的 WidgetExt 特征。大多数小部件如 gtk::Button 和 gtk::ScrollableWindow 都实现了 WidgetExt 特征。我们还可以通过 Cast 特征将小部件向上或向下转型为其层次结构中的其他小部件。经过简要的介绍之后，让我们开始用 Rust 编写一个桌面应用程序。

16.3　通过 gtk-rs 构建一个新闻类桌面应用程序

我们将使用 gtk 程序库构建一个简单的新闻桌面应用程序，该程序从网站上抓取排名前十的热点新闻。"Hacker News"是一个专注于全球数字技术和科技新闻的网站。首先，我们需要创建应用程序的基本框架模型：

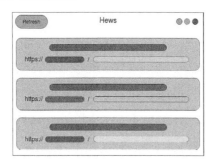

在最顶部，我们有应用的标题栏，左侧有一个 Refresh 按钮，可以按需更新我们的故事（stories）。一个故事（story）代表 Hacker News 网站上发布的一个新闻条目。标题栏包含位于中间的应用标题和右侧常用的窗口控件。下面是我们的故事滚动显示窗口，我们的故事将作为 story 小部件垂直呈现。该 story 小部件由两个部件构成：一个用于显示故事名称和热度的小部件，另一个用于呈现可以通过用户单击在默认浏览器中打开的故事链接，它看上去非常简单。

注意

由于我们正在使用绑定到原生 C 程序库的 gtk 软件包，因此需要为 gtk 框架安装开发性 C 程序库。对于 Ubuntu 和 Debian 平台，我们可以通过运行以下命令来安装这些依赖项：

```
sudo apt-get install libgtk-3-dev
```

请参阅 gtk 网站上的文档页面，以便了解在其他平台上设置 gtk 的相关信息。

首先通过运行 cargo new hews 命令创建一个新项目。我们创造性地将应用程序命名为 Hews，其中的 H 来自"Hacker"，ews 来自"news"。

以下是我们的 Cargo.toml 文件中的依赖项：

```
# hews/Cargo.toml

[dependencies]
gtk = { version = "0.3.0", features = ["v3_18"] }
reqwest = "0.9.5"
serde_json = "1.0.33"
```

```
serde_derive = "1.0.82"
serde = "1.0.82"
```

这里是我们引用的一系列程序库。

- gtk：用于构建应用程序的 GUI。我们采用的 gtk 绑定版本是 3.18。

- reqwest：用于从 Hacker News API 中获取故事（新闻）。reqwest 是 hyper 程序库的高级包装器。简单起见，我们将使用 reqwest 的同步 API。

- serde_json：用于将从网络获取的 JSON 响应无缝转换为强类型的 Story 结构体。

- serde、serde_derive：用于提供自动导出内置 Rust 类型的序列化代码的特征和实现。通过 serde_derive 的 Serialize 和 Deserialize 特征，我们可以将任何原生 Rust 类型序列化和反序列化为给定的格式。serde_json 依赖于相同的工具将 serde_json::Value 类型转换为 Rust 类型。

要想在我们的应用中显示新的文章，需要向官方黑客新闻 API 发送 HTTP 请求来获取它们，该 API 有详细的说明文档。我们将应用程序分为两个模块。首先是我们的 app 模块，其中包含所有与 UI 相关的功能，用于在屏幕上呈现应用程序，并处理来自用户的 UI 状态更新信息。其次是我们的 hackernews 模块，它提供用于从网络中获取故事的 API。它在一个单独的线程中运行，在网络请求发生时不会阻塞 GUI 线程，因为这是阻塞 I/O 的操作。通过黑客新闻 API，一个故事表示一个新闻条目，其中包含新闻标题和指向新闻的链接，以及其他属性，例如故事的受欢迎程度和故事的评论列表。

注意

为了让此示例简单易懂，我们的应用程序没有提供适当的错误处理代码，并且包含很多 unwrap()调用。从错误处理的角度来看，这是一种不好的做法。探讨完演示示例之后，建议你在应用程序中集成更好的错误处理策略。不过先让我们对这些代码进行详细的解析。

首先，我们将在 main.rs 中查看应用程序的入口点：

```
// hews/src/main.rs

mod app;
mod hackernews;
use app::App;
```

```
fn main() {
    let (app, rx) = App::new();
    app.launch(rx);
}
```

在 main 函数中，我们调用了 App::new()，它返回一个 App 实例以及包含 mpsc::Receiver 的 rx。为了让我们的 GUI 和网络请求分离，hews 中的所有状态更新都通过管道异步处理。App 实例在内部调用 mpsc::channel()，返回 tx 和 rx。它将 tx 存储在其中，并将其传递给网络线程，从而允许它将任何新故事通知 UI。在 new 方法调用之后，我们在 app 上调用 lunch 并传入 rx，以便侦听 GUI 线程中网络线程的事件。

接下来让我们看看 app.rs 模块中的 app 模块，该模块用于处理将我们的应用程序呈现在屏幕上所需的大部分操作。

注意

要想了解以下小部件的详细信息，可以在参考 gtk-rs 的官方说明文档，你可以在其中搜索任何小部件，并探索有关属性的更多信息。

首先是我们的 App 结构体，它是所有 GUI 的入口点：

```
// hews/src/app.rs

pub struct App {
    window: Window,
    header: Header,
    stories: gtk::Box,
    spinner: Spinner,
    tx: Sender<Msg>,
}
```

该结构体包含一系列字段。

- window：它包含基本的 gtk::Window 小部件。每个 gtk 应用程序都以一个窗口开始，然后可以在这个窗口中添加不同布局的子窗口小部件来设计我们的 UI。

- header：这是一个由我们定义并包装成 gtk::HeaderBar 小部件的结构体，用作应用程序的标题栏。

- stories：这是一个 gtk::Box 小部件的容器，将会垂直存储我们的故事。

- spinner：这是一个 gtk::Spinner 小部件，它为加载故事提供一个视觉特效提示。

- tx：这是一个 mpsc 的 Sender，用于将事件从 GUI 发送到网络线程。消息的类型为 Msg，它是一个枚举：

```
pub enum Msg {
        NewStory(Story),
        Loading,
        Loaded,
        Refresh,
    }
```

当从 hackernews 模块中调用 fetch_posts 方法时，我们的应用程序开始启动并初始化。稍后会看到，"NewStory"是获取新故事时发生的状态，"Loaded"是加载所有故事时发生的状态，"Refresh"是用户想要重新加载故事时的状态。

让我们继续讨论 App 结构体上的方法，以下是 new 方法：

```
impl App {
    pub fn new() -> (App, Receiver<Msg>) {
        if gtk::init().is_err() {
            println!("Failed to init hews window");
            process::exit(1);
        }
```

new 方法首先使用 gtk::init 启动 gtk 事件循环。如果程序初始化失败，就退出，并向控制台输出消息：

```
let (tx, rx) = channel();
let window = gtk::Window::new(gtk::WindowType::Toplevel);
let sw = ScrolledWindow::new(None, None);
let stories = gtk::Box::new(gtk::Orientation::Vertical, 20);
let spinner = gtk::Spinner::new();
let header = Header::new(stories.clone(), tx.clone());
```

然后，我们创建 tx 和 rx 通道端点，用于在网络线程和 GUI 线程之间进行通信。接下来，我们创建一个窗口，它是一个顶层（Toplevel）窗口。

现在如果调整窗口大小，多个故事可能无法适配应用程序的窗口，因此我们需要一个可滚动的窗口。为此，我们将创建一个 ScrolledWindow 的实例 sw。但是 gtk 的 ScrolledWindow

只接受其中一个子元素，而问题在于我们需要存储多个故事。幸运的是，我们可以使用
gtk::Box 类型，它是用于布局和组织子窗口小部件的通用容器小部件。在这里，我们创建
一个 gtk::Box 实例用于布局 Orientation::Vertical 方位的 stories，以便每个故事以垂直列表的
方式呈现。同时我们希望在加载新闻时在滚动小部件的顶部显示一个微调器（spinner），因
此我们将创建一个 gtk::Spinner 小部件，并将其添加到新闻中，以在最顶部呈现它。我们还
将创建我们的标题栏并传递 stories 的引用和 tx。标题中还包含刷新按钮和一个鼠标点击处
理程序，这需要 stories 容器清除其中的项目，以便允许我们加载新的故事条目：

```
stories.pack_start(&spinner, false, false, 2);
sw.add(&stories);
window.add(&sw);
window.set_default_size(600, 350);
window.set_titlebar(&header.header);
```

接下来我们开始构造小部件。首先，我们将 spinner 添加到 stories 容器，然后将 stories
容器添加到滚动窗体小部件 sw，再将其添加到父窗体，还使用 set_default_size 设置窗口大
小。然后用 set_titlebar 设置它的标题栏，传入我们的 header。接下来，我们将信号处理程
序附加到窗口：

```
window.connect_delete_event(move |_, _| {
    main_quit();
    Inhibit(false)
});
```

如果我们调用 main_quit()，这将退出应用程序。Inhibit(false)的返回类型不会阻止信号
传播到 delete_event 的默认处理程序。所有小部件都有一个默认的信号处理程序。gtk 程序
库中的小部件上的信号处理程序遵循 connect_<event>的命名约定，并接收一个将小部件作
为其第 1 个参数和 event 对象作为其第 2 个参数的闭包。

接下来，让我们看看 App 中的 launch 方法，它是在 main.rs 中调用的：

```
pub fn launch(&self, rx: Receiver<Msg>) {
    self.window.show_all();
    let client = Arc::new(reqwest::Client::new());
    self.fetch_posts(client.clone());
    self.run_event_loop(rx, client);
}
```

首先，我们启用窗口小部件及其子窗口小部件。通过调用 show_all 方法让它们可见，因
为默认情况下 gtk 中的小部件都是不可见的。然后我们创建 HTTP Client 并将其包装在 Arc 中，

因为我们希望将其与网络线程共享。接下来，调用 fetch_posts 传递我们的客户端。最后，我们通过调用 run_event_loop 运行事件循环，传入 rx。fetch_posts 方法的定义如下所示：

```
fn fetch_posts(&self, client: Arc<Client>) {
    self.spinner.start();
    self.tx.send(Msg::Loading).unwrap();
    let tx_clone = self.tx.clone();
    top_stories(client, 10, &tx_clone);
}
```

它通过调用 start 方法启动 spinner 动画，并将 Loading 消息作为初始状态发送。然后从 hackernews 模块调用 top_stories 函数，将 10 作为故事的数量传递给 fetch，并将 Sender 传递给 GUI 线程以通知有新的故事。

在调用 fetch_posts 之后，我们在 App 上调用 run_event_loop 方法，其定义如下所示：

```
fn run_event_loop(&self, rx: Receiver<Msg>, client: Arc<Client>) {
    let container = self.stories.clone();
    let spinner = self.spinner.clone();
    let header = self.header.clone();
    let tx_clone = self.tx.clone();

    gtk::timeout_add(100, move || {
        match rx.try_recv() {
            Ok(Msg::NewStory(s)) => App::render_story(s, &container),
            Ok(Msg::Loading) => header.disable_refresh(),
            Ok(Msg::Loaded) => {
                spinner.stop();
                header.enable_refresh();
            }
            Ok(Msg::Refresh) => {
                spinner.start();
                spinner.show();
                (&tx_clone).send(Msg::Loading).unwrap();
                top_stories(client.clone(), 10, &tx_clone);
            }
            Err(_) => {}
        }
        gtk::Continue(true)
    });

    gtk::main();
}
```

　　首先，我们引用了一堆后续会用到的对象。然后，调用 gtk::timeout_add，它会每隔 100 毫秒运行一次给定的闭包。在闭包中，我们使用 try_recv()以非阻塞的方式对 rx 进行轮询，以查看来自网络或 GUI 线程的事件。当得到 NewStory 事件时，我们会调用 render_story。当收到 Laoding 消息时，我们会禁用刷新按钮。在收到 Loaded 消息的情况下，我们停止微调器并启用刷新按钮，以便用户可以再次重新加载故事。最后，在接收到 Refresh 消息的情况下，将再次启动微调器并将 Loading 消息发送到 GUI 线程，然后调用 top_stories 方法。

　　我们的 render_story 方法定义如下所示：

```
fn render_story(s: Story, stories: &gtk::Box) {
    let title_with_score = format!("{} ({})", s.title, s.score);
    let label = gtk::Label::new(&*title_with_score);
        let story_url = s.url.unwrap_or("N/A".to_string());
        let link_label = gtk::Label::new(&*story_url);
        let label_markup = format!("<a href=\"{}\">{}</a>", story_url,
story_url);
        link_label.set_markup(&label_markup);
        stories.pack_start(&label, false, false, 2);
        stories.pack_start(&link_label, false, false, 2);
        stories.show_all();
    }
```

　　在创建两个标签之前，render_story 方法会将 Story 实例 s 和 stories 容器小部件作为参数获取 title_with_score，其中包含故事标题及其点击率 link_label，以及故事的链接。对于 link_label，我们将添加一个自定义标记，其中包含带有 URL 的<a>标记。最后，我们将这两个标签放在 stories 容器中，并在最后调用 show_all，以便让这些标签在屏幕上可见。

　　之前提到的 Header 结构体及其方法是 App 结构体的一部分，其构造如下所示：

```
// hews/src/app.rs

#[derive(Clone)]
pub struct Header {
    pub header: HeaderBar,
    pub refresh_btn: Button
}

impl Header {
    pub fn new(story_container: gtk::Box, tx: Sender<Msg>) -> Header {
        let header = HeaderBar::new();
        let refresh_btn = gtk::Button::new_with_label("Refresh");
        refresh_btn.set_sensitive(false);
```

```
    header.pack_start(&refresh_btn);
    header.set_title("Hews - popular stories from hacker news");
    header.set_show_close_button(true);

    refresh_btn.connect_clicked(move |_| {
        for i in story_container.get_children().iter().skip(1) {
            story_container.remove(i);
        }
        tx.send(Msg::Refresh).unwrap();
    });

    Header {
        header,
        refresh_btn
    }
}

fn disable_refresh(&self) {
    self.refresh_btn.set_label("Loading");
    self.refresh_btn.set_sensitive(false);
}

fn enable_refresh(&self) {
    self.refresh_btn.set_label("Refresh");
    self.refresh_btn.set_sensitive(true);
}
}
```

此结构体包含如下字段。

- header：表示一个 gtk HeaderBar，就像一个水平的 gtk Box，用作窗口的标题栏。

- refresh_btn：一个 gtk Button，用于按需重新加载故事。

Header 还包含以下 3 种方法。

- new：这将创建一个新的 Header 实例。在 new 方法内部，我们创建了一个新的 gtk HeaderBar，显示其关闭按钮并添加标题。然后，我们创建一个 Refresh 按钮，并使用 connect_clicked 方法为其添加一个鼠标点击处理程序，该方法接收一个闭包。在这个闭包中，我们遍历滚动窗口容器的所有子元素，它们将作为 story_container 传递给该方法。但是会忽略第 1 个元素，因为它是一个 Spinner，我们希望它在多个重新加载过程中显示加载进度。

- disable_refresh：禁用刷新按钮，将其敏感度（sensitivity）设置为 false。

- enable_refresh：启用刷新按钮，将其敏感度设置为 true。

接下来让我们看看 hackernews 模块，该模块完成了从 API 端点获取 json 故事，并使用 serde_json 将其解析为 Story 实例的所有繁重工作。以下是 hackernews.rs 的一部分内容：

```
// hews/src/hackernews.rs

use crate::app::Msg;
use serde_json::Value;
use std::sync::mpsc::Sender;
use std::thread;
use serde_derive::Deserialize;
const HN_BASE_URL: &str = "https://hacker-news.firebaseio.com/v0/";

#[derive(Deserialize, Debug)]
pub struct Story {
    pub by: String,
    pub id: u32,
    pub score: u64,
    pub time: u64,
    pub title: String,
    #[serde(rename = "type")]
    pub _type: String,
    pub url: Option<String>,
    pub kids: Option<Value>,
    pub descendents: Option<u64>,
}
```

首先，我们为托管在 firebase 上的 hackernews API 声明了一个基本的 URL 端点 HN_BASE_URL，而 firebase 是 Google 提供的实时数据库。然后我们声明了 Story 结构体，并用 Deserialize 和 Debug 特征属性对其进行注释。Deserialize 特征来自 serde_derive 程序库，它提供了一个派生宏，可以将任意值转化为原生的 Rust 类型。我们需要它是因为希望能够将来自网络的 JSON 格式响应解析为 Story 结构体。

Story 结构体包含与 stories 端点中的 json 响应相同的字段。此外，在 Story 结构体的所有字段中，我们有一个名为 type 的字段。但是，type 也是 Rust 中用于声明类型别名的关键字，并且类型无法作为结构体的字段，因此我们将其命名为_type。不过这不会解析成 json 响应中名为 type 的字段。为了解决这个冲突，serde 为我们提供了一个字段级属性，允许我们解析值，即在字段上使用#[serde(rename = "type")]属性。重命名的值应该能够与传入的 json 响应的字段名称中的值匹配。

接下来，让我们看一下这个模块提供的一组方法：

```
// hews/src/hackernews.rs

fn fetch_stories_parsed(client: &Client) -> Result<Value, reqwest::Error> {
    let stories_url = format!("{}topstories.json", HN_BASE_URL);
    let body = client.get(&stories_url).send()?.text()?;
    let story_ids: Value = serde_json::from_str(&body).unwrap();
    Ok(story_ids)
}

pub fn top_stories(client: Arc<Client>, count: usize, tx: &Sender<Msg>) {
    let tx_clone = tx.clone();
    thread::spawn(move || {
        let story_ids = fetch_stories_parsed(&client).unwrap();
        let filtered: Vec<&Value> = story_ids.as_array()
                                            .unwrap()
                                            .iter()
                                            .take(count)
                                            .collect();

        let loaded = !filtered.is_empty();

        for id in filtered {
            let id = id.as_u64().unwrap();
            let story_url = format!("{}item/{}.json", HN_BASE_URL, id);
            let story = client.get(&story_url)
                            .send()
                            .unwrap()
                            .text()
                            .unwrap();
            let story: Story = serde_json::from_str(&story).unwrap();
            tx_clone.send(Msg::NewStory(story)).unwrap();
        }

        if loaded {
            tx_clone.send(Msg::Loaded).unwrap();
        }
    });
}
```

该模块唯一公开的公共函数是 top_stories。此函数会接收一个 Client 的引用，它来自 reqwest 程序库，然后是 count 参数，用于指定希望检索的新闻条目数目，以及 Sender 的实例 tx，它可以发送类型为 Msg 的消息，即枚举。tx 用于向 GUI 线程传达网络请求状态的信息。最初，GUI 以 Msg::Loading 状态启动，这会使得刷新按钮保持禁用状态。

在这个函数中，我们首先复制了 tx 发送者的副本，然后生成一个新线程，并在该线程中使用 tx。生成一个新线程是为了在发送网络请求时不会阻塞 UI 线程。在闭包中，我们调用 fetch_stories_parsed()。在该方法中，我们使用 format!宏以将 id 与 HN_BASE_URL 连接起来的方式构造我们的/top_stories.json 端点。然后我们向构造的端点发出请求以获取所有故事的列表。调用 text()方法将响应转换为 json 字符串。返回的 json 响应是一个故事 ID 的列表，每个故事 ID 都可以用来构造另一组请求，这些故事可以将其详细信息作为另一个json 对象提供给我们。然后使用 serde_json::from_str(&body)解析此响应。这让我们获得了一个 Value 枚举值，它是一个包含故事 ID 列表的、已解析的 json 数组。

所以，一旦将故事 ID 存储到 story_ids 中，我们将通过调用 as_array()将它显式转换为数组，然后使用 iter()遍历访问它，并通过调用 take(count)限制获取的新闻条目数量，之后它返回了一个 Vec<Story>：

```
let story_ids = fetch_stories_parsed(&client).unwrap();
let filtered: Vec<&Value> = story_ids.as_array()
                                     .unwrap()
                                     .iter()
                                     .take(count)
                                     .collect();
```

接下来，让我们看看过滤后的故事 ID 是否为空。如果是，那么将变量 loaded 的值设置为 false：

```
let loaded = !filtered.is_empty();
```

loaded 布尔值用于在加载任何故事时向主 GUI 线程发送通知。接下来，如果过滤后的列表不为空，我们将遍历过滤后的故事列表，并构建一个 story_url：

```
for id in filtered {
    let id = id.as_u64().unwrap();
    let story_url = format!("{}item/{}.json", HN_BASE_URL, id);
    let story = client.get(&story_url)
                      .send()
                      .unwrap()
                      .text()
                      .unwrap();
    let story: Story = serde_json::from_str(&story).unwrap();
    tx_clone.send(Msg::NewStory(story)).unwrap();
}
```

我们根据故事的 id 为每个构造的 story_url 创建 get 请求,获取 json 响应,并使用 serde_json::from_str 函数将其解析为 Story 结构体。

接下来,我们通过使用 tx_clone 将它包装在 Msg::NewStory(story)中并将其发送给 GUI 线程。

一旦发送完所有故事,就会向 GUI 线程发送一个 Msg::Loaded 消息,该消息将启用刷新按钮,以便用户可以再次重新加载故事。

现在是时候在我们的应用程序中读取社区最流行的新闻故事了。在运行 cargo run 命令之后,我们可以在主窗体上看到新闻条目被拉取和呈现到其中。

单击任何故事链接后,它们将在系统的默认浏览器上打开。现在我们使用很少的代码就在 Rust 中构建了一个 GUI 应用程序,接下来让我们看看它还能进行哪些优化。

16.4 练习

我们的桌面应用运行良好,但它还有很多可以改善的地方。如果你对自己的要求较高,那么可以看看以下挑战。

- 改进应用程序中的错误处理方式,并通过添加重试机制来处理网络延迟的情况。
- 通过在标题栏上放置一个 input field 小部件,自定义加载的新闻条目数目,解析该数目并将其传递给网络线程。
- 在每个新闻故事中添加一个按钮来查看评论。当用户单击 comments 按钮时,应用程序应该在右侧打开一个可滚动的小部件,并一个接一个地填充故事中的评论。
- 可以使用 CSS 设置小部件的样式。尝试使用 gtk::StyleProvider API 向 story 容器添加颜色,这具体取决于帖子的流行程度。

16.5 其他新兴的 UI 框架

如你所见,gtk 程序库暴露的 API 对于编写复杂的 GUI 程序可能会有点不方便。幸运的是,我们有一个名为 relm 的包装器程序库。该程序库的灵感来自 Elm 语言的 Model-View-Update 架构,它为构建响应式 GUI 提供了一种简便的方法。除了 relm 之外,Rust 还有很多独立的 GUI 工具箱和程序库。Azul 是其中比较时髦且前景光明的软件包之一。它是一个支持异步 I/O 的基础 GUI 框架,具有数据双向绑定功能,它允许用户构建响应式小部件,并使用组合的方式构建小部件，而不是使用我们在构建 hews 时在 gtk 框架中介绍过的面向对象模型。Azul 使用了 Mozilla 的 Servo 中用过的 performant Webrender 渲染引擎作为渲染后端。

其他值得一提的框架包括 conrod（它是由 Piston 开发者组织开发的），以及 ImGUI-rs，（它是一个用 C++构造的即时模式 ImGUI 框架的绑定库）。

16.6　小结

本章是使用 Rust 进行 GUI 开发的简要介绍，它让我们大致了解了 GUI 应用程序开发的基本流程。在撰写本文时，其开发体验并不是那么好，但有一些新兴的框架，例如 Azul，可以让我们的开发体验更上一层楼。

第 17 章将介绍如何使用调试器查找和修复程序中的错误。

第 17 章
调试

本章将介绍调试 Rust 程序的多种方法。在二进制层面，Rust 程序与 C 程序非常相似。这意味着我们可以充分利用行业标准调试器（如 GDB 和 LLDB）的强大功能，这些调试器原本用于调试 C/C++程序，因此可以使用相同的工具来调试 Rust 代码。在本章中，我们将以交互方式介绍 GDB 的一些基本调试工作流程和命令，然后介绍如何将 GDB 调试器与 Visual Studio Code（VS Code）编辑器集成，最后简要介绍一款名为 rr 的调试器。

在本章中，我们将介绍以下主题。

- 调试简介。
- GDB 基础和调试 Rust 程序。
- 在 Visual Studio Code 中集成 GDB。
- rr 调试器简介。

17.1 调试简介

"如果调试是消除 bug 的过程，那么编程必然是引入 bug 的过程。"

——E. W. Dijkstra

你可能会遇到这样的情况：程序不能正常工作，却无法找到原因。为了在代码中修复这类神秘的问题，你还添加了几个 print 语句并启用了跟踪日志记录。但上述操作似乎并没有起多大作用。不用担心，你并不孤单——每个程序员都有过类似的经历，并且花费了数小时才找到一个令人沮丧的错误，但它给实际的生产活动带来了破坏性的影响。

软件中的错误和偏差被称为 bug,移除它们的行为被称为调试。调试是一种检查软件故障前因后果的受控的、系统的方法。对任何有兴趣深入了解程序行为和运作方式的人来说,这是一项必不可少的技能。但是如果没有合适的工具,调试并不是一件很容易的事,开发者可能会忘记实际的 bug,甚至可能在错误的地方查找 bug。我们用来识别软件缺陷的方法会极大地影响它们继续正常运行所花费的时间。根据 bug 的复杂程度,通常会采用以下方法之一进行调试。

- **输出行调试**:在这种方法中,我们将 print 语句安插到代码中所需的位置,以便考察这些可能会修改应用程序状态的地方,并在程序运行时监控输出结果。这种方式很简单,并且经常能够起作用,但它并不是万能的。这种技术不需要额外的工具,每个人都知道该怎么做,但它实际上是调试大多数错误的起点。为了辅助输出行代码调试,Rust 提供了我们之前多次提及的 Debug 特征,以及 dbg!、println! 及 eprintln! 等一系列宏。

- **基于读取—求值—输出—循环的调试**:解释性的语言(如 Python)通常都有自己的解释器。解释器为你提供了一个读取—求值—输出—循环(Read-Eval-Print-Loop,REPL)的接口,你可以在交互式会话中加载程序并逐步检查变量的状态。这在调试程序时非常有用,特别是当你已经适当地对代码进行模块化,以便它可以作为函数独立调用时。

  不幸的是,Rust 没有正式的 REPL,它的整体设计并不真正支持这一特性。但是,miri 项目的出现让情况有所改观。

- **调试器**:通过这种方法,我们可在生成的二进制文件中使用特殊的调试符号编译程序,并使用外部程序监视它的执行。这些外部程序被称为调试器,最常见的调试器是 GDB 和 LLDB。目前,它们代表最强大、最有效的调试方法,允许用户在程序运行时监控与之有关的大量信息。调试器使用户能够暂停正在运行的程序,并检查其在内存中的状态,以找出引入 bug 的特定代码。

前两种方法都比较简单,因此我们不需要在这里介绍它们,此处讲解第三种方法:调试器。调试器作为一种工具使用起来非常简单,但它们并不是那么容易理解,且编程新手并没有对它引起足够的重视。在后文节中,我们将使用 GDB 逐步调试 Rust 编写的程序,但在此之前,让我们先了解一些调试器的基础知识。

17.1.1 调试器基础

调试器可以在运行时检查程序内部状态的前提是其中包含了已编译的调试符号。它们依赖于监控进程的系统调用，例如 Linux 上的 ptrace。它们允许你在运行时暂停程序的执行。为此，它们提供了一个被称为断点的功能。断点表示正在运行的程序中的暂停点。断点可以放在程序中的任何函数或代码行上。一旦调试器到达断点，程序就会暂停并等待用户输入更多指令。此时，程序未运行且正在执行中。在这里，你可以检查变量的状态，程序的活动堆栈帧以及其他内容，例如程序计数器和汇编指令。调试器还带有观察点，这些观察点类似于断点，但是专门用于处理变量。它们在读取或写入变量时触发，并使程序停止执行。

要对程序使用调试器，我们需要一些先决条件，接下来将对它们进行讨论。

17.1.2　调试的先决条件

编译后的程序或目标文件是由 0 和 1 组成的一组序列，它和原始的源代码文件没有映射关系。为了让程序能够被调试器检查，我们需要以某种方式将编译过的二进制指令映射到源文件。这种映射是通过在编译期注入额外的标记符号和检测代码来完成的，以便调试器能够锁定它们。这些符号保存在符号表中，该表包含有关程序元素的信息，例如变量、函数及类型的名称。它们遵循一种被称为使用属性记录信息调试（Debugging With Attributed Record Format，DWARF）的标准格式，大多数标准调试器都知道如何解析它。这些符号使开发者能够检查程序，例如将源代码与正在运行的二进制文件进行匹配，保存帧调用的信息，记录程序内存映射的值等。

要调试某个程序，我们需要在调试模式下编译它。在调试模式下，编译的二进制文件将包含 DWARF 格式的调试符号。这里的二进制文件增加了一些大小，并且运行速度更慢，因为它必须在运行时更新调试符号表。编译 C 程序时，需要使用-g 标记进行编译，以告知编译器引用调试符号进行编译。通过 Cargo，项目的调试版本默认会编译到 target/debug/目录下，并且其中包含调试符号。

注意
当使用除 Cargo 以外的软件包管理器时，还可以将-g 标记传递给 rustc。

我们也可以针对预览版程序运行调试器，但这时可供选择的操作非常有限。如果要在预览版程序中启用 DWARF 符号，可以在 Cargo.toml 文件中的 profile.release 部分进行配置，如下所示：

```
[profile.release]
debug = true
```

接下来，让我们开始深入介绍 GDB。

17.1.3 配置 GDB

为了使用 GDB，我们首先需要安装它。通常，Linux 操作系统默认附带了它。如果没有安装，那么可以参考互联网上的安装指南，以便在用户本机进行设置。在 Ubuntu 上，只需运行 apt-get install gdb 等安装命令即可。这里用于演示的 GDB 版本是 7.11.1。

虽然 GDB 为 Rust 程序提供了大量的支持，但对一些 Rust 特定的内容无法正确处理，例如让输出内容更整洁。Rust 工具链 rustup 还为 GDB 和 LLDB 调试器提供了包装器，即 rust-gdb 和 rust-lldb。这样做是为了解决处理 Rust 代码时遇到的一些限制，例如为混淆的类型获得更整洁的输出，以及美化一些用户自定义类型的输出。接下来让我们探讨 GDB 调试 Rust 程序。

17.1.4 一个示例程序——buggie

我们将调试一个程序，以便体验 GDB。让我们运行 cargo new buggie 命令创建一个新项目。我们的程序将只包含一个 fibonacci 函数，它会接收类型为 usize 的位置 n 为参数，然后返回第 n 个 Fibonacci 数。此函数假定 Fibonacci 数的初始值是 0 和 1。以下是完整的程序：

```
1 // buggie/src/main.rs
2
3 use std::env;
4
5 pub fn fibonacci(n: u32) -> u32 {
6     let mut a = 0;
7     let mut b = 1;
8     let mut c = 0;
9     for _ in 2..n {
10         let c = a + b;
11         a = b;
12         b = c;
13     }
14     c
15 }
16
17 fn main() {
```

```
18      let arg = env::args().skip(1).next().unwrap();
19      let pos = str::parse::<u32>(&arg).unwrap();
20      let nth_fib = fibonacci(pos);
21      println!("Fibonacci number at {} is {}", pos, nth_fib);
22  }
```

让我们来看看这个程序的输出结果：

```
→ buggie cargo run -- 4
   Finished dev [unoptimized + debuginfo] target(s) in 0.01s
    Running `target/debug/buggie 4`
Fibonacci number at 4 is 0
```

我们以 4 作为参数运行该程序，却发现输出的结果是 0，但预期的结果应该是 3。这说明我们的程序存在 bug。虽然我们可以使用 println!或 dbg!宏轻松地解决这个 bug，但是这次我们将使用 GDB。

在使用 GDB 之前，我们需要规划调试会话。这包括查看程序的哪些地方和查看哪些内容。首先，我们将监测 main 函数的内容，然后进入 fibonacci 函数。我们将设置两个端点，一个在 main 函数，另一个在 fibonacci 函数。

17.1.5　GDB 基础知识

再次运行我们的程序，这次通过 GDB 的包装器 rust-gdb 运行，即 rust-gdb --args target/debug/buggie 4。--args 标记用于将参数传递给程序，在这里我们传递的是数字 4。以下是 GDB 的输出结果：

```
→ buggie rust-gdb --args target/debug/buggie 4
GNU gdb (Ubuntu 7.11.1-0ubuntu1~16.5) 7.11.1
Copyright (C) 2016 Free Software Foundation, Inc.
License GPLv3+: GNU GPL version 3 or later <http://gnu.org/licenses/gpl.html>
This is free software: you are free to change and redistribute it.
There is NO WARRANTY, to the extent permitted by law.  Type "show copying"
and "show warranty" for details.
This GDB was configured as "x86_64-linux-gnu".
Type "show configuration" for configuration details.
For bug reporting instructions, please see:
<http://www.gnu.org/software/gdb/bugs/>.
Find the GDB manual and other documentation resources online at:
<http://www.gnu.org/software/gdb/documentation/>.
For help, type "help".
Type "apropos word" to search for commands related to "word"...
Reading symbols from target/debug/buggie...done.
(gdb)
```

加载我们的程序之后，GDB 向我们弹出了一个命令提示符对话框。此时程序还没有运行——它刚被加载。让我们快速了解一下 GDB 的特性。尝试输入 help 命令（显示命令的高级特性）和 help all 命令（显示所有可用命令的帮助信息）：

由上述内容可知，GDB 的功能似乎非常强大：这些命令足足有 32 页。接下来，让我们运行程序，并通过在 GDB 命令提示符上执行 run 命令来查看输出结果：

这就是我们的程序在 GDB 上下文中运行的方式。如你所见，中间部分有第 4 个 Fibonacci 数输出相同的错误值 0。现在将对此进行调试。让我们通过快捷键"Ctrl+L"清理一下屏幕。然后通过输入字母"q"退出 GDB，并通过运行 rust-gdb --args target/debug/buggie 4 重新开始。

作为调试会话的起点，先看看我们是否将正确的数字传递给了 fibonacci 函数。我们将在 main 函数的开头添加一个断点，这是程序的第 18 行。要在该代码行上添加断点，我们将运行如下代码：

(gdb) break 18

这给我们提供了以下输出结果：

Breakpoint 1 at 0x9147: file src/main.rs, line 18.

GDB 在我们请求的同一行代码上设置了一个断点，即第 18 行。让我们通过运行 run 来执行程序：

```
(gdb) run
```

我们获得了以下输出结果：

```
(gdb) run
Starting program: /home/creativcoder/buggie/target/debug/buggie 4
[Thread debugging using libthread_db enabled]
Using host libthread_db library "/lib/x86_64-linux-gnu/libthread_db.so.1".

Breakpoint 1, buggie::main::h8018d7420dbab31b () at src/main.rs:18
18          let arg = env::args().skip(1).next().unwrap();
(gdb)
```

我们的程序在断点处暂停，并等待用户的下一条指令。

你将看到 Rust 中的符号以其模块为前缀，并以一些随机 ID 作为后缀，例如 buggie::main::
h8018d7420dbab31。现在要查看程序目前的位置，可以通过运行 list 命令来查看源代码，
或者通过运行以下代码采用更直观的 TUI 模式：

```
(gdb) tui enable
```

这会打开 GDB 并接收一些友好的反馈，而且我们的命令提示符仍然位于底部：

```
┌─src/main.rs─────────────────────────────────────────────────────────────┐
│2                                                                         │
│3        use std::env;                                                    │
│4                                                                         │
│5        pub fn fibonacci(n: u32) -> u32 {                                │
│6            let mut a = 0;                                               │
│7            let mut b = 1;                                               │
│8            let mut c = 0;                                               │
│9            for _ in 2..n {                                              │
│10               let c = a + b;                                           │
│11               a = b;                                                   │
│12               b = c;                                                   │
│13           }                                                            │
│14           c                                                            │
│15       }                                                                │
│16                                                                        │
│17       fn main() {                                                      │
│B+>  18          let arg = env::args().skip(1).next().unwrap();           │
│19           let pos = str::parse::<u32>(&arg).unwrap();                  │
│20           let nth_fib = fibonacci(pos);                                │
│21           println!("Fibonacci number at {} is {}", pos, nth_fib);      │
└──────────────────────────────────────────────────────────────────────────┘
multi-thre Thread 0x7ffff7fc77 In: buggie::main::h6f3f972feb1a0e12    L18    PC: 0x55555555bac7
(gdb)
```

如你所见，TUI 提示我们左边有一个断点，第 18 行有一个 B+>符号。我们可以滚动
TUI 面板中的代码清单来查看程序的完整源代码。

注意

如果 TUI 屏幕显示不正确，则可以单击"refresh"，它
将重新绘制面板并列出相关代码。

　　现在，将逐行执行我们的程序。为此，我们有两个可用的命令：next 和 step。第 1 个
命令用于逐行执行程序，而第 2 个命令允许用户在函数内跳转并逐行查看其中的指令。我
们希望使用 next，它会将我们带到第 19 行，而不是深入 Rust 的标准库 API 调用的细节。
运行下列代码：

```
(gdb) next
```

　　在到达 fibonacci 函数之前，我们还必须再执行两次上述命令，只需按下"Enter"键即
可让程序执行最后一条命令。在这种情况下，按下"Enter"键两次将运行接下来的两行代
码。现在，我们正好在 fibonacci 函数调用之前：

```
   17      fn main() {
B+ 18          let arg = env::args().skip(1).next().unwrap();
   19          let pos = str::parse::<u32>(&arg).unwrap();
>  20          let nth_fib = fibonacci(pos);
   21          println!("Fibonacci number at {} is {}", pos, nth_fib);
   22      }
```

　　在进入 fibonacci 函数之前，让我们检查一下变量 pos 的值是 0 还是别的垃圾值。可以
使用 print 命令执行此操作：

```
(gdb) print pos
$1 = 4
(gdb)
```

　　如你所见，pos 的值是正确的。现在我们到了第 20 行，这是 fibonacci 函数之前的调用。
现在，使用 step 命令进入 fibonacci 函数内部：

```
(gdb) step
```

　　现在我们在第 6 行：

接下来，让我们逐行执行代码。当我们在 fibonacci 函数中单步执行代码时，可以使用
info locals 和 info args 命令查看变量的值：

```
(gdb) info locals
iter = Range<u32> = {start = 3, end = 4}
c = 0
b = 1
a = 1
(gdb) info args
n = 4
(gdb)
```

上述输出显示了第 3 次迭代后变量 iter 的信息。接下来的一行显示了函数中使用的所
有其他变量。可以看到在每次迭代中，变量 c 被重新赋值为 0。这是因为我们有 "let c=a+b;"
语句，它会影响在循环外声明的变量 c。Rust 允许你重新声明具有相同名称的变量。在这
里我们发现了程序的 bug。

我们将通过删除 c 的重复声明来修复程序的 bug。fibonacci 函数被修改为如下内容：

```
pub fn fibonacci(n: u32) -> u32 {
    let mut a = 0;
    let mut b = 1;
    let mut c = 0;
    for _ in 2..n {
        c = a + b;
        a = b;
        b = c;
    }
    c
}
```

经过上述修改，让我们再次运行程序。这一次，我们将在没有 GDB 调试器的情况下运行它：

```
→ buggie git:(master) ✗ cargo run -- 4
  Compiling buggie v0.1.0 (/home/creativcoder/book/Mastering-RUST-Second-Edition/Chapter17/buggie)
   Finished dev [unoptimized + debuginfo] target(s) in 0.31s
    Running `target/debug/buggie 4`
Fibonacci number at 4 is 2
```

我们现在得到了第四个 Fibonacci 数的正确输出，即 2。以上是使用 GDB 调试 Rust 代码的基础知识。

与 GDB 类似，LLDB 是另一个与 Rust 兼容的调试器。接下来，让我们看看如何将 GDB 与代码编辑器集成。

17.1.6 在 Visual Studio Code 中集成 GDB

通过命令行使用调试器是调试程序的常用方法。这也是一项重要的技能，因为你很有可能会遇到无法使用高级编码平台的情况。例如，你可能需要调试已在生产环境中运行的程序，使用 GDB 和 LLDB 可以将其从编辑器中附加到正在运行的进程，但是可能无法从编辑器中附加到正在运行的程序。

然而，在典型的开发环境设置中，你可以使用代码编辑器或 IDE，如果可以立即从编辑器调试程序，而无须离开编辑器，这将会非常方便。通过这种方式将调试器集成到代码编辑器后，你可以获得更顺畅的调试体验和更快的反馈循环。在本小节中，我们将介绍如何将 GDB 与 VS Code 集成。

为了在 VS Code 中配置 GDB，我们需要安装 Native Debug 扩展。打开 VS Code 编辑器，我们将按下"Ctrl + Shift + P"快捷键并输入 install extension 命令。或者你可以选择左下角的扩展图标，如下图所示，然后输入"native debug"。通过上述操作，我们将获得 Native Debug 扩展的页面：

我们将单击"Install"并等待安装完成。安装扩展后，将单击"restart"重新启动 VS Code。这将启用任何新安装的扩展。接下来，我们将在 VS Code 中打开 buggie 目录，单击顶部的"Debug"菜单，然后选择"Start Debugging"，如下图所示：

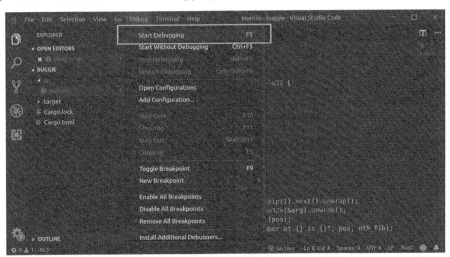

这里，我们将被要求选择一种环境，如下所示：

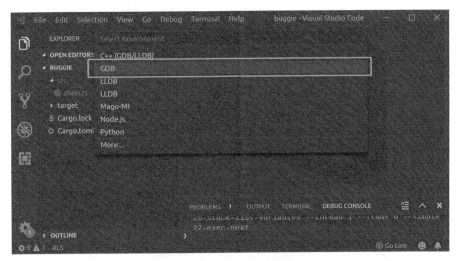

NativeDebug 扩展支持 GDB 和 LLDB。我们将从此菜单中选择 GDB，这将打开一个新的 launch.json 配置文件，用于配置此项目的调试会话。它是在同一根目录下创建的，名为.vscode/。如果它没有打开，我们可以手动创建.vscode/目录，其中包含 launch.json。我们将使用以下配置填充此 launch.json：

```
// buggie/.vscode/launch.json
```

```json
{
    "version": "0.2.0",
    "configurations": [
        {
            "name": "Buggie demo",
            "type": "gdb",
            "request": "launch",
            "target": "target/debug/buggie",
            "cwd": "${workspaceRoot}",
            "arguments": "4",
            "gdbpath": "rust-gdb",
            "printCalls": true
        }
    ]
}
```

launch.json 文件配置了 GDB 和 VS Code 的关键细节, 例如要调用的目标和需要使用的参数。在大多数情况下, 其他字段将自动填充。项目特有的一组配置如下所示。

- 我们在配置中添加了一个名称, 即"Buggie demo"。

- 我们添加了一个指向 rust-gdb 的变量 gdbpath。这将通过 rust-gdb 包装器启动 GDB, 它知道如何在 Rust 中输出复杂的数据类型。

- 我们将 target 字段指向需要调试的二进制文件, 即 target/debug/buggie。

我们将保存此文件, 然后在编辑器中为程序添加一个断点。我们可以通过单击 VS Code 中文件区域的左侧来执行此操作, 如下图所示:

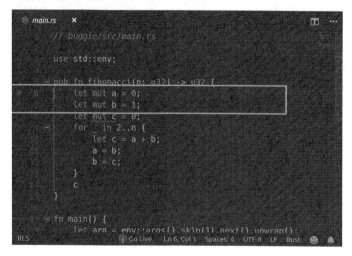

在上图中，如果将鼠标指针悬停在左侧，我们将看到一个暗红色标记。可以单击代码的左侧来设置断点，然后对应位置将显示一个红色的光点。完成上述设置后，我们可以按"F5"键在 VS Code 中启动 GDB。当 GDB 命中我们的断点时，代码编辑器将显示如下内容：

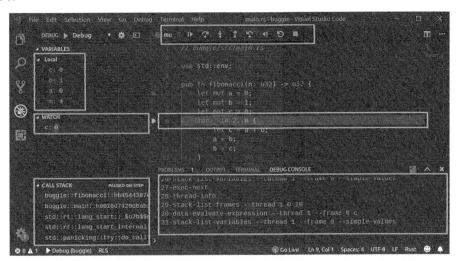

在窗口顶部的中心，我们可以看到调试代码常用的按钮，例如跳过（step over）、进入（step into）及暂停/终止（pause/stop）等。在窗口的左下角，我们可以看到调用堆栈的相关信息。在窗口左侧的中部，我们可以看到监视的任何变量。在前面的代码中，我们对变量 c 添加了一个监视。

现在程序运行到第 9 行时暂停了，这样我们就可以将鼠标指针悬停在代码的变量上查看它包含的值，如下图所示：

这将非常有助于我们的调试。这些是将 GDB 集成到 VS Code 的基础知识。接下来，让我们简要介绍一下在调试多线程代码时非常有用的另一款调试器：rr 调试器。

17.2　rr 调试器简介

除了 GDB 和 LLDB 之外，rr 是另一款功能强大的调试器，它在调试因存在非确定性而难以调试的多线程代码时效果特别好。通常，在调试多线程代码时，其中某段代码出现 bug，但后续在程序执行时调试会话却难以重现。

> **注意**
>
> 由于多线程代码而产生的错误也被称为 heisenbug。

rr 调试器可以为非确定的多线程代码执行可重现的调试会话。它通过记录调试会话来完成此操作，用户可以重播并逐步跟踪来查找问题。它会将程序的跟踪保存到磁盘，其中包含重现程序执行所需的所有信息。

rr 调试器的一个不足之处在于，目前它仅为 Linux 和 Intel CPU 提供了支持。要在 Ubuntu 16.04 上设置 rr 调试器，我们需要下载最新的 deb 软件包。撰写本文时，rr 调试器的版本是 5.2.0。下载了 deb 软件包之后，我们可以通过运行如下代码来安装 rr 调试器：

```
sudo dpkg -i
https://github.com/mozilla/rr/releases/download/5.2.0/rr-5.2.0-Linux-x86_64
.deb
```

注意，上述操作的一个先决条件是已经安装了相关的性能工具。你可以按照如下方式安装它们：

```
sudo apt-get install linux-tools-4.15.0-43-generic
```

可以根据需要，将 linux-tools-（版本号）中的版本号替换成与用户本机适配的内核版本号。在 Linux 上可以使用 uname-a 命令获取系统内核的版本号。另一个先决条件是将 perf_event_paranoid 中的 sysctl 标志的值由 3 设置为–1。建议你通过运行如下代码进行临时设置：

```
sudo sysctl -w kernel.perf_event_paranoid=-1
```

完成上述配置后，让我们通过运行 cargo new rr_demo 快速创建一个新项目，并通过 rr 调试器执行一次调试会话。我们将探讨如何通过 rr 调试器调试存在非确定性的示例程序。同时会用到 rand 程序库，因此我们可以通过运行 cargo add rand 命令将对 rand 程序库的引用添加到 Cargo.toml 文件中。我们的 main.rs 文件包含如下代码：

```
// rr_demo/src/main.rs

use rand::prelude::*;

use std::thread;
use std::time::Duration;

fn main() {
    for i in 0..10 {
        thread::spawn(move || {
            let mut rng = rand::thread_rng();
            let y: f64 = rng.gen();
            let a: u64 = rand::thread_rng().gen_range(0, 100);
            thread::sleep(Duration::from_millis(a));
            print!("{} ", i);
        });
    }
    thread::sleep(Duration::from_millis(1000));
    println!("Hello, world!");
}
```

这是一个最简单的存在非确定性的示例程序，它生成 10 个线程并将它们输出到 stdout。为了突出 rr 调试器的可重现特性，我们将生成线程并随即休眠。

首先，我们需要用 rr 调试器记录程序的执行。这是通过运行以下代码完成的：

```
rr record target/debug/rr_demo
```

上述操作的输出结果如下所示：

在我的计算机上，这会跟踪记录程序执行的过程并将其存储到如下位置：

```
rr: Saving execution to trace directory
`/home/creativcoder/.local/share/rr/rr_demo-15`
```

记录文件 rr_demo-15 可能会以别的名称存储在你的计算机上。我们现在可以通过运行如下代码重现被录制的程序：

rr replay -d rust-gdb /home/creativcoder/.local/share/rr/rr_demo-15

以下是在 rr 调试器下运行的 GDB 会话：

```
Reading symbols from /home/creativcoder/.local/share/rr/rr_demo-15/mmap_hardlink_3_rr_demo...done.
Really redefine built-in command "restart"? (y or n) [answered Y; input not from terminal]
Remote debugging using 127.0.0.1:11422
Reading symbols from /lib64/ld-linux-x86-64.so.2...Reading symbols from /usr/lib/debug//lib/x86_64-linux-gnu/ld-2.23.so...
done.
done.
0x00007fd727c61c30 in _start () from /lib64/ld-linux-x86-64.so.2
(rr) next
Single stepping until exit from function _start,
which has no line number information.
5 2 0 3 4 1 9 8 7 6 Hello, world!

Program received signal SIGKILL, Killed.
0x0000000070000002 in ?? ()
(rr) run
The program being debugged has been started already.
Start it from the beginning? (y or n) y
Starting program: /home/creativcoder/.local/share/rr/rr_demo-15/mmap_hardlink_3_rr_demo

Program stopped.
0x00007fd727c61c30 in _start () from /lib64/ld-linux-x86-64.so.2
(rr) next
Single stepping until exit from function _start,
which has no line number information.
5 2 0 3 4 1 9 8 7 6 Hello, world!

Program received signal SIGKILL, Killed.
0x0000000070000002 in ?? ()
(rr)
```

如你所见，程序每次都会输出相同的数字序列，因为程序是根据上一次运行中记录的会话执行的。这有助于调试多线程程序，由于其中的线程是无序执行的，因此下一次运行程序时可能无法重现该 bug。

17.3　小结

在本章中，我们手动实现了采用现有调试器和 GNU 的 GDB 相结合的方式调试 Rust 代码。我们还为 VS Code 集成了 GDB，从而使我们可以通过鼠标单击 UI 的方式轻松地调试代码。最后，我们还简要介绍了如何使用 rr 调试器调试带有不确定性的多线程代码。

现在，我们探索 Rust 的编程之旅就结束了。